黄河中下游干流主要水文站洪水最大含沙量预报方法研究

徐建华　金双彦　任铁军　秦毅　李雪梅等编著

黄河水利出版社
·郑州·

内 容 提 要

本书以黄河泥沙具有“多来多排”的特性为基础，按照洪水不同来源，分析不同组合的自变量因子，建立了基于统计途径的黄河中下游干流9个水文站的洪水最大含沙量预报模型，并进行了部分试预报；采用不平衡输沙模型和系统响应函数法对夹河滩洪水含沙量过程预报进行了探索性研究。

本书特色在于理论与生产紧密结合，既注重泥沙输移规律，更强调作业预报中信息的可获得性，使模型易于应用。可供从事水文水资源、泥沙研究等专业的科研工作者和工程技术人员参考。

图书在版编目(CIP)数据

黄河中下游干流主要水文站洪水最大含沙量预报方法研究/徐建华等编著．—郑州：黄河水利出版社，2009.11

ISBN 978-7-80734-606-7

Ⅰ．黄…　Ⅱ．徐…　Ⅲ．黄河流域-水文站-洪水-泥沙-水文预报-研究　Ⅳ．P338

中国版本图书馆 CIP 数据核字(2009)第148431号

出 版 社：黄河水利出版社

地址：河南省郑州市顺河路黄委会综合楼14层　　邮政编码：450003

发行单位：黄河水利出版社

发行部电话：0371-66026940、66020550、66028024、66022620(传真)

E-mail：hhslcbs@126.com

承印单位：黄河水利委员会印刷厂

开本：787 mm×1 092 mm　1/16

印张：13.25

字数：306千字　　印数：1—1 000

版次：2009年11月第1版　　印次：2009年11月第1次印刷

定价：39.00元

前　言

天然河流中的泥沙预报,是一个在学术上及应用上都具有重要意义的研究课题。黄河是世界上输沙量最大、含沙量最高的河流。黄河健康的四大标志——堤防不决口,河道不断流,河床不抬高,水质不超标,其中前三个标志都与黄河泥沙有关,所以,解决好黄河泥沙问题,是维持黄河健康生命的核心问题之一。

黄河的泥沙预报是一项难度很大、研究问题极为复杂的挑战性课题,目前国内外尚无可借鉴的成熟经验和方法。但是随着黄河治理开发的深入,为满足黄河下游防洪、调水调沙、小北干流放淤等治黄措施的需求,亟须开展黄河中下游干支流主要水文站含沙量预报。有的领导和专家指出:现在的水文预报,只预报洪水,不预报泥沙,对黄河来说,不预报泥沙,预报内容就减少了一半,甚至可以说,没有含沙量预报,黄河水文预报是不完整的。由此看出,在黄河上开展含沙量预报,的确是黄河治理的需要。本书是在"黄河中下游干流主要水文站洪水最大含沙量预报方法"研究成果的基础上改写而成的。

本书共分8章:第1章分析、综述了当前国内外关于黄河泥沙预报研究的动态,并简述了本书的研究思路及主要目的、内容;第2章选择龙门站1956~2003年洪峰流量在起报标准5 000 m^3/s以上的洪水共85场作为研究对象,在物理概念指导下,经多模型分析比较,优选出龙门站在吴堡来水为主、混合来水和吴龙区间来水为主时的10个模型;第3章选择潼关站1960~2003年符合起报标准的洪水共88场,建立并优选出在龙门来水为主、共同来水和龙潼区间来水为主时的5个模型;第4章选择花园口站1957~2000年共96场洪水,建立并优选出当洪峰流量大于等于4 000 m^3/s和小于4 000 m^3/s时不同小花洪峰比的10个模型;第5章选择1960~2000年夹河滩86场、高村94场、孙口74场、艾山74场、泺口88场和利津84场洪水,建立并优选出这6个水文站各3个预报模型;第6章选择龙门站1990~2003年洪峰流量在500~5 000 m^3/s的中小洪水共108场,以吴堡沙峰、输入站合成沙峰或上述变量与预报站洪峰流量的组合为自变量,建立了小北干流放淤洪水最大含沙量预报模型;第7章以泥沙动力学和水文学理论为依据,选择黄河下游无支流加入的花园口至夹河滩河段为研究对象,建立了可用于洪水含沙量过程预报的不平衡输沙模型(简化水力学模型)和系统响应函数模型;第8章详细介绍了预报模型的生产应用情况,即对符合起报标准以及满足小北干流放淤要求的16场洪水的试预报。

各章编写人员:第1章由徐建华、金双彦、秦毅、刘晓伟、李雪梅和马骏编写,第2章和第6章由任铁军编写,第3章~第5章由段文超和吴幸华编写,第7章由秦毅编写,第8章由金双彦编写。全书由徐建华、金双彦、秦毅、李雪梅和刘晓伟统稿完成。

由于书稿资料量大,编撰时间较短,我们的写作水平有限,书中欠妥之处在所难免,恳请广大读者批评指正。

作　者

2009年8月于郑州

前言

目　录

第1章　概　述

1.1　研究背景

1.1.1　问题的提出及研究的意义

黄河,华夏儿女的母亲河

　　黄河,沧桑岁月的见证河

　　　　黄河,生命与活力的象征河

　　　　　　……

可而今的黄河,真是不堪负重,20世纪90年代的频繁断流,下游河道的淤积萎缩,过洪能力的急剧减小,小洪水,高水位,大漫滩……

难怪当代一位年轻的治河专家急呼"'维持黄河健康生命'为黄河治理的终极目标"[1]!维持黄河健康生命,是黄河健康的需要,是广大人民生命财产安全保障的需要,是经济社会可持续发展的需要,更是时代的需要。因此,维持黄河健康生命是黄河治理的终极目标。

重要性:黄河是世界上输沙量最大、含沙量最高的河流。黄河健康的四大标志——堤防不决口,河道不断流,河床不抬高,水质不超标,其中前三个标志都与黄河泥沙有关,所以,解决好黄河泥沙问题,是维持黄河健康生命的核心问题之一。

需求:随着黄河治理开发的深入,为满足黄河下游防洪、调水调沙、小北干流放淤等治黄措施的需求,亟须开展黄河含沙量预报。

现状:现在的水文预报,只预报洪水,不预报泥沙。对黄河来说,不预报泥沙,预报内容就减少了一半,甚至可以说,没有含沙量预报,黄河水文预报是不完整的。

难度:黄河的泥沙预报,是一项难度很大、研究问题极为复杂的挑战性课题,目前国内外尚无可借鉴的成熟经验和方法。

意义:开展黄河含沙量预报,并根据洪水含沙量和级配情况,可为小北干流等适当地区"淤粗排细"的放淤试验服务;开展黄河含沙量预报,并根据洪水泥沙来源判断泥沙粗细,可为小浪底水库实现"拦粗泄细"的调度应用服务;开展黄河含沙量预报,并根据洪水大小及其组成情况,可为有计划地开展"淤滩刷槽"的洪水调度应用服务;开展黄河含沙量预报,并根据洪水泥沙总量情况,在资源性缺水的黄河流域,可为"洪水资源化"的调度应用服务。由此看出,在黄河上开展含沙量预报的确是黄河治理的需要。这项研究不仅具有重要的实践意义和应用前景,也具有重要的科学意义。

2003年5月,黄委水文局研究院开始着手研究预报模型,水文局信息中心配合,并于当年开展了黄河干流龙门站第一次试预报。2004年5月16日,水文局上报了"黄河中下游干流主要水文站洪水最大含沙量预报方法研究"任务书。2005年2月6日,黄委组织专家对水文局编报的任务书进行了审查。2005年8月10日,黄委以黄规计〔2005〕105号文批准了项目任务书。

1.1.2 国内外研究概况简介

国内外在流域产沙预报方面作了大量的工作,也有许多研究成果[1],但大都是事后"仿真"模拟,精度也很有限,如黄河水沙变化研究中,相关的结果都不作逐年检验,为了避免剧烈的波动,而是用10年平均结果来反映[2,3],因此在大江大河上开展含沙量预报,难度更大,也未见付诸实施。

据《黄河水文志》记载,早在1960年,主要为三门峡水库服务,发布年、汛期、月和次洪水输沙量预报,预报方法采用简单的水沙相关法[4],之后也有一些主要是次洪沙量和输沙率预报的模型[5,6]。但由于问题的复杂性,含沙量预报一直未能开展起来。

20世纪70年代后期,黄委水文局和黄委水科院在"黄河下游变动河床洪水位预报方法研究"中曾尝试过平均含沙量、最大含沙量及沙峰峰现时间预报,但由于方法中所涉及的预报因子太多以及限于当时作业预报手段,该法在生产中未得到推广应用。

1.2 研究内容与方法

黄河因沙多水黄而得名,黄河因沙多水黄而闻名,黄河因沙多水"大"而难治,黄河因沙多水"少"而枯竭。黄河人、关心黄河的人,在黄河泥沙问题上进行过大量的、卓有成效的研究,对黄河泥沙的侵蚀、输移、沉积,河床演变等方面有许多研究成果。如黄河下游泥沙有多来、多排、多淤,少来、少排、少淤的特性[5,7],这就是水文学方法建立含沙量预报的依据。

1.2.1 研究内容

黄河泥沙预报的内容很多,如最大含沙量预报、最大含沙量出现时间预报、输沙率(含沙量)过程预报以及泥沙粒径组成预报等。本次主要涉及洪水最大含沙量预报,其他预报暂不涉及。预报研究的水文站有黄河中游干流的龙门、潼关两站,黄河下游干流花园口、夹河滩、高村、孙口、艾山、泺口和利津等站洪水最大含沙量预报。并利用水力学方法,探索夹河滩站含沙量过程预报。

为了满足小北干流放淤对含沙量预报的要求,项目组选择接近近期河道条件的1990~2003年系列,统计龙门站洪峰流量在500~5 000 m^3/s的洪水,同时摘录吴堡以及吴龙区间三川河后大成、无定河白家川、清涧河延川、昕水河大宁、延水甘谷驿等站的洪峰流量、最大含沙量等,初步建立了龙门最大含沙量预报模型。

1.2.2 研究方法

在现场查勘增强感性认识的基础上,进行科学研究,分析影响含沙量的主要因素,组织科研(高校)、生产与管理部门协同攻关,使科研成果尽快转化为生产力。

查阅和研究前人有关研究成果,考虑移用和改造的可能性,建立便于操作的预报经验模型,使之适应预报作业中有限信息的实际情况来进行最大含沙量预报。

黄河中下游泥沙素有"多来多排"之说,说明下站的含沙量主要受上游干支流来水来沙的影响;另外,当上游站来沙系数小时,河道发生冲刷,下站含沙量会增大。因此,可采用上游站含沙量、来沙系数等参数建立预报模型,同时由于流量反映了动力因子的强弱,也可用流量或区间加入量为参数,用水文学方法建立经验相关关系。

本次研究除对最大含沙量预报方法探讨之外,还对含沙量过程预报做了有意义的尝试。通过对比总结以往的研究成果,在借鉴前人工作的基础上,分别从泥沙动力学和水文学角度出发,研究含沙量过程预报的方法。由于本研究还处在探索方法的基础研究阶段,为使问题集中在含沙量过程预报方面,所以选择无支流加入河段为研究对象,这里研究河段是花园口至夹河滩河段,并排除漫滩洪水情形。本项研究的技术路线如下:

(1)收集花园口、夹河滩的相关水沙资料。包括两站流量、含沙量、级配资料等。

(2)对所收集的资料进行分析。包括洪水流量、含沙量的大小,洪水、悬移质泥沙的传播时间,泥沙颗粒的级配情况等。

(3)在上述水沙资料的基础上,采用水文学方法和水动力学理论,分别建立含沙量预报的水力学模型、系统响应函数模型,沙库模型,并从可操作性和预报效果两方面对模型进行验证。

(4)从模型结构、预报效果和预报资料的要求三个方面来比较模型的优劣。

1.2.2.1 龙门站最大含沙量预报

黄河泥沙65%来自龙门以上。因此,进行龙门站沙峰预报方法研究,可为潼关站沙峰预报争取预见期。

在统计的92场龙门站发生5 000 m^3/s以上的洪水中,有30%完全是吴堡以上来水,其余为吴堡及其吴龙区间支流混合来水,一些为吴堡以下支流来水,有近10%为干支流水文站以下未控区暴雨造成。因此,龙门沙峰预报方法研究中,分别以吴堡来水为主、干支流混合来水、未控区暴雨洪水和揭河底等分别研究预报方法。

1.2.2.2 潼关站沙峰预报方法研究

潼关是三门峡水库的入库站,潼关以上有4个干支流水文站,分别是龙门、华县、河津和洑头。从历史实测资料看,潼关的泥沙主要来自龙门以上,北洛河洑头、泾河张家山以上来水也会带来大量的泥沙,但洑头和张家山属省区水文站,预报模型不宜上延到华县以上的张家山,但必须考虑北洛河洑头站。

在潼关的沙峰预报方法研究中,要区别以龙门来水为主、华县来水为主、有无漫滩等情况分别研究。

1.2.2.3 花园口最大含沙量预报

花园口站是黄河下游防汛的重要指标站,未来下游是否淤积或冲刷,人们都比较关注花园口的含沙量指标。预报花园口的含沙量拟以小浪底水库出库站以及黑石关和武陟站为输入,建立含沙量相关关系。

1.2.2.4 夹河滩及其以下各站最大含沙量预报

夹河滩站至利津站束缚在黄河大堤内,基本上无泥沙加入,主要是利用上下游站经验相关,以上游站含沙量、来沙系数为自变量,也可考虑流量动力因子。

1.2.2.5 夹河滩洪水含沙量过程预报

分别建立恒定流不平衡输沙模型、以多来多排特性为基础的系统响应函数模型、沙库模型进行含沙量过程预报。

1.3 精度评价指标的确定

在模型的研究过程中,模型优劣的对比评价是必不可少的,这就应该有相应的评价标准。然而由于含沙量预报还不成熟,因此还不能像水资源和洪水预报那样,有一套相应科学合理的精度评价方法,鉴于含沙量预报精度评价指标前人未曾研究,这里借用洪水预报精度评价思路来建立评价含沙量预报模型好坏的指标。

1.3.1 洪峰预报方案精度评价简介

根据《水文情报预报规范》[8],洪峰预报许可误差规定如下:降雨径流预报以实测洪峰流量的20%作为许可误差;河道流量(水位)预报以预见期内实测值变幅的20%作为许可误差。

预报项目的精度评定规定如下:一次预报的误差小于许可误差时,为合格预报。合格预报次数与预报总次数之比的百分数为合格率,表示多次预报总体的精度水平。

合格率按下列公式计算:

$$QR = \frac{n}{m} \times 100\% \tag{1-1}$$

式中:QR 为合格率(取1位小数);n 为合格预报次数;m 为预报总次数。

预报项目的精度按合格率的大小分为三个等级。精度等级按表1-1规定确定。

表1-1 预报项目精度等级

精度等级	甲	乙	丙
合格率(%)	$QR \geqslant 85.0$	$85.0 > QR \geqslant 70.0$	$70.0 > QR \geqslant 60.0$

1.3.2 最大含沙量预报模型精度评价指标的建立

本次采用两种指标来判别预报值好坏与否/通过与否。

1.3.2.1 参考洪峰预报许可误差的思路(指标一)

洪峰预报许可误差规定如下:降雨径流预报以实测洪峰流量的20%作为许可误差。

参照洪峰预报许可误差的思路,各站沙峰预报模型精度评价指标的确定方法是:实际出现含沙量在临界含沙量(见表1-2)以上时,允许误差暂按相对误差小于等于20%为通过,反之为不通过。当实际出现含沙量在临界含沙量以下时,允许误差按绝对误差来评定,绝对误差小于等于规定的误差即认为通过,反之为不通过(见表1-3)。其中,绝对误差和相对误差的定义分别是:水文要素的预报值减去实测值为预报误差,其绝对值为绝对误差。预报误差除以实测值为相对误差,以百分数表示。

(1)各站误差评定临界含沙量的确定。误差评定临界含沙量是指:在研究的9个站中,各站按满足洪峰起报标准的洪水摘录对应最大含沙量,所有最大含沙量的算术平均即为临界含沙量。

(2)各站最大含沙量预报模型精度评定允许误差。参照洪峰预报许可误差的思路,各站沙峰预报模型优劣的评价方法是:实际出现含沙量在临界含沙量以上时,若预报相对误差小于等于许可相对误差,则认为本次预报通过,记 $Q_s = n$(模型预报通过次数)/m(模型预报总次数)为模型预报通过率。分别统计各预报模型在相应误差档次下的相应预报通过率,通过率最高者相对最优,并依此推荐预报模型。当实际出现含沙量在临界含沙量以下时,模型的预报绝对误差小于等于规定的许可误差即认为模型预报通过,按前述方法统计通过率并推荐预报模型。

表 1-2　各站最大含沙量误差评定临界含沙量值

站名	统计时段(年)	沙峰次数(次)	临界含沙量(kg/m^3)
龙门	1956~2000	85	300
潼关	1960~2000	97	200
花园口	1954~2000	96	100
夹河滩	1954~2000	89	100
高村	1954~2000	97	80
孙口	1954~2000	77	80
艾山	1954~2000	77	80
泺口	1954~2000	91	70
利津	1954~2000	87	70
龙门(小流量)	1990~2003	108	172

表 1-3　各站预报最大含沙量误差评定控制指标

站名	临界含沙量(kg/m^3)	允许误差控制指标	
		小于临界值(kg/m^3)	大于等于临界值
龙门	300	60	20%
潼关	200	40	20%
花园口	100	20	20%
夹河滩	100	20	20%
高村	80	16	20%
孙口	80	16	20%
艾山	80	16	20%
泺口	70	14	20%
利津	70	14	20%
龙门(小流量)	172	34	20%

1.3.2.2　参考流量过程预报许可误差的思路(指标二)

流量过程预报许可误差规定如下:"预见期内最大变幅的许可误差采用变幅均方差(σ_Δ),变幅为零的许可误差采用 $0.3\sigma_\Delta$,其余变幅的许可误差按上述两值用直线内插法求出[8]。"

由于可以认为某预报站实测场次最大含沙量系列为一个随机变量系列，其分布曲线看成是过程线，则参照流量过程预报许可误差的思路，在建模资料所在时期内，以最大含沙量系列的均方差 σ_{ρ_m} 为基础，取该预报站历史上曾经出现的最大沙峰的许可误差为 σ_{ρ_m}，最小沙峰的许可误差为 $0.3\sigma_{\rho_m}$，其余值的许可误差按上述两值用直线内插法求出，见表1-4。

表中均方差按下列公式计算：

$$\sigma_{\rho_m} = \sqrt{\frac{\sum_{i=1}^{n}(\rho_{mi} - \bar{\rho}_m)^2}{n-1}} \tag{1-2}$$

式中：ρ_{mi}为次洪最大含沙量；$\bar{\rho}_m$为次洪最大含沙量的均值；n 为样本个数。

表1-4　各站预报最大含沙量许可误差计算公式

站名	最大沙峰（kg/m³）	最小沙峰（kg/m³）	均方差 σ_{ρ_m}（kg/m³）	许可误差计算公式
龙门	777	43	143.6	$y = 0.137x + 37.19$
潼关	911	26.6	167.9	$y = 0.133x + 45.48$
花园口	809	5.47	122.2	$y = 0.106x + 31.28$
夹河滩	456	17.5	79.4	$y = 0.127x + 13.96$
高村	405	13.1	62.9	$y = 0.112x + 7.84$
孙口	267	19.3	47.3	$y = 0.134x - 3.26$
艾山	246	20.5	46.3	$y = 0.144x - 5.28$
泺口	221	19.1	41.5	$y = 0.144x - 8.96$
利津	222	21.3	39.7	$y = 0.138x - 9.63$
龙门（小流量）	1 040	10.7	153.9	$y = 0.105x + 41.97$

注：因变量 y 代表 $\sigma_{\rho_{mi}}$，自变量 x 代表 ρ_{mi}。

直线内插公式为

$$\sigma_{\rho_{mi}} = \frac{0.7(\rho_{mi} - \rho_{m\min})}{\rho_{m\max} - \rho_{m\min}}\sigma_{\rho_m} + 0.3\sigma_{\rho_m} \tag{1-3}$$

式中：$\rho_{m\max}$为最大的沙峰；$\rho_{m\min}$为最小的沙峰。

实际预报中，若$|\rho_{m计} - \rho_{m测}| \leq \sigma_{\rho_{mi}}$时，即认为预报通过，反之认为不通过。

1.4　主要研究成果（推荐预报模型）

1.4.1　最大含沙量预报

在物理概念指导下，经多模型分析比较，优选出各站最大含沙量预报模型见表1-5和表1-6。

1.4.2　小北干流放淤龙门站最大含沙量预报

小北干流放淤龙门站最大含沙量预报模型见表1-7。

表 1-5 龙门、潼关、花园口洪水最大含沙量预报模型汇总

站名	分类	k 值	模型	表达式	计算公式	α	β	相关系数	指标一通过率	指标二通过率
龙门	—	$k \geq 0.9$	2	$y=f(\rho_{合})$	$y=0.8154x+17.11$	—	—	0.914	28/35 = 80.0%	26/35 = 74.3%
			1	$y=f(\rho_{吴})$	$y=1.0189x-63.583$	—	—	0.918	25/35 = 71.4%	28/35 = 80%
			3	$y=f(Q_{m龙}{}^{\alpha}\rho_{吴}{}^{\beta})$	$y=0.6499x+12.13$	0.158 1	0.809 6	0.927	27/35 = 77.1%	27/35 = 77.1%
			4	$y=f(Q_{m龙}{}^{\alpha}\rho_{合}{}^{\beta})$	$y=0.2075x+13.264$	0.213 4	0.905 6	0.919	25/35 = 71.4%	24/35 = 68.6%
		$0.6 \leq k < 0.9$	2	$y=f(\rho_{合})$	$y=0.9616x-25.57$	—	—	0.964	24/27 = 88.9%	24/27 = 88.9%
			4	$y=f(Q_{m龙}{}^{\alpha}\rho_{合}{}^{\beta})$	$y=0.1256x-10.221$	0.106 1	1.164 9	0.965	23/27 = 85.2%	25/27 = 92.6%
		$k < 0.6$	2	$y=f(\rho_{合})$	$y=0.5943x+99.57$	—	—	0.725	16/23 = 69.6%	18/23 = 78.3%
			4	$y=f(Q_{m龙}{}^{\alpha}\rho_{合}{}^{\beta})$	$y=0.0211x+38.854$	0.437 2	0.826 0	0.825	15/23 = 65.2%	15/23 = 65.2%
潼关	龙门来水为主	—	—	$y=f(Q_{m潼}{}^{\alpha}\rho_{合}{}^{\beta})$	$y=5.775E-6x^2+0.01659x+54.301$	0.300 5	0.945 4	0.949	45/60 = 75.0%	52/60 = 86.7%
	共同来水			$y=f(\rho_{合})$	$y=0.849x+3.4209$	—	—	0.890	9/14 = 64.3%	10/14 = 71.4%
				$y=f(Q_{m潼}{}^{\alpha}\rho_{合}{}^{\beta})$	$y=0.4868x-28.488$	0.200 9	0.817 2	0.889	9/14 = 64.3%	10/14 = 71.4%
	区间来水为主			$y=f(\rho_{合})$	$y=0.8759x+6.6624$	—	—	0.995	14/14 = 100%	14/14 = 100%
				$y=f(Q_{m潼}{}^{\alpha}\rho_{合}{}^{\beta})$	$y=167.04x-15.927$	−0.497 6	0.870 2	0.985	13/14 = 92.9%	14/14 = 100%
花园口	洪峰流量大于等于4 000 m^3/s	$k \geq 0.9$	2	$y=f(\rho_{合})$	$y=0.9381x-28.063$	—	—	0.979	9/16 = 56.3%	
			6	$y=f(Q_{m花}{}^{\alpha}\rho_{合}{}^{\beta})$	$y=0.008357x+26.028$	0.788 3	0.954 8	0.977	10/16 = 62.5%	
		$0.8 \leq k < 0.9$	2	$y=f(\rho_{合})$	$y=0.3744x+28.202$	—	—	0.728	10/11 = 90.9%	
			6	$y=f(Q_{m花}{}^{\alpha}\rho_{合}{}^{\beta})$	$y=2.4543x+3.4994$	0.117 9	0.481 8	0.752	10/11 = 90.9%	
		$0.7 \leq k < 0.8$	2	$y=f(\rho_{合})$	$y=0.861x+1.5571$	—	—	0.984	14/17 = 82.4%	
			6	$y=f(Q_{m花}{}^{\alpha}\rho_{合}{}^{\beta})$	$y=0.048x-8.4179$	0.417 8	0.855 2	0.929	14/17 = 82.4%	
		$k < 0.7$	2	$y=f(\rho_{合})$	$y=0.6622x+21.795$	—	—	0.988	6/6 = 100%	
			6	$y=f(Q_{m花}{}^{\alpha}\rho_{合}{}^{\beta})$	$y=7.6044x+2.7299$	−0.058 2	0.652 6	0.994	6/6 = 100%	
	洪峰流量3 000～4 000 m^3/s	$k \geq 0.9$	2	$y=f(\rho_{合})$	$y=0.6099x+4.1914$	—	—	0.907	8/12 = 66.7%	10/12 = 83.3%
		$k < 0.9$	5	$y=f(Q_{m花}{}^{\alpha}\rho_{小}{}^{\beta})$	$y=2.009E+13x-2.7511$	−3.412	0.306 0	0.921	7/8 = 87.5%	8/8 = 100%

注：① x 为表达式列括号中对应自变量的组合。② 花园口洪峰流量大于4 000 m^3/s 采用的是1974年以后系列。

表 1-6 夹河滩及以下各站含沙量预报模型汇总

水文站	表达式	计算公式	相关系数	α	β	指标一通过率	指标二通过率
夹河滩	$y=f(\rho_{花})$	$y=0.574\,7x+24.452$	0.910			73/89 = 82.0%	81/89 = 92.1%
	$y=f(Q_{m夹}{}^{\alpha}\rho_{花}{}^{\beta})$	$y=0.981\,1x+0.989\,0$	0.921	0.094 7	0.792 6	75/89 = 84.3%	83/89 = 93.35%
	$y=f(Q_{m夹}{}^{\alpha}\rho_{花}{}^{\beta})$	$y=0.734\,8x+11.757(\rho_{花}\geqslant 100)$		0.124 1	0.789 8		
		$y=0.416\,1x+0.208\,5(50\leqslant\rho_{花}<100)$	0.922	0.097 2	0.971 3	75/89 = 84.3%	86/89 = 96.6%
		$y=8.473\,8x-0.819\,6(\rho_{花}<50)$		−0.123 8	0.744 1		
高　村	$y=f(\rho_{夹})$	$y=0.916\,5x+8.247\,8$	0.975			90/97 = 92.8%	91/97 = 93.8%
	$y=f(Q_{m高}{}^{\alpha}\rho_{夹}{}^{\beta})$	$y=0.911\,3x-6.077\,2$	0.975	0.087 0	0.859 4	88/97 = 90.7%	91/97 = 93.8%
	$y=f(Q_{m夹}{}^{\alpha}\rho_{花}{}^{\beta})$	$y=0.292\,8x+1.294\,5(\rho_{泺}\geqslant 100)$		0.117 7	1.011 6		
		$y=1.949\,6x-0.620\,9(50\leqslant\rho_{泺}<100)$	0.981	−0.059 0	0.949 3	92/97 = 94.8%	94/97 = 96.9%
		$y=0.145x-2.621\,7(\rho_{泺}<50)$		0.276 1	0.933 0		
孙　口	$y=f(\rho_{高})$	$y=0.677\,2x+19.098$	0.951			70/77 = 90.9%	71/77 = 92.2%
	$y=f(Q_{m孙}{}^{\alpha}\rho_{高}{}^{\beta})$	$y=10.067x+0.372\,5$	0.967	−0.187 4	0.817 4	72/77 = 93.5%	73/77 = 94.8%
	$y=f(Q_{m孙}{}^{\alpha}\rho_{高}{}^{\beta})$	$y=28.528x+0.034\,6(\rho_{高}\geqslant 100)$		−0.226 9	0.691 2		
		$y=5.408\,3x+1.911\,8(50\leqslant\rho_{高}<100)$	0.972	−0.127 9	0.839 6	71/77 = 92.2%	73/77 = 94.8%
		$y=43.9x+0.366\,8(\rho_{高}<50)$		−0.381 5	0.881 9		
艾　山	$y=f(\rho_{孙})$	$y=0.966\,2x+1.787\,9$	0.989			76/77 = 98.7%	76/77 = 98.7%
	$y=f(Q_{m艾}{}^{\alpha}\rho_{孙}{}^{\beta})$	$y=1.007\,3x+0.637\,2$	0.989	0.003 8	0.987 1	76/77 = 98.7%	76/77 = 98.7%
	$y=f(Q_{m艾}{}^{\alpha}\rho_{孙}{}^{\beta})$	$y=2.011\,4x-3.480\,2(\rho_{孙}\geqslant 100)$		−0.038 6	0.927 2		
		$y=2\,256x-2\,464.1(50\leqslant\rho_{孙}<100)$	0.989	0.027 4	0.996 6	76/77 = 98.7%	76/77 = 98.7%
		$y=1.739\,1x-1.237\,2(\rho_{孙}<50)$		−0.040 6	0.951 5		
泺　口	$y=f(\rho_{艾})$	$y=0.900\,7x+4.643\,7$	0.987			91/91 = 100%	91/91 = 100%
	$y=f(Q_{m泺}{}^{\alpha}\rho_{艾}{}^{\beta})$	$y=0.812\,1x+1.524\,9$	0.988	0.038 1	0.961 5	91/91 = 100%	91/91 = 100%
	$y=f(Q_{m泺}{}^{\alpha}\rho_{艾}{}^{\beta})$	$y=0.280\,6x+3.372\,3(\rho_{艾}\geqslant 100)$		0.189 3	0.918 0		
		$y=3\,077x-3\,257.7(50\leqslant\rho_{艾}<100)$	0.990	0.018 4	0.899 1	91/91 = 100%	91/91 = 100%
		$y=0.914x-1.594\,8(\rho_{艾}<50)$		0.026 5	0.976 1		
利　津	$y=f(\rho_{泺})$	$y=0.934\,5x+6.117\,2$	0.982			83/87 = 95.4%	86/87 = 98.9%
	$y=f(Q_{m利}{}^{\alpha}\rho_{泺}{}^{\beta})$	$y=1.401\,4x+0.002\,4$	0.983	0.004 2	0.920 3	83/87 = 95.4%	86/87 = 98.9%
	$y=f(Q_{m利}{}^{\alpha}\rho_{泺}{}^{\beta})$	$y=0.894\,5x+12.372(\rho_{泺}\geqslant 100)$	0.990	0.070 1	0.920 8		
		$y=0.860\,2x+11.339(50\leqslant\rho_{泺}<100)$		−0.020 9	0.893 5	83/87 = 95.4%	86/87 = 98.9%
		$y=1.098\,4x+0.208\,9(\rho_{泺}<50)$		0.020 0	0.965 8		

注: x 为表达式列括号中对应自变量的组合。

表 1-7　龙门洪峰流量 500 ~ 5 000 m^3/s 之间预报模型汇总

k 值	模型	计算公式	α	β	相关系数	通过率	
						指标一	指标二
$k \geq 0.9$	4	$\rho_{龙}=3.459\ 5x+1.263\ 6$	-0.064 7	0.780 6	0.954	34/40 = 84%	37/40 = 92.5%
	2	$\rho_{龙}=0.559\rho_{合}+15.17$	—	—	0.957	35/40 = 87.5%	37/40 = 92.5%
$0.6 \leq k < 0.9$	4	$\rho_{龙}=1.391\ 7x-13.525$	0.271 7	0.517 8	0.938	10/13 = 76.9%	12/13 = 92.3%
	2	$\rho_{龙}=0.550\ 9\rho_{合}+40.071$	—	—	0.905	8/13 = 61.5%	11/13 = 84.6%
$k < 0.6$(1)	4	$\rho_{龙}=0.188\ 2x+0.592\ 1$	0.627 4	0.362 8	0.638	24/55 = 43.6%	28/55 = 50.9%
$k < 0.6$(2)	$Q_{m龙} \geq 2\ 500$	$\rho_{龙}=0.000\ 226\ 5x+58.99$	1.298 8	0.539 6	0.561	9/19 = 47.4%	10/19 = 52.6%
	$Q_{m龙} < 2\ 500$	$\rho_{龙}=1.777\ 1x+4.941\ 9$	0.452 6	0.211 0	0.383	12/36 = 33.3%	17/36 = 47.2%
						21/55 = 38.2%	27/55 = 49.1%
$k < 0.6$(3)	左岸来水	$\rho_{龙}=0.677\ 1x+30.444$	0.288 5	0.561 4	0.561	13/30 = 43.3%	14/30 = 46.7%
	左岸无水	$\rho_{龙}=0.324\ 6x-40.134$	0.627 4	0.362 8	0.712	9/25 = 36.0%	12/25 = 48%
						22/55 = 40.0%	26/55 = 47.2%

注：$x=Q_{m龙}{}^{\alpha}\rho_{合}{}^{\beta}$。

1.4.3　夹河滩含沙量过程预报

(1)恒定流不平衡输沙模型：

$$\rho_{下}=\rho_{*L}+(\rho_{上}-\rho_{*L})\mathrm{e}^{-\frac{\alpha\omega B}{Q}} \tag{1-4}$$

式中：ρ_{*L}是河道挟沙力，令其等于上下断面挟沙力均值；Q 是河道平均流量；B 是平均水面宽。马斯京根河道流量演算方法中的参数χ、K 分别为 0.4、9.34。

(2)以多来多排特性为基础的系统响应函数模型：

$$\rho_{下t}=kQ_{下t}{}^{\alpha}\rho_{上t-1}{}^{\beta} \tag{1-5}$$

式中：$Q_{下t}{}^{\alpha}$是下断面 t 时刻流量，通过响应函数模型求出，即

$$\begin{pmatrix} Q_{2t} \\ Q_{2t+1} \\ Q_{2t+2} \\ \vdots \\ \vdots \\ Q_{2t+n} \end{pmatrix} = \begin{pmatrix} Q_{2t-1} & Q_{1t-1} & & & \\ Q_{2t} & Q_{1t} & Q_{1t-1} & & \\ Q_{2t+1} & Q_{1t+1} & Q_{1t} & \ddots & \\ \vdots & \vdots & \vdots & \vdots & Q_{1t-1} \\ \vdots & \vdots & \vdots & \vdots & \vdots \\ Q_{2t+n} & Q_{1t+n} & Q_{1t+n-1} & \cdots & Q_{1t+n-m} \end{pmatrix} \cdot \begin{pmatrix} b_{01} \\ b_{02} \\ b_1 \\ \vdots \\ b_m \end{pmatrix}$$

式中各参数分别为：$m=2$，$b=[0.519\ 0,0.412\ 2,0.098\ 5,0.032\ 9]^{\mathrm{T}}$，$k=2.679\ 4$，$\alpha=-0.05$、$\beta=0.828\ 4$。

(3)沙库模型：

$$\frac{\mathrm{d}W_S}{\mathrm{d}t}=Q_{S上}-Q_{S下}$$

$$W_S=k_2[Q_{S上}+k_1(Q_{S上}-Q_{S*L})]$$

联解方程组可得

$$\rho_{下2}=\frac{Q_{上1}\rho_{上1}+Q_{上2}\rho_{上2}-Q_{下1}\rho_{下1}}{Q_{下2}}+2k_2\frac{Q_{上1}\rho_{上1}-Q_{上2}\rho_{上2}}{Q_{下2}}+$$

$$k_1 k_2 \frac{2Q_{上1}\rho_{上1} - 2Q_{上2}\rho_{上2} + Q_{上2}\rho_{*上2} + Q_{下2}\rho_{*下2} - Q_{上1}\rho_{*上1} - Q_{下1}\rho_{*下1}}{Q_{下2}} \tag{1-6}$$

式中:1、2 分别表示 t、$t+1$ 时刻,$k_1 = 0.07$、$k_2 = 0.3$;其他参数同方法 1。研究表明,沙库模型存在问题较大,尚需进一步研究。

1.5 生产应用情况简介

本项目 2003 ~2006 年 4 年间对中下游研究站点共进行了 16 次试预报工作,见表 1-8。其中各站符合起报标准的洪水共 6 次,小北干流放淤共 10 次。符合起报标准的 6 次洪水沙峰试预报无论是计算值还是发布值按指标一都通过,说明研究成果从目前来看还是可用的,但指标二有一次不通过;小北干流放淤的 10 次试预报,从指标一来看按计算值通过率为 60%,按发布值通过率为 50%,指标二通过率为 80%,说明龙门小流量含沙量预报中随机影响因素还很难把握,有待深入研究。

1.6 创新点

本项目研究特色在于理论与生产紧密结合,既注重泥沙输移规律,更强调作业预报中信息的可获得性,使模型易于应用。其创新点体现在以下几方面:

(1)引入干流上下游洪峰比 k。由于沉速与粒径成正比,来自不同地区的洪水泥沙粒径不同落淤程度不同,为了表征这一特性,在预报中引入干流上下游洪峰比的概念,区分出洪水的不同来源,考虑不同因子的组合,分别建立沙峰预报模型。

(2)引入合成含沙量概念。在有支流加入时,借用洪水预报中合成流量的思路,引入合成含沙量的概念及计算方法,反映来水来沙空间分布的不均匀性和干支流水沙的耦合性,并建立实用预报模型。

(3)引入预报站洪峰流量作为动力因子。上游来的泥沙在水中是沉降还是漂浮,受水流挟沙能力的影响,由于含沙量与流量的高次方成正比,预报中不仅要考虑上游来沙的影响,同时引入了预报站洪峰流量作为输沙动力因子,使预报精度进一步提高。

(4)在含沙量过程预报方面,在恒定流不平衡输沙模型中首次利用了双值挟沙力公式,首次尝试了以"多来多排"特性为基础的系统响应函数模型,首次提出了沙库模型的概念。

(5)首次建立了沙峰预报精度评价指标。含沙量预报精度的评价指标前人未曾研究,本文参考洪峰预报和洪水过程预报精度评价思路建立了洪水最大含沙量、含沙量过程预报精度评价的指标。

1.7 存在问题及努力方向

泥沙预报的内容非常丰富,如降水径流泥沙预报、干支流泥沙耦合预报、沙峰预见期预报、含沙量过程预报以及泥沙粒径组成预报等,见图 1-1。本次仅作了部分站洪水最大含沙量预报模型的研究和小北干流放淤龙门站小洪水沙峰预报。夹河滩含沙量过程预报只是作了探索,并未进行实际应用。龙门及下游站洪水最大含沙量模型虽进行了实际应用,但仍嫌应用太少,希望黄委有关部门继续支持进一步开展相关研究。

表 1-8　16 次最大含沙量试预报结果分析

（单位：计算值、实测值、绝对误差、允许误差均为 kg/m^3，相对误差为%）

分类	次数	水文站	洪峰日期（年-月-日）	实测值	计算结果							发布情况						
					计算值	指标一			指标二			发布值	指标一			指标二		
						绝对误差	相对误差	通过与否	绝对误差	允许误差	通过与否		绝对误差	相对误差	通过与否	绝对误差	允许误差	通过与否
洪水最大含沙量试预报	1	龙门	2003-07-31	127	146	19		√	19	54.6	√	140	13		√	19	54.6	√
	2	夹河滩	2004-08-24	270	250		-7.4	√	20	48.2	√	300		11.1	√	20	48.2	√
	3	高村	2004-08-25	227	235		3.5	√	8	33.3	√	240		5.7	√	8	33.3	√
	4	孙口	2004-08-25	167	180		7.8	√	13	19.1	√	180		7.8	√	13	19.1	√
	5	艾山	2004-08-26	178	152		-14.6	√	26	20.3		150		-15.7	√	26	20.3	
	6	泺口	2004-08-26	138	137		-0.7	√	1	10.9	√	140		1.4	√	1	10.9	√
通过次数								6			5				6			5
通过率								100%			83.3%				100%			83.3%
小北干流放淤龙门最大含沙量试预报	1	龙门	2004-07-26	390	317		-18.7	√	73	82.8	√	300		23.1		73	82.8	√
	2	龙门	2004-08-11	572	480		-16.1	√	92	101.8	√	400		-30.1		92	101.8	√
	3	龙门	2004-08-12	160	57	103			103	58.7		50	110			103	58.7	
	4	龙门	2004-08-13	150	141	9		√	9	57.7	√	150	0		√	9	57.7	√
	5	龙门	2005-07-02	166	225	59			59	59.3	√	220	54			59	59.3	√
	6	龙门	2005-08-12	78	79.1	1.1		√	1.1	50.1	√	70	8		√	1.1	50.1	√
	7	龙门	2006-07-31	82	140	58			58	50.6		100	18		√	58	50.6	
	8	龙门	2006-08-26	104	140	36			36	52.9	√	100	4		√	36	52.9	√
	9	龙门	2006-08-31	148	150	2		√	2	57.5	√	100	48			2	57.5	√
	10	龙门	2006-09-22	210	245		16.7	√	35	63.9	√	240		14.3	√	35	63.9	√
通过次数								6			8				5			8
通过率								60%			80%				50%			80%

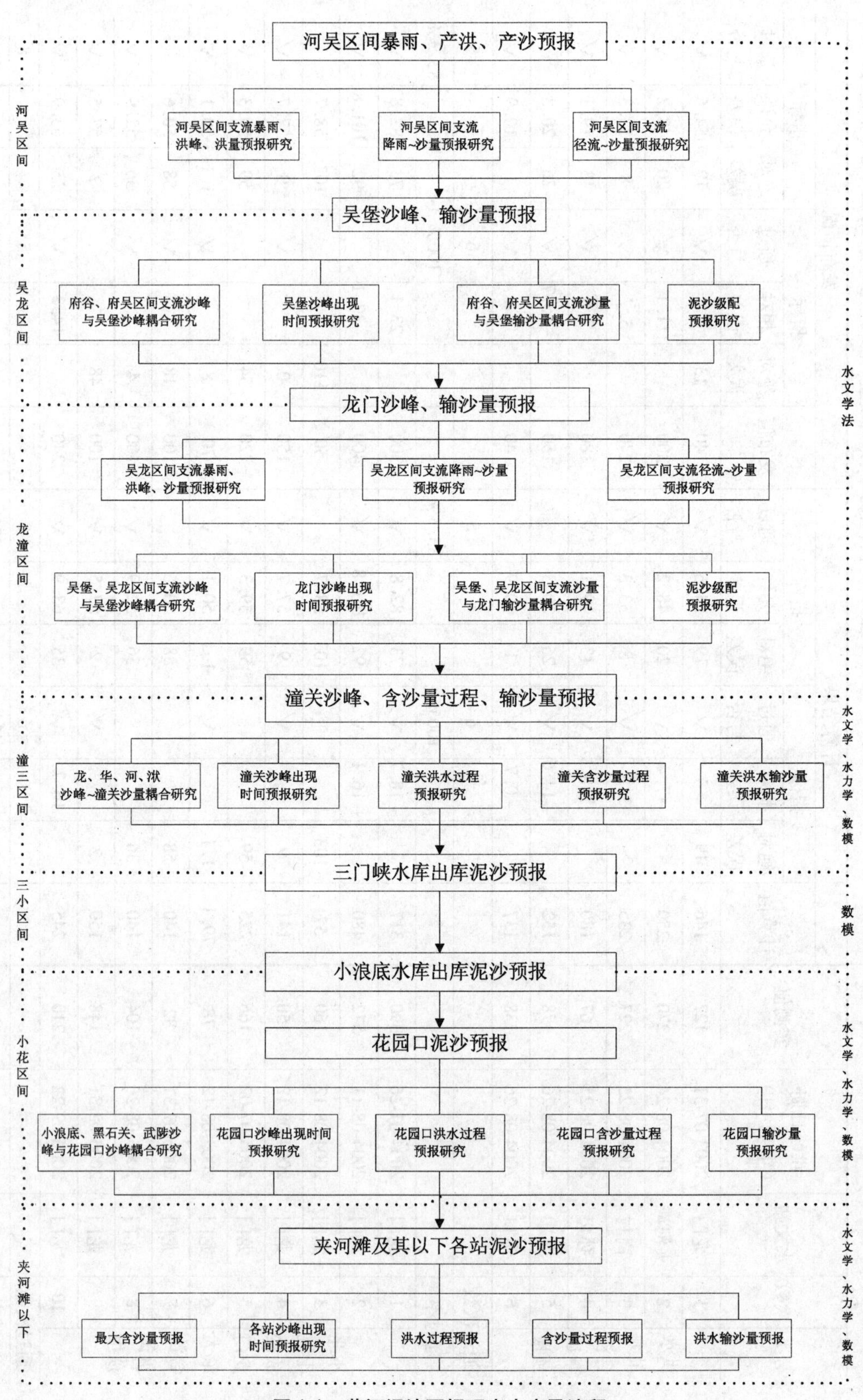

图 1-1　黄河泥沙预报研究内容及流程

第2章　龙门站次洪最大含沙量预报方法研究

2.1　吴龙区间概况

黄河龙门水文站位于晋陕峡谷尾端，是国家重要水文站、黄河中游洪峰编号站，始建于1934年，集水面积497 552 km^2。由于晋陕区间是黄河上大洪水及泥沙的主要来源地之一，因此该站的水沙测报工作对三门峡水库的调度运用和小北干流放淤起着非常重要的作用。

黄河晋陕区间干流河道上设有头道拐、府谷、吴堡、龙门水文站(见图2-1)，距龙门最近的水文站为吴堡水文站。吴堡—龙门段河长276 km，河床比降0.96‰。本河段较大的入黄支流有屈产河、三川河、无定河、清涧河、昕水河、延河等。干流河床多为漂石、卵石和粗沙组成。壶口以下64 km河道窄深，为砂质河床，覆盖层10～50 m厚。当无定河等高含沙洪水很大时，易出现揭河底冲刷。河段大小碛滩众多，较大碛滩有王家滩、石岔碛、老牛坝、禹下碛、土金碛等。其中土金碛长1.6 km，平均宽度240 m，面积约36万m^3，枯水位以上体积约100万m^3，滩槽高差约3.4 m[9]。

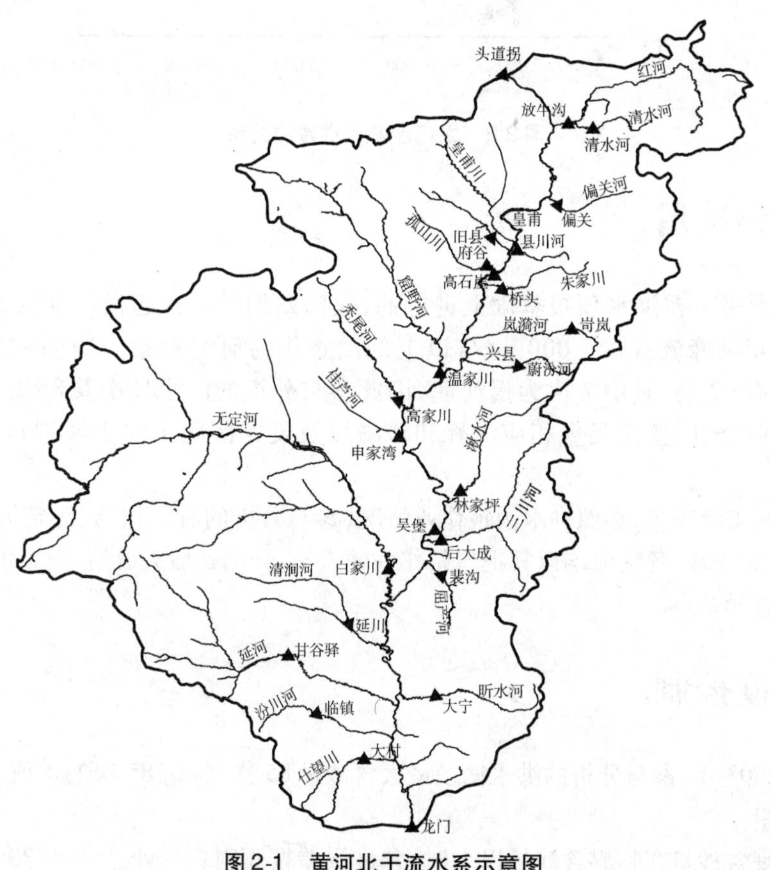

图2-1　黄河北干流水系示意图

晋陕区间是暴雨多发区,也是暴雨洪水产沙区。暴雨多出现在7、8月,更集中在7月中旬至8月中旬。暴雨历时短,强度大,笼罩面积可达数万平方公里,是黄河中游洪水的主要因素。

可以说,吴堡—龙门区间属峡谷河段,一般情况下,洪水坦化不严重,多年平均河道冲淤基本平衡。但龙门以上悬移质来沙在粒径组成上是有较大差异的。由于黄河中游粗泥沙集中来源区主要集中在河口镇至吴堡区间[10],因此吴堡以上来的洪水泥沙明显比吴堡至龙门区间支流(如无定河、延河等)来的泥沙粗,见图2-2。泥沙粗容易淤积,使得龙门含沙量变小较多,而当吴堡至龙门区间支流加入洪水泥沙时,由于该区间支流加入的泥沙较细,因而龙门含沙量就大。这是由于沉速(ω)与粒径(d)成正比,要在预报中表征这一特性,根据“沙随洪水来,沙随洪水去”的特点,就应该重点反映洪水来源,在后面的研究中,引入洪峰比的概念就能较好的体现。

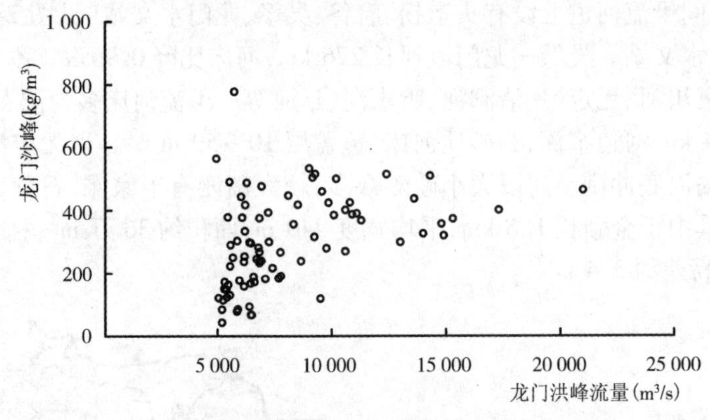

图2-2 龙门沙峰和洪峰的关系

2.2 资料选用

含沙量预报是在洪水预报基础上进行的,龙门站编号洪水起报标准为5 000 m^3/s,因此选用历年洪峰流量在5 000 m^3/s以上的洪水作为研究对象。1956~2003年符合条件的洪水有92场,其中7次为揭河底,因此参与分析的洪水场次共85场。摘录龙门洪峰和沙峰时,同时摘录吴堡相应洪峰和沙峰以及吴龙区间主要支流把口站的相应洪峰。

吴龙区间支流较多,参照洪水预报作业情况,参与分析的有三川河、无定河、清涧河、昕水河、延水5条支流,各支流均以其把口站作为输入站,分别是后大成站、白家川站、延川站、大宁站和甘谷驿站。

2.3 精度控制

1956~2003年,参与分析的洪水摘录最大含沙量85次,将这85次的均值300 kg/m^3作为临界含沙量。

实际出现含沙量在临界含沙量以上时,允许误差按相对误差小于等于20%为通过,反之为不通过。当实际出现含沙量在临界含沙量以下时,允许误差按绝对误差来评定,绝对误差小于等于规定的误差即认为预报精度通过,反之为不通过。规定误差为临界含沙量乘以20%即60 kg/m³,而绝对误差为计算值与实测值的差值。

2.4 龙门站洪水泥沙输移特性

2.4.1 龙门站的沙峰多数大于吴堡站

用 k_S表示吴堡与龙门的沙峰比值(简称吴龙沙峰比),从表2-1可以看出,各级洪水 k_S 小于1.0的比例分别为72.8%、71.4%、82.6%、85.7%、86.7%和86.4%。说明大多数的洪水龙门站沙峰大于吴堡站,主要是区间支流加入多为高含沙洪水所致。

表2-1 龙门站不同量级洪水吴龙沙峰比 (单位:m³/s)

分类	各级别洪峰流量(m³/s)					
	≥5 000	≥6 000	≥7 000	≥8 000	≥9 000	≥10 000
总次数	92	70	46	35	30	22
k_S <1.0次数	67	50	38	30	26	19
k_S <1.0(%)	72.8	71.4	82.6	85.7	86.7	86.4

2.4.2 沙峰一般出现在落水段,即沙峰滞后于洪峰

在统计的92场洪峰流量大于等于5 000 m³/s的洪水中,龙门站只有11场洪水沙峰出现在洪峰前,与洪峰同时出现的次数也不多,大多数都滞后于洪峰,滞后时间为0.5~23 h,平均滞后6.9 h。与龙门站对应的吴堡站洪水的沙峰出现时间也大多滞后于洪峰,平均滞后时间为3.8 h。

2.4.3 "揭河底"现象

"揭河底"冲刷是在一定的河床边界条件下,遇到高含沙量的大洪水时,对河床产生的剧烈的集中冲刷[10]。它一般发生在洪峰之后的落水期。据统计,1950年以来黄河小北干流共发生了12次"揭河底"冲刷,见表2-2,其中1993年与1995年没有形成规模较大的沿程冲刷。黄河龙门站的冲刷时间一般为17~22 h,冲刷深度一般为2~4 m,最深达9 m(1970年8月),冲刷深度沿程递减,最近至安昌(黄淤59断面),距龙门49.4 km;最远达潼关(黄淤41断面),距龙门132 km。发生"揭河底"冲刷时,河道在平面上大幅度摆动,主槽强烈冲刷,滩地大量淤积,河势趋于规顺,形成相对窄深河槽。然后在一般水沙条件下,河床又回淤抬高,短则当年就回淤,长则需2~3年,以后在一定的来水来沙与边界条件下,再次发生"揭河底"冲刷现象。河道这一往复性演变过程,孕育了该河段淤积—强烈冲刷—淤积的周期性变化,但河床总的趋势是淤积抬高的。

表 2-2 1950 年以来黄河小北干流“揭河底”现象统计

次数	时间 (年-月-日)	洪峰 (m^3/s)	沙峰 (kg/m^3)	冲刷深度 (m)	冲刷长度 (km)	间隔时间 (a)	河槽摆 动情况
1	1951-08-15	13 700	542	2.19	132		
2	1954-08-31 ~ 09-06	17 500	605	1.69	132	2	有大摆动
3	1964-07-06 ~ 07-07	10 200	695	3.6	90	9	有大摆动
4	1966-07-16 ~ 07-20	7 460	933	7.5	73	1	有大摆动
5	1969-07-26 ~ 07-29	8 860	752	2.85	49	2	有大摆动
6	1970-08-01 ~ 08-05	13 800	826	9	90	0	有大摆动
7	1977-07-06	14 500	690	4	71	6	有大摆动
8	1977-08-06	12 700	821	2	71	0	有大摆动
9	1993-07-12	1 140	436				揭起泥块 5 处
10	1995-07-18	3 880	487				揭起泥块 7 处
11	1995-07-27 ~ 07-30	7 860	212				揭起泥块 1 处
12	2002-07-05	4 580	1 040				揭起泥块 2 处

注:1 ~ 8 次引自参考文献[10],9 ~ 12 次引自参考文献[11]。

2.5 预报模型研制

河流中的泥沙,特别是悬沙完全靠水流搬运,因此洪峰反映了输沙的动力条件,又由于洪峰一般早于沙峰,故首先用所有洪水(85 场)的龙门最大含沙量($\rho_{龙}$)与龙门洪峰流量点绘相关关系,如图 2-2 所示。可以看出,龙门沙峰与洪峰流量关系点子呈扇形分布,关系不密集,表明水沙关系不完全对应。10 000 m^3/s 以上的洪水沙峰一般在 300 kg/m^3 以上,5 000 ~ 10 000 m^3/s 的洪水的沙峰变化较大,最大可达 777 kg/m^3,最小不到 100 kg/m^3。

其次用 85 场洪水的龙门沙峰与吴堡沙峰($\rho_{吴}$)、合成含沙量点绘相关关系,如图 2-3、图 2-4所示。可以看出,龙门沙峰与吴堡沙峰关系比较密切,与输入站合成含沙量关系更为密切,反映了多来多排的特性。

为了寻求与龙门含沙量关系密切的参数,在 $\rho_{龙} \sim \rho_{吴}$ 关系中,分别用龙门洪峰流量 $Q_{m龙}$、吴堡和龙门洪峰比 $k(Q_{m吴}/Q_{m龙})$(简称吴龙洪峰比)为参数,见图 2-5、图 2-6。

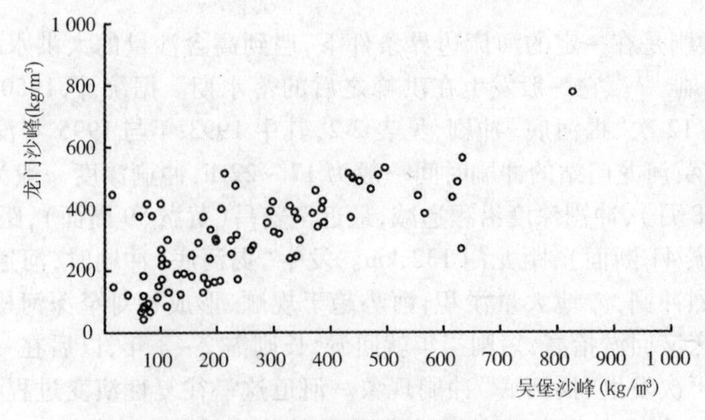

图 2-3 龙门沙峰和吴堡沙峰关系

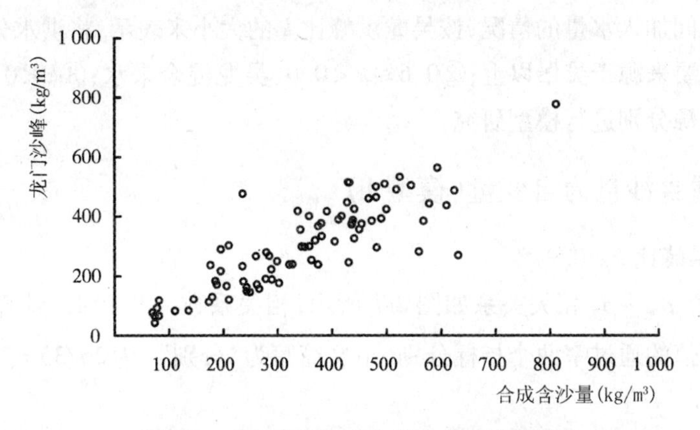

图 2-4　龙门沙峰和输入站合成含沙量关系

由图 2-5 可以看出,以龙门洪峰流量为参数时,没有明显的趋势性变化规律。由图 2-6 可以看出,吴堡洪峰与龙门洪峰比值大的点子基本上靠近 X 轴,比值小的点子基本上靠近 Y 轴。由此说明,区间加入水量的多少与龙门沙峰有比较密切的关系。

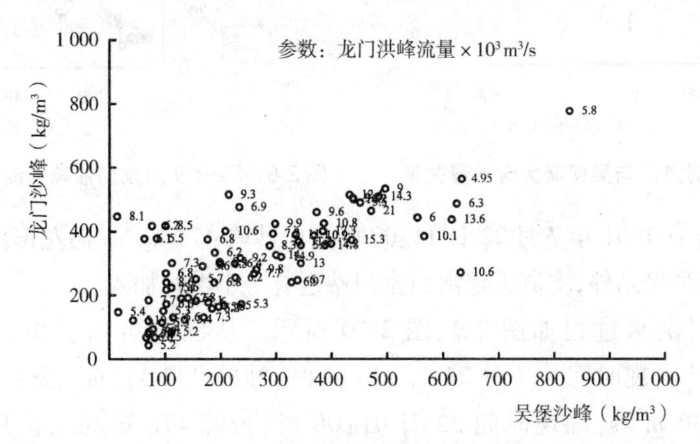

图 2-5　龙门沙峰和吴堡沙峰关系(龙门洪峰流量为参数)

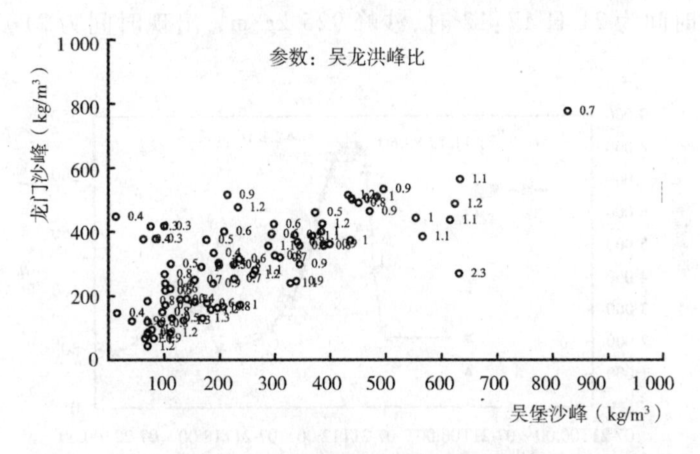

图 2-6　龙门与吴堡最大含沙量关系(吴堡与龙门洪峰之比为参数)

为了表征区间加入水量的情况，按吴龙洪峰比 k 的大小来表示，将洪水分为3类：①$k \geq 0.9$，表示洪水主要来源于吴堡以上；②$0.6 \leq k < 0.9$，吴龙混合来水；③$k < 0.6$，区间来水为主。根据洪水来源分别进行模型研究。

2.5.1 以吴堡含沙量为自变量（模型1）

2.5.1.1 吴龙洪峰比 $k \geq 0.9$

数据点35个，$\rho_{龙} \sim \rho_{吴}$ 相关关系如图2-7所示，相关系数为0.918。计算值与实测值对比见图2-8，计算值的通过率两个指标分别（下文简写为"分别"）为25/35 = 71.4%、28/35 = 80%。

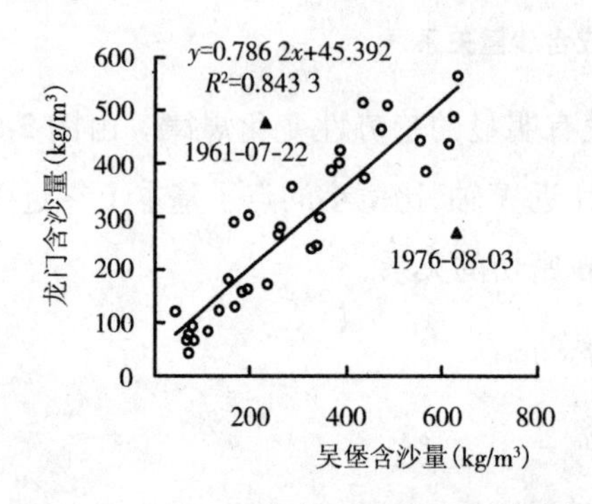

图2-7 $k \geq 0.9$ 时龙门与吴堡最大含沙量关系

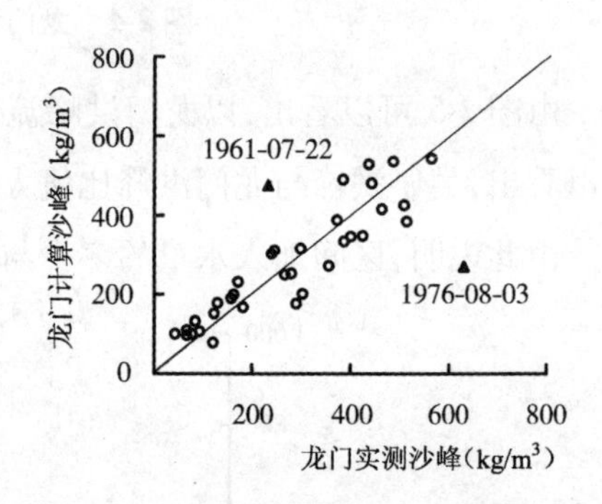

图2-8 $k \geq 0.9$ 时龙门沙峰实测值与计算值对比

特殊点讨论①：1961年7月22日11:00时龙门沙峰476 kg/m³向左偏离。本次龙门洪水来源为除干流吴堡站外，支流无定河白家川站也有一小洪峰加入。

吴堡和龙门洪水过程如图2-9、图2-10所示。从图中可以看出，吴堡洪峰流量8 060 m³/s，洪峰出现时间为7月21日11:12时，沙峰233 kg/m³，滞后洪峰3.3 h；龙门洪峰流量6 930 m³/s，峰现时间22日01:00时，沙峰476 kg/m³，出现时间为22日11:00时，滞后洪峰10 h。白家川洪水过程如图2-11所示，可以看出，白家川洪峰流量925 m³/s，峰现时间为21日17:12时，沙峰925 kg/m³，出现时间为21日16:00时，超前洪峰1.2 h。

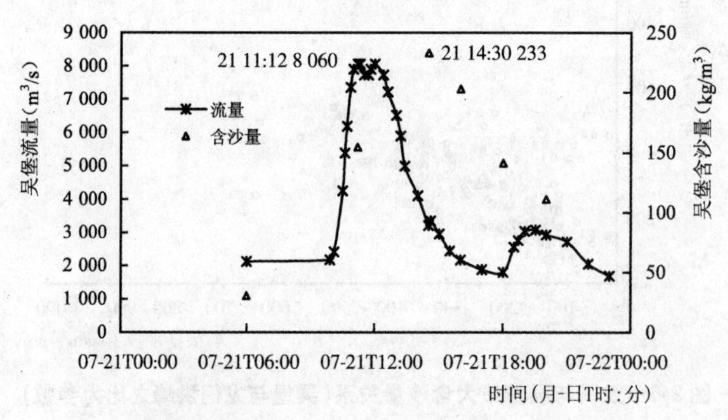

图2-9 1961年7月21日吴堡洪水过程

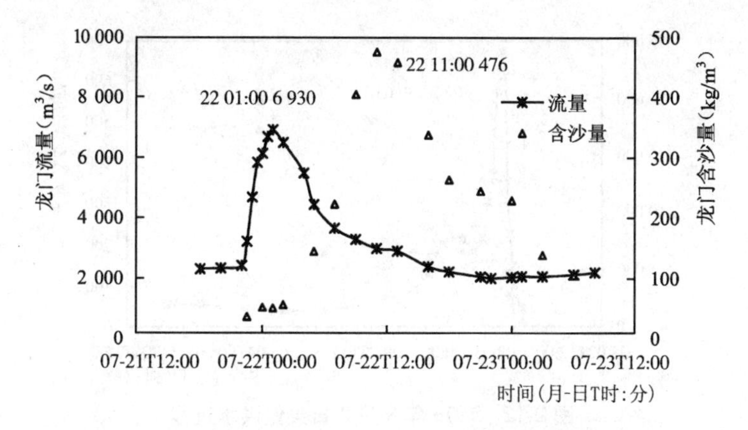

图 2-10　1961 年 7 月 22 日龙门洪水过程

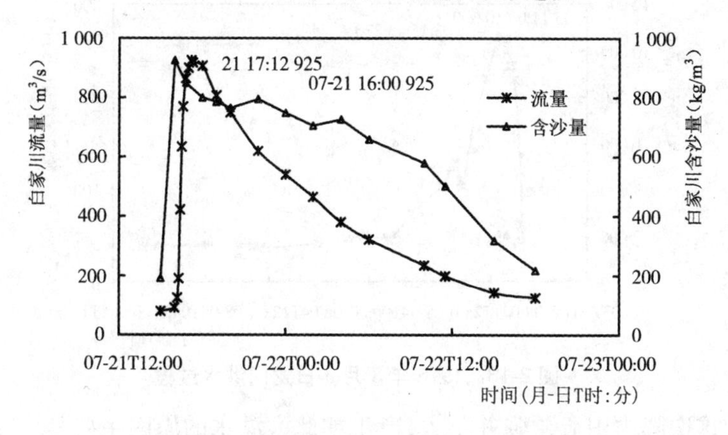

图 2-11　1961 年 7 月 21 日白家川洪水过程

从上看出,本次龙门洪峰是吴堡来水造成的,吴堡沙峰较洪峰滞后 3.3 h,龙门沙峰较洪峰滞后 10 h,说明龙门沙峰是支流无定河白家川的洪水造成,吴堡洪水推波作用大于稀释作用。无定河在多沙粗沙区,导致龙门沙峰高于吴堡,说明仅用吴堡单站含沙量作为自变量,不考虑区间加沙是不完善的。

特殊点讨论②:1976 年 8 月 3 日 15:43 时龙门沙峰 270 kg/m³ 向右偏离。

本次吴堡洪水过程见图 2-12,吴堡洪峰流量为 24 000 m³/s,是吴堡站 1842 年以来的最大洪水(1842 年 7 月 22 日为 26 800 m³/s)。这次洪水主要是内蒙古伊蒙境内普降大雨和暴雨造成支流皇甫川、清水川、孤山川、窟野河同时涨水,温家川站 2 日 14:36 时出现洪峰流量 14 000 m³/s,孤山川高石崖站 11:53 时为 2 230 m³/s,府谷 12:18 时为 5 280 m³/s。吴堡洪峰的形成主要是窟野河洪水入黄河时产生顶托倒流造成黄河河槽大量蓄水,当窟野河洪水回落时,紧接着黄河上游洪水到来,形成洪水与槽蓄水一拥而下,使吴堡形成大洪水[12,13]。

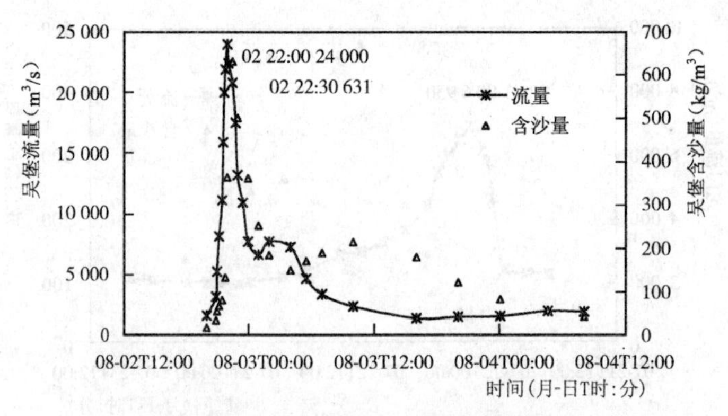

图 2-12　1976 年 8 月 2 日吴堡洪水过程

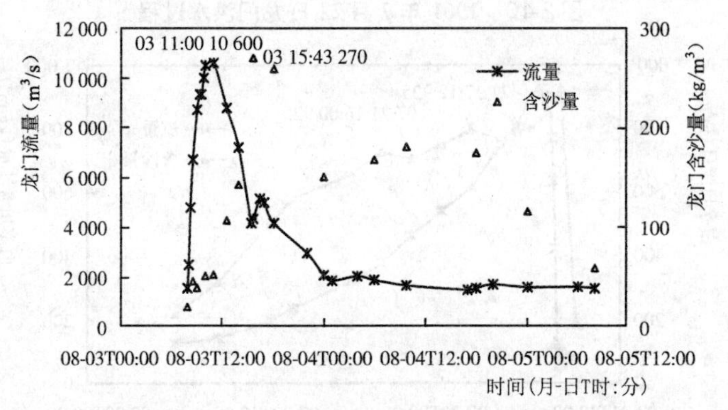

图 2-13　1976 年 8 月 3 日龙门洪水过程

窟野河的这次降雨中心雨强并不大,产生如此大洪水的原因主要是[12]:①前期降水量较大;②大雨区笼罩面积大;③上游冲垮 10 多座小型水库。

这次洪水府谷、高石崖、温家川三站总水量为 3.217 亿 m³,吴堡站为 3.001 亿 m³,龙门站为 2.868 亿 m³,因这次洪水从府谷至龙门区间各支流除孤山川、窟野河外,其他支流均无洪水,从对照情况看府谷、高石崖、温家川三站总水量比吴堡大 0.216 亿 m³,吴堡站比龙门站大 0.133 亿 m³,主要是这次洪水含沙量大,沿程淤积严重,府谷至吴堡区间淤积 1.16 亿 t,吴堡至龙门区间淤积 0.430 亿 t,故从府谷至龙门水量逐渐减少是合理的[12]。

综上所述,龙门洪峰流量和沙峰均远小于吴堡站是合理的,但在该处是特殊点。

2.5.1.2　吴龙洪峰比 $0.6 \leqslant k < 0.9$

数据点 27 个,$\rho_{龙} \sim \rho_{吴}$ 相关关系如图 2-14 所示,相关系数为 0.960,计算值与实测值对比见图 2-15,计算值的通过率分别为 24/27 = 88.9%、23/27 = 85.2%。

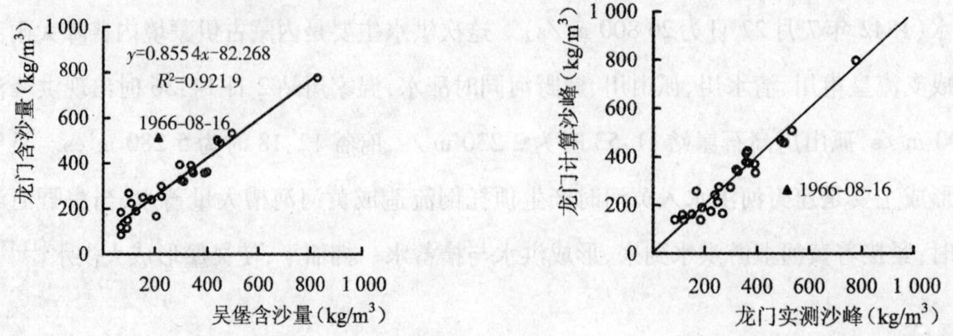

图 2-14　$0.6 \leqslant k < 0.9$ 时龙门与吴堡最大含沙量关系　图 2-15　$0.6 \leqslant k < 0.9$ 时龙门沙峰计算值与实测值对比

特殊点讨论:1966 年 8 月 16 日龙门沙峰 515 kg/m³向左偏离。吴龙区间来水情况见表 2-3。由表 2-3 可以看出,本次龙门洪水来源主要为干流吴堡站,其次是无定河白家川站、清涧河延川。干流吴堡站沙峰仅 214 kg/m³,由于无定河、清涧河均在多沙粗沙区,来水均为高含沙,导致龙门沙峰高达 515 kg/m³,这也再次说明,当吴堡和吴龙区间均有来水时,仅用吴堡含沙量作自变量是不完善的。

表 2-3　1966 年 8 月 16 日吴龙区间来水情况

水文站	洪峰出现时间（年-月-日 T 时:分）	洪峰流量（m³/s）	沙峰出现时间（年-月-日 T 时:分）	沙峰（kg/m³）	滞时（h）
吴堡	1966-08-16T12:00	7 890	1966-08-16T16:00	214	4
后大成	1966-08-16T12:09	680	1966-08-16T11:12	448	-0.9
白家川	1966-08-16T09:00	2 290	1966-08-16T09:00	883	0
延川	1966-08-16T03:18	1 220	1966-08-16T04:06	964	0.8
大宁	1966-08-16T14:48	184	1966-08-16T14:48	409	0
龙门	1966-08-17T00:30	9 260	1966-08-16T23:00	515	-1.5

2.5.1.3　吴龙洪峰比 $k<0.6$

数据点 20 个(1956 年和 1958 年有 3 个数据点没有实测沙峰),龙门与吴堡最大含沙量相关关系如图 2-16 所示,相关系数为 0.306,计算值与实测值对比见图 2-17,通过率分别为 9/20 = 45%、10/20 = 50%。此时,因未考虑吴龙区间水沙情况,效果很差。

由以上 3 种分类汇总(见表 2-4)可知,总数据点为 82 个,总通过率分别为 58/82 = 70.7%、61/82 = 74.4%。

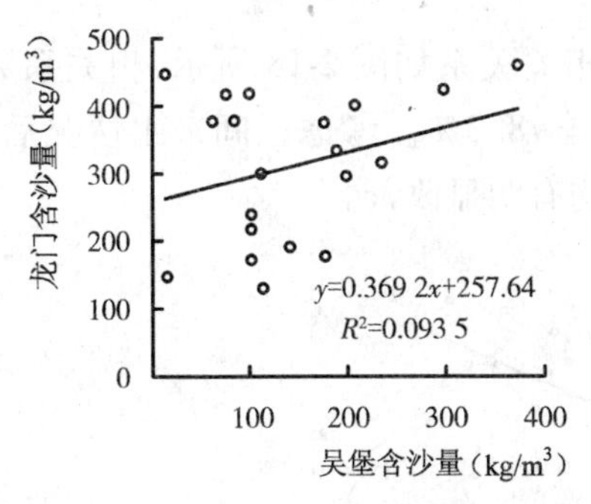

图 2-16　$k<0.6$ 时龙门与吴堡最大含沙量关系　　图 2-17　$k<0.6$ 时龙门沙峰实测值与计算值对比

表 2-4　以吴堡含沙量为自变量的龙门含沙量预报模型汇总

<table>
<tr><th rowspan="2">k 值</th><th rowspan="2">计算公式</th><th rowspan="2">相关系数</th><th colspan="4">通过率</th></tr>
<tr><th colspan="2">指标一</th><th colspan="2">指标二</th></tr>
<tr><td>$k\geq0.9$</td><td>$\rho_{龙}=0.786\ 2\rho_{吴}+45.392$</td><td>0.918</td><td>25/35 = 71.4%</td><td rowspan="3">58/82 = 70.7%</td><td>28/35 = 80%</td><td rowspan="3">61/82 = 74.4%</td></tr>
<tr><td>$0.6\leq k<0.9$</td><td>$\rho_{龙}=0.855\ 4\rho_{吴}+82.268$</td><td>0.960</td><td>24/27 = 88.9%</td><td>23/27 = 85.2%</td></tr>
<tr><td>$k<0.6$</td><td>$\rho_{龙}=0.369\ 2\rho_{吴}+257.64$</td><td>0.306</td><td>9/20 = 45.0%</td><td>10/20 = 50%</td></tr>
</table>

注:$\rho_{龙}=f(\rho_{吴},k)$。

2.5.2 以输入站合成含沙量为自变量(模型2)

龙门含沙量是吴堡及吴龙区间来水来沙共同造成的,仅用吴堡含沙量作自变量是不够的,应考虑吴堡及区间来水来沙的共同影响。参照洪水预报中合成流量的概念,给出合成含沙量的计算公式,并以其为自变量进一步分析。

严格说来,合成含沙量的计算应是以造成龙门站沙峰的上游干支流主要洪水来沙站为主,按龙门沙峰和泥沙的演进传播时间反推上游站相应流量和含沙量进行加权合成。但受现有认识水平的限制,不同流量级洪水不同含沙量的传播时间还难以确定。从中游干支流洪水来看,有不少沙峰滞后于洪峰,因而借用洪水的传播时间来摘录相应含沙量也不是很合适,并且在实际预报中也不好操作。暂以会造成龙门本次洪水泥沙过程的干支流洪峰与沙峰加权计算合成含沙量,对于准确的合成含沙量的计算还有待今后研究。

本次合成含沙量计算式如下:

$$\rho_{合} = \frac{Q_{m吴} \times \rho_{m吴} + \sum (Q_{m支} \times \rho_{m支})}{Q_{m吴} + \sum Q_{m支}}$$

式中:吴堡站为洪峰流量与沙峰含沙量;支流为洪峰流量与相应沙峰。

(1)吴龙洪峰比 $k \geq 0.9$。数据点35个,$\rho_{龙} \sim \rho_{合}$ 相关系数为0.914,计算值的通过率两个指标均为26/35 = 74.3%,比只考虑吴堡含沙量模型的相关系数和通过率都有所提高,但两个特殊点依然存在。

(2)吴龙洪峰比 $0.6 \leq k < 0.9$。数据点27个,$\rho_{龙} \sim \rho_{合}$ 相关系数为0.964,计算值的通过率两个指标均为24/27 = 88.9%,特殊点偏离度减小,相关系数比模型1仅考虑吴堡含沙量稍有提高,通过率基本不变。

(3)吴龙洪峰比 $k < 0.6$。数据点23个,$\rho_{龙} \sim \rho_{合}$ 相关关系如图2-18所示,相关系数为0.802,计算值的通过率分别为15/23 = 65.2%、18/23 = 78.3%。考虑区间来水情况后,无论是相关系数还是通过率,比以吴堡含沙量为自变量均有明显改善。

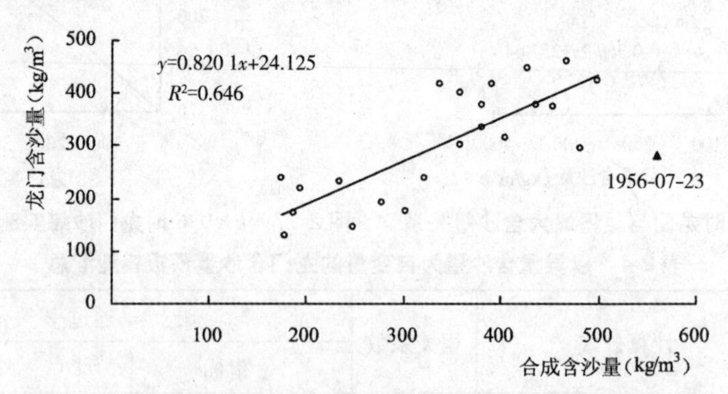

图2-18 $k < 0.6$ 时龙门最大含沙量与吴龙区间合成含沙量关系

特殊点讨论:1956年7月23日8:30时龙门沙峰282 kg/m³向右偏离。

1956年7月23日吴龙区间来水情况见表2-5,可以看出,本次龙门洪水来源除干流吴堡站外,支流有三川河后大成、无定河白家川、清涧河延川、延河甘谷驿。干流吴堡站洪峰流量根据洪水预报模型而得,缺沙峰资料,故将其当做特殊点,不参加相关分析。

表 2-5　1956 年 7 月 23 日吴龙区间来水情况

水文站	洪峰出现时间 (年-月-日 T 时:分)	洪峰流量 (m^3/s)	沙峰出现时间 (年-月-日 T 时:分)	沙峰 (kg/m^3)	滞时 (h)
吴堡	1956-07-22T17:48	1 720	洪水预报模型		
后大成	1956-07-22T16:30	616	1956-07-22T20:00	433	3.5
白家川	1956-07-22T20:50	2 970	1956-07-22T20:50	715	0
延川	1956-07-22T15:42	1 270	1956-07-22T19:00	687	3.3
甘谷驿	1956-07-22T17:48	2 000	1956-07-22T16:35	767	-1.2
龙门	1956-07-23T04:20	6 800	1956-07-23T08:30	282	4.2

由以上 3 种分类汇总(见表 2-6)可知,总数据点为 85 个,总通过率分别为 65/85 = 76.5%、68/85 = 80%。

表 2-6　以输入站合成含沙量为自变量的龙门含沙量预报模型汇总

k 值	计算公式	相关系数	通过率			
			指标一		指标二	
$k \geqslant 0.9$	$\rho_{龙} = 0.815\ 4\rho_{合} + 17.11$	0.914	26/35 = 74.3%	65/85 = 76.5%	26/35 = 74.3%	68/85 = 80%
$0.6 \leqslant k < 0.9$	$\rho_{龙} = 1.018\ 9\rho_{合} - 63.583$	0.964	24/27 = 88.9%		24/27 = 88.9%	
$k < 0.6$	$\rho_{龙} = 0.819\ 3\rho_{合} + 24.266$	0.802	15/23 = 65.2%		18/23 = 78.3%	

注:$\rho_{龙} = f(\rho_{合}, k)$。

2.5.3　以 $Q_{m龙}{}^{\alpha}\rho_{吴}{}^{\beta}$ 为自变量(模型 3)

上游来的泥沙在水中是沉降还是漂浮,受水流挟沙能力的影响,由于含沙量与流量的 n 次方成正比[14],预报中不仅要考虑上游含沙量的影响,同时需引入预报站洪峰流量作参数进一步分析,故采用 $\rho_{s下} = f(Q_{m下}, \rho_{s上})$ 关系。

(1)吴龙洪峰比 $k \geqslant 0.9$。数据点 35 个,$\rho_{龙} \sim Q_{m龙}{}^{\alpha}\rho_{吴}{}^{\beta}$ 相关系数为 0.927,计算值的通过率两个指标均为 27/35 = 77.1%,通过率与相关系数比模型 1、模型 2 均有所提高。

(2)吴龙洪峰比 $0.6 \leqslant k < 0.9$。数据点 27 个,$\rho_{龙} \sim Q_{m龙}{}^{\alpha}\rho_{吴}{}^{\beta}$ 相关系数为 0.954,计算值的通过率均为 23/27 = 85.2%,通过率和相关系数与未考虑流量因素的模型相比均有所降低,这与未考虑合成含沙量有关。

(3)吴龙洪峰比 $k < 0.6$。数据点 20 个,$\rho_{龙} \sim Q_{m龙}{}^{\alpha}\rho_{吴}{}^{\beta}$ 相关系数为 0.418,计算值的通过率均为 9/20 = 45%,相关系数比模型 1 稍有提高,通过率保持不变。

由以上 3 种分类汇总(见表 2-7)可知,总数据点为 82 个,总通过率均为 59/82 = 72.0%。

表 2-7　以 $Q_{m龙}{}^{\alpha}\rho_{龙}{}^{\beta}$ 为自变量的龙门含沙量预报模型汇总

k 值	计算公式	α	β	相关系数	通过率	
					指标一、二	指标一、二
$k \geqslant 0.9$	$\rho_{龙} = 0.649\ 9Q_{m龙}{}^{\alpha}\rho_{龙}{}^{\beta} + 12.13$	0.158 1	0.809 6	0.927	27/35 = 77.1%	59/82 = 72.0%
$0.6 \leqslant k < 0.9$	$\rho_{龙} = 7.170\ 4Q_{m龙}{}^{\alpha}\rho_{龙}{}^{\beta} - 11.752$	-0.004 6	0.696 2	0.954	23/27 = 85.2%	
$k < 0.6$	$\rho_{龙} = 0.050\ 9Q_{m龙}{}^{\alpha}\rho_{龙}{}^{\beta} + 98.183$	0.944 4	-0.008 9	0.418	9/20 = 45%	

注:$\rho_{龙} = f(Q_{m龙}{}^{\alpha}\rho_{龙}{}^{\beta}, k)$。

2.5.4 以 $Q_{m龙}{}^{\alpha}\rho_{合}{}^{\beta}$ 为自变量(模型4)

(1)吴龙洪峰比 $k \geqslant 0.9$。数据点35个，$\rho_{龙} \sim Q_{m龙}{}^{\alpha}\rho_{合}{}^{\beta}$ 相关系数为0.919，计算值的通过率分别为25/35=71.4%、24/35=68.6%，通过率比模型2差一些，相关系数稍有提高。

(2)吴龙洪峰比 $0.6 \leqslant k < 0.9$。数据点27个，$\rho_{龙} \sim Q_{m龙}{}^{\alpha}\rho_{合}{}^{\beta}$ 相关系数为0.965，计算值的通过率分别为23/27=85.2%、25/27=92.6%，通过率比模型2稍差一些，相关系数基本相同。

(3)吴龙洪峰比 $k < 0.6$。数据点23个，$\rho_{龙} \sim Q_{m龙}{}^{\alpha}\rho_{合}{}^{\beta}$ 相关系数为0.825，计算值的通过率分别为13/23=56.5%、15/23=65.2%，相关系数比模型2以合成含沙量为自变量时要高，但通过率仍较低。1956年7月23日点据为特殊点。

由以上3种分类汇总(见表2-8)可知，总数据点为85个，总通过率分别为61/85=71.8%、64/85=75.3%。与模型2相比，相关系数稍有提高，但通过率还稍差。

表2-8 以 $Q_{m龙}{}^{\alpha}\rho_{合}{}^{\beta}$ 为自变量的龙门含沙量预报模型汇总

k 值	计算公式	α	β	相关系数	通过率			
					指标一		指标二	
$k \geqslant 0.9$	$\rho_{龙}=0.2075x+13.264$	0.2134	0.9056	0.919	25/35=71.4%	61/85=71.8%	24/35=68.6%	64/85=75.3%
$0.6 \leqslant k < 0.9$	$\rho_{龙}=0.1256x-10.221$	0.1061	1.1649	0.965	23/27=85.2%		25/27=92.6%	
$k < 0.6$	$\rho_{龙}=0.0486x+10.871$	0.4372	0.8260	0.825	13/23=56.5%		15/23=65.2%	

注：$x=Q_{m龙}{}^{\alpha}\rho_{合}{}^{\beta}$。

2.5.5 "揭河底"洪水沙峰分析

在黄河龙门河段和渭河的临潼一带，当通过高含沙量的洪峰时，河床常常发生强烈冲刷。在冲刷过程中，一次持续1~2天的洪水可以将河床冲深几米乃至近10 m，还可以看到有厚达1 m左右的成块河床淤积物被水流掀起，或昂然挺立，或如排直下，此起彼伏，满河滚沸哗然，浊浪排空，奔腾下泄。群众把这种高含沙洪水条件下河床发生强烈冲刷的现象称为"揭河底"。

据记载，到目前，龙门出现过12次"揭河底"现象，见表2-2。现根据收集到的后11场洪水资料来分析"揭河底"对沙峰的影响。由于这11场洪水中，有3场吴堡未出现沙峰，因此以合成含沙量、$Q_{m龙}{}^{\alpha}\rho_{合}{}^{\beta}$ 为自变量分别建立相关。

2.5.5.1 以合成含沙量为自变量

数据点11个，$\rho_{龙} \sim \rho_{合}$ 相关关系如图2-19所示，相关系数为0.934，计算值的通过率为9/11=81.8%。

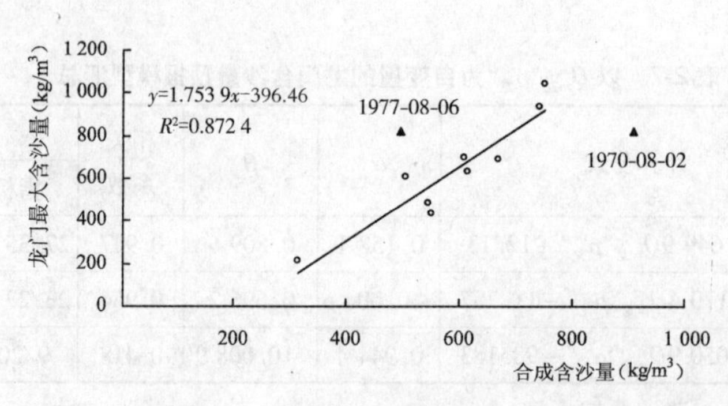

图2-19 "揭河底"龙门最大含沙量与吴龙区间合成含沙量关系

特殊点讨论①:1970 年 8 月 2 日龙门沙峰 826 kg/m³向右偏离。吴堡、龙门洪水过程见图 2-20、图 2-21。

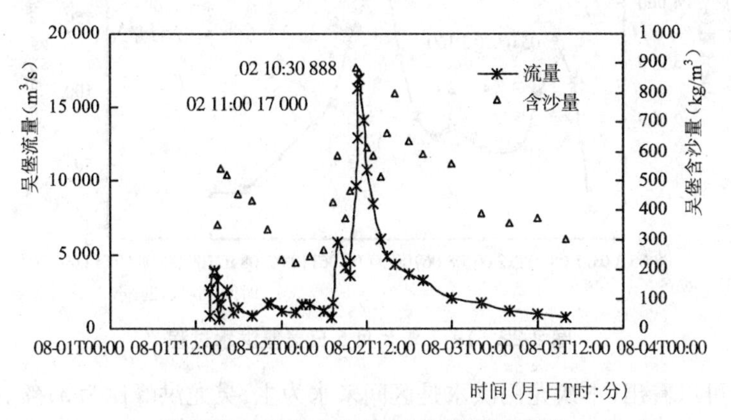

图 2-20 1970 年 8 月 2 日吴堡洪水过程

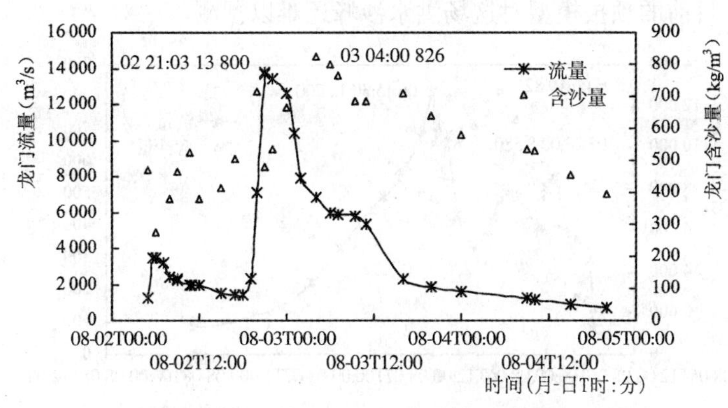

图 2-21 1970 年 8 月 2 日龙门洪水过程

由表 2-9 可以看出,本次龙门洪水来源主要为干流吴堡站,其次是无定河白家川站,另外三川河后大成、清涧河延川也有小洪水加入。干流吴堡站和 3 条支流均为高含沙洪水,因此合成含沙量比较大,为 909 kg/m³,从而导致点子向右偏离。在现有研究模型中,预报误差肯定很大。

表 2-9 1970 年 8 月 2 日龙门"揭河底"吴龙区间来水情况

水文站	洪峰出现时间(年-月-日 T 时:分)	洪峰流量(m^3/s)	沙峰出现时间(年-月-日 T 时:分)	沙峰(kg/m^3)	滞时(h)
吴堡	1970-08-02T11:00	17 000	1970-08-02T10:30	888	-0.5
后大成	1970-08-02T18:24	152	1970-08-02T20:00	580	1.6
白家川	1970-08-02T15:30	1 760	1970-08-02T13:00	1 180	-2.5
延川	1970-08-02T04:24	225	1970-08-02T05:30	567	1.1
龙门	1970-08-02T21:03	13 800	1970-08-03T04:00	826	6.95

特殊点讨论②:1977 年 8 月 6 日龙门沙峰 821 kg/m³向左偏离。吴堡、龙门洪水过程见图 2-22、图 2-23。

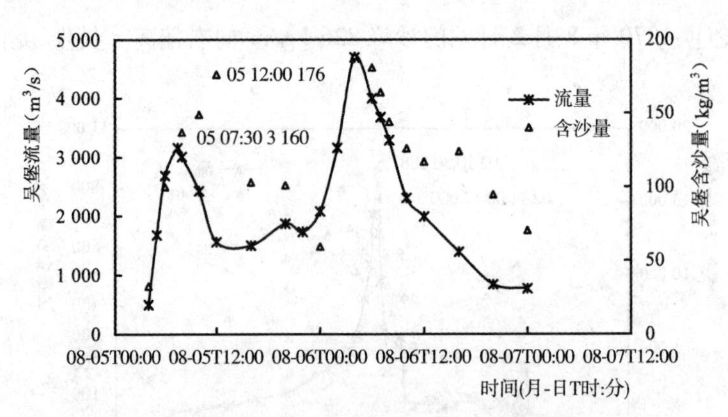

图 2-22　1977 年 8 月 5 日吴堡洪水过程

由表 2-10 可以看出，本次龙门洪水是区间来水为主，吴龙洪峰比为 37%，区间洪峰与龙门洪峰之比为 51%。区间加入的 3 条支流含沙量都比较高，加上揭河底影响，导致龙门实测沙峰比较大。目前的预报模型对这场洪水沙峰还难以预测。

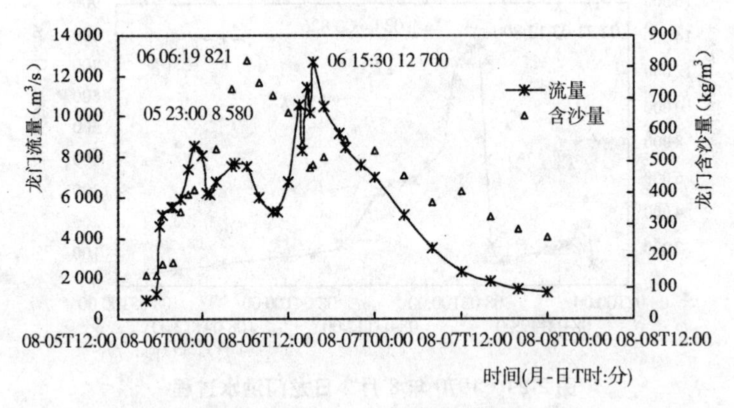

图 2-23　1977 年 8 月 6 日龙门洪水过程

表 2-10　1977 年 8 月 6 日龙门“揭河底”吴龙区间来水情况

水文站	洪峰出现时间（年-月-日 T 时:分）	洪峰流量（m³/s）	沙峰出现时间（年-月-日 T 时:分）	沙峰（kg/m³）	滞时（h）
吴堡	1977-08-06T04:00	4 700	1977-08-06T04:00	189	0
后大成	1977-08-06T06:30	1 300	1977-08-06T09:42	488	3.2
白家川	1977-08-06T02:36	3 820	1977-08-06T06:00	755	3.4
延川	1977-08-06T06:00	1 370	1977-08-06T07:00	722	1
龙门	1977-08-06T15:30	12 700	1977-08-06T06:19	821	-9.18

2.5.5.2　以 $Q_{m龙}{}^{\alpha}\rho_{合}{}^{\beta}$ 为自变量

数据点 11 个，$\rho_{龙} \sim Q_{m龙}{}^{\alpha}\rho_{合}{}^{\beta}$ 相关关系如图 2-24 所示，相关系数为 0.948，计算值的通过率为 9/11 = 81.8%。相关系数高于以合成含沙量为自变量的情况。

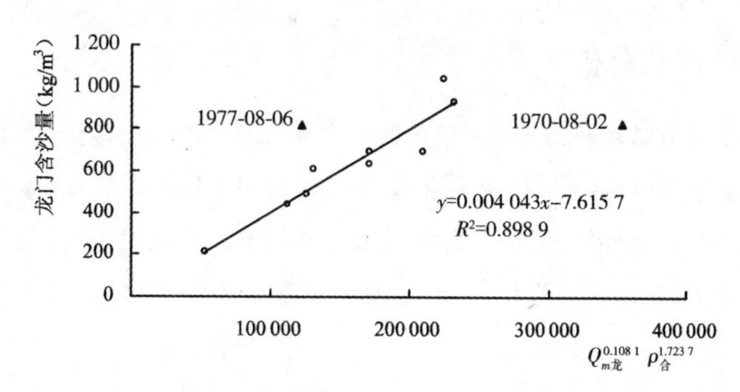

图 2-24 揭河底 $\rho_{龙} \sim Q_{m龙}{}^{\alpha}\rho_{合}{}^{\beta}$ 相关关系

由于以合成含沙量、$Q_{m龙}{}^{\alpha}\rho_{合}{}^{\beta}$ 为自变量时，相关系数都很高，除了两个特殊点其余 9 个点均通过，见表 2-11。所以具体作业预报时，要综合考虑二者结果。

表 2-11 以 $Q_{m龙}{}^{\alpha}\rho_{合}{}^{\beta}$ 为自变量的龙门含沙量预报模型汇总

计算公式	α	β	相关系数	通过率
$\rho_{龙} = 1.753\,9\rho_{合} - 396.46$			0.934	9/11 = 81.8%
$\rho_{龙} = 0.004\,043 Q_{m龙}{}^{\alpha}\rho_{合}{}^{\beta} - 7.615\,7$	0.108 1	1.723 7	0.948	9/11 = 81.8%

2.6 模型的推荐

上述 4 种模型的相关系数和通过率成果见表 2-12。由表 2-12 可以看出：

(1) $k \geq 0.9$ 时，4 个模型的相关系数都比较高，模型 3 最高，所以具体作业预报时，推荐采用模型 3，同时综合考虑其他 3 个模型。

(2) $0.6 \leq k < 0.9$ 时，4 个模型的相关系数都比较高，由于是共同来水应该考虑合成含沙量，所以具体作业预报时，综合考虑模型 2、模型 4 的结果。

(3) $k < 0.6$ 时，模型 2、模型 4 相关系数和通过率都比较高，具体作业预报时，综合考虑模型 2、模型 4 的结果。

表 2-12 4 种模型的通过率与相关系数

模型	相关系数			通过率				
	$k \geq 0.9$	$0.6 \leq k < 0.9$	$k < 0.6$	分类	$k \geq 0.9$	$0.6 \leq k < 0.9$	$k < 0.6$	合计
1	0.918	0.960	0.306	指标一	25/35 = 71.4%	24/27 = 88.9%	9/20 = 45%	58/82 = 70.7%
				指标二	28/35 = 80%	23/27 = 85.2%	10/20 = 50%	61/82 = 74.4%
2	0.914	0.964	0.802	指标一	26/35 = 74.3%	24/27 = 88.9%	15/23 = 65.2%	65/85 = 76.5%
				指标二	26/35 = 74.3%	24/27 = 88.9%	18/23 = 78.3%	68/85 = 80%
3	0.927	0.954	0.418	指标一	27/35 = 77.1%	23/27 = 85.2%	9/20 = 45%	59/82 = 72.0%
				指标二	27/35 = 77.1%	23/27 = 85.2%	9/20 = 45%	59/82 = 72.0%
4	0.919	0.965	0.825	指标一	25/35 = 71.4%	23/27 = 85.2%	13/23 = 56.5%	61/85 = 71.8%
				指标二	24/35 = 68.6%	25/27 = 92.6%	15/23 = 65.2%	64/85 = 75.35%

2.6.1 模型 2 的汇总分析

模型 2 中 $k \geqslant 0.9$、$0.6 \leqslant k < 0.9$、$k < 0.6$ 的汇总见图 2-25，比较接近的两条线是 $k \geqslant 0.9$ 和 $k < 0.6$。$k \geqslant 0.9$ 和 $0.6 \leqslant k < 0.9$ 相关方程的交点为 397 kg/m^3；$0.6 \leqslant k < 0.9$ 和 $k < 0.6$ 相关方程的交点为 441 kg/m^3。当合成含沙量大于 441 kg/m^{3}时，$0.6 \leqslant k < 0.9$ 对应的龙门含沙量最高；当合成含沙量小于 397 kg/m^{3}时，$0.6 \leqslant k < 0.9$ 对应的龙门含沙量最低，所以最好不合并分析。

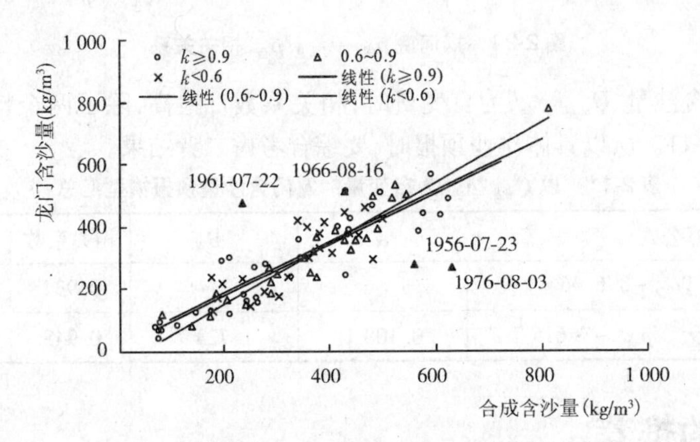

图 2-25 模型 2 汇总分析

由于从图 2-4 合成含沙量与龙门沙峰关系看出，龙门沙峰与合成含沙量关系密切。因此，如果将模型 2（以输入站合成含沙量为自变量）的 3 种分类强行合并的话，则相关关系见图 2-26，相关系数为 0.914，计算值通过率为 63/85 = 74.1%。通过率低于以吴龙洪峰比分类的总通过率 65/85 = 76.5%。

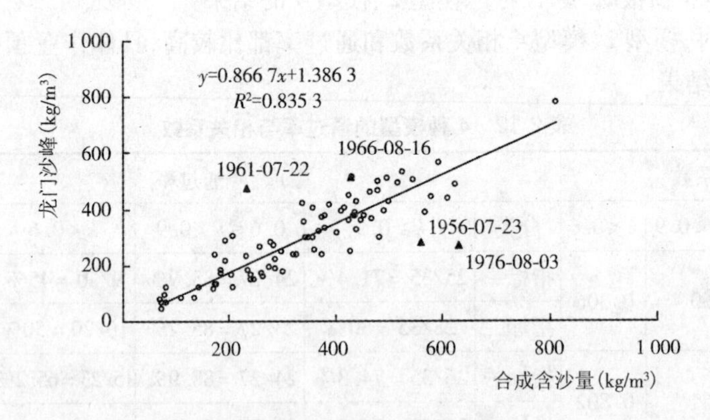

图 2-26 模型 2 强行合并

2.6.2 最优模型汇总

综合考虑前 4 种模型中（不包括揭河底模型）各分类的通过率及相关系数，得出各分组预报模型汇总，见表 2-13。

表 2-13　龙门洪峰流量大于 5 000 m^3/s 时预报模型汇总

k 值	模型	计算公式	α	β	相关系数	指标一通过率	指标二通过率
$k \geqslant 0.9$	3	$\rho_{龙}=0.649\ 9x_1+12.13$	0.158 1	0.809 6	0.927	27/35 = 77.1%	27/35 = 77.1%
	1	$\rho_{龙}=1.018\ 9\rho_{吴}-63.583$			0.918	25/35 = 71.4%	28/35 = 80%
	2	$\rho_{龙}=0.815\ 4\rho_{合}+17.11$			0.914	26/35 = 74.3%	26/35 = 74.3%
	4	$\rho_{龙}=0.207\ 5x+13.264$	0.213 4	0.905 6	0.919	25/35 = 71.4%	24/35 = 68.6%
$0.6 \leqslant k < 0.9$	2	$\rho_{龙}=0.961\ 6\rho_{合}-25.57$			0.964	24/27 = 88.9%	24/27 = 88.9%
	4	$\rho_{龙}=0.125\ 6x-10.221$	0.106 1	1.164 9	0.965	23/27 = 85.2%	25/27 = 92.6%
$k < 0.6$	2	$\rho_{龙}=0.594\ 3\rho_{合}+99.57$			0.725	15/23 = 65.2%	18/23 = 78.3%
	4	$\rho_{龙}=0.021\ 1x+38.854$	0.437 2	0.826 0	0.825	13/23 = 56.5%	15/23 = 65.2%
揭河底	1	$\rho_{龙}=1.753\ 9\rho_{合}-396.46$			0.934	—	—
	2	$\rho_{龙}=0.004\ 043x-7.615\ 7$	0.108 1	1.723 7	0.948	—	—

注：$x_1 = Q_{m龙}{}^{\alpha}\rho_{吴}{}^{\beta}$，$x = Q_{m龙}{}^{\alpha}\rho_{合}{}^{\beta}$。

2.7　预报模型拟合检验

由表 2-13 可以看出，$k \geqslant 0.9$、$0.6 \leqslant k < 0.9$ 和 $k < 0.6$ 时，均考虑模型 2、模型 4，主要先考虑模型 2。所以表 2-14 给出了模型 2 的龙门含沙量拟合预报结果。根据确定的预报精度控制标准，拟合预报通过率指标一为 65/85 = 76.5%、指标二为 68/85 = 80%。

表 2-14　模型 2 龙门沙峰预报模型拟合检验

序号	龙门洪峰出现时间（年-月-日 T 时:分）	吴堡洪峰（m^3/s）	龙门洪峰（m^3/s）	合成沙峰（kg/m^3）	龙门沙峰（kg/m^3）	计算沙峰（kg/m^3）	预报误差	许可误差	通过否	
									指标一	指标二
1	1956-07-23T04:20	1 720	6 800	559	282	483	200.5	60	否	否
2	1957-07-24T10:00	3 440	6 470	482	296	419	123.3	60	否	否
3	1958-07-13T22:00	12 600	10 800	441	425	377	11.4	20		
4	1958-07-17T19:00	2 490	6 170	176	237	169	68.3	60	否	
5	1958-07-30T00:00	4 610	9 570	467	460	407	11.5	20		
6	1958-08-02T15:00	3 430	6 840	235	233	217	16.2	60		
7	1958-08-24T13:00	4 340	6 190	363	254	306	51.9	60		
8	1958-08-28T18:30	5 330	6 460	206	167	146	20.7	60		
9	1959-07-21T23:30	14 600	12 400	432	514	369	28.1	20	否	否
10	1959-08-04T17:00	9 140	11 300	375	368	318	13.5	20		
11	1959-08-06T17:15	5 410	9 230	405	316	356	12.7	20		
12	1959-08-17T00:00	4 300	5 250	173	114	113	1.1	60		
13	1959-08-18T20:30	4 390	7 220	491	393	436	11.0	20		
14	1959-08-20T20:30	5 490	9 860	500	424	434	2.3	20		
15	1961-07-22T01:00	8 060	6 930	236	476	209	56.1	20	否	否
16	1961-07-23T13:00	7 690	6 170	266	158	234	76.0	60	否	否

续表 2-14

序号	龙门洪峰出现时间(年-月-日T时:分)	吴堡洪峰(m^3/s)	龙门洪峰(m^3/s)	合成沙峰(kg/m^3)	龙门沙峰(kg/m^3)	计算沙峰(kg/m^3)	预报误差	许可误差	通过否	
									指标一	指标二
17	1961-08-01T06:00	7 080	7 090	237	182	210	28.2	60		
18	1961-08-02T10:00	3 420	7 250	359	300	318	6.1	20		
19	1961-09-28T14:00	2 810	5 550	179	130	171	41.2	60		
20	1963-07-24T20:30	5 200	5 320	262	172	230	58.4	60		
21	1963-08-29T12:30	1 830	6 220	391	417	344	17.4	20		
22	1964-07-17T00:00	2 900	8 500	338	418	301	28.0	20	否	否
23	1964-07-22T02:30	3 310	8 640	322	239	288	48.9	60		
24	1964-08-06T12:30	5 140	5 900	136	85	75	10.0	60		
25	1964-08-06T22:00	6 270	6 400	78	93.6	81	13.1	60		
26	1964-08-10T14:30	7 120	6 500	74	67.2	77	10.0	60		
27	1964-08-13T20:30	17 500	17 300	418	401	358	10.8	20		
28	1964-09-12T18:00	2 150	5 400	249	147	228	81.0	60	否	否
29	1966-07-26T19:30	6 120	9 150	545	504	492	2.4	20		
30	1966-07-29T14:54	11 100	10 100	568	385	480	24.7	20	否	否
31	1966-08-16T09:30	8 180	5 870	210	303	188	37.9	20	否	否
32	1966-08-17T00:30	7 890	9 260	429	515	374	27.4	20	否	否
33	1967-07-18T13:00	3 630	8 080	428	447	375	16.2	20		
34	1967-07-29T18:30	6 320	5 200	74	43	77	34.2	60		
35	1967-08-02T02:00	7 500	9 500	82	119	20	99.5	60	否	否
36	1967-08-04T10:00	6 400	7 670	185	184	125	58.8	60		
37	1967-08-07T02:00	15 100	15 300	436	373	373	0.1	20		
38	1967-08-11T06:00	19 500	21 000	481	464	410	11.7	20		
39	1967-08-20T22:00	11 000	14 900	369	320	313	2.3	20		
40	1967-08-22T22:00	11 600	14 000	441	326	386	18.3	20		
41	1967-08-27T03:30	3 890	7 400	195	217	184	32.9	60		
42	1967-08-28T17:30	3 450	6 620	188	172	178	6.1	60		
43	1967-08-30T22:00	3 180	7 760	278	191	252	61.1	60	否	
44	1967-09-02T00:00	11 600	14 800	450	357	395	10.6	20		
45	1968-07-15T23:18	3 400	5 560	289	223	230	7.4	60		
46	1968-07-16T21:30	4 400	5 300	243	150	184	33.5	60		
47	1968-08-19T00:12	4 310	6 580	289	189	231	42.3	60		
48	1968-08-23T01:00	4 210	5 680	299	250	241	8.6	60		
49	1969-07-30T17:00	6 260	6 040	578	443	488	10.3	20		
50	1969-08-02T14:00	7 760	6 290	624	487	526	8.0	20		
51	1970-08-09T02:45	3 950	5 750	811	777	763	1.8	20		

续表 2-14

序号	龙门洪峰出现时间(年-月-日T时:分)	吴堡洪峰(m^3/s)	龙门洪峰(m^3/s)	合成沙峰(kg/m^3)	龙门沙峰(kg/m^3)	计算沙峰(kg/m^3)	预报误差	许可误差	通过否	
									指标一	指标二
52	1970-08-10T01:00	5 210	4 950	593	564	501	11.2	20		
53	1970-08-28T17:00	5 270	6 840	285	268	226	41.5	60		
54	1971-07-24T21:00	4 600	5 530	518	490	465	5.2	20		
55	1971-07-26T03:00	14 600	14 300	497	509	422	17.1	20		
56	1972-07-20T19:30	11 600	10 900	439	387	375	3.2	20		
57	1973-08-25T23:30	2 350	6 210	381	334	337	0.8	20		
58	1974-08-01T01:00	7 700	9 000	525	533	471	11.6	20		
59	1976-07-29T21:00	5 250	5 480	243	163	215	51.9	60		
60	1976-08-03T11:00	24 000	10 600	631	270	532	261.6	60	否	否
61	1976-08-19T14:00	3 570	5 970	303	177	272	95.3	60	否	否
62	1977-07-06T02:00	2 220	6 090	380	377	336	11.0	20		
63	1977-08-03T05:00	15 000	13 600	610	437	514	17.7	20		
64	1978-08-08T17:30	6 000	6 820	374	239	318	78.9	60	否	否
65	1978-09-01T04:18	7 610	6 920	328	240	285	44.6	60		
66	1978-09-18T07:00	6 000	6 470	81	67.2	83	16.2	60		
67	1979-08-12T03:30	11 900	13 000	345	299	298	0.6	60		
68	1979-08-14T03:00	10 700	9 770	279	280	245	35.1	60		
69	1981-07-08T09:30	4 880	6 400	351	298	294	4.3	60		
70	1981-07-23T02:00	6 160	5 200	111	84.1	108	23.5	60		
71	1981-07-28T13:00	6 810	5 420	145	123	135	12.5	60		
72	1982-07-31T01:30	4 730	5 050	210	121	188	67.4	60	否	否
73	1984-08-01T03:30	6 740	5 860	70	78.1	74	4.1	60		
74	1985-08-06T16:24	6 230	6 720	431	246	368	122.2	60	否	否
75	1987-08-26T22:30	3 670	6 840	454	375	397	5.7	20		
76	1988-08-06T14:00	9 000	10 200	481	500	426	14.7	20		
77	1989-07-23T03:30	9 300	8 310	343	356	296	16.7	20		
78	1989-07-24T01:30	5 540	5 580	195	290	176	113.8	60	否	否
79	1992-08-09T09:48	9 440	7 740	260	267	229	37.9	60		
80	1994-08-05T11:36	6 230	10 600	359	401	318	20.7	20	否	
81	1994-08-11T06:12	1 520	5 460	437	378	382	1.1	20		
82	1996-08-10T13:00	9 700	11 100	412	390	356	8.7	20		
83	1997-08-01T05:48	4 500	5 750	427	357	372	4.1	20		
84	1998-07-13T23:12	6 120	7 160	470	362	415	14.8	20		
85	2003-07-31T13:22	9 520	7 340	176	130	161	30.6	60		

注:龙门沙峰小于 300 kg/m^3 的预报误差和许可误差的单位为 kg/m^3,其余单位为%。

第3章 潼关站次洪最大含沙量预报方法研究

3.1 龙潼区间概况

黄河潼关水文站位于陕西潼关县港口镇老城，东经110°18′，北纬34°36′，是三门峡水库的入库站，始建于1931年，集水面积682 141 km^2。

黄河小北干流河段(禹门口至潼关)是晋陕两省的界河，全长132.5 km，穿行在汾渭台塬阶地内，两岸高出河床50~200 m。这段河道是黄河出龙门峡谷后的宽浅河段，水流散乱，主流游荡摇摆不定，经常塌岸，滩地不稳定，属于堆积的游荡性河道，河道纵比降陡，河床泥沙组成较粗，滩槽高差小[16,17]。

图3-1为黄河小北干流水系示意图。

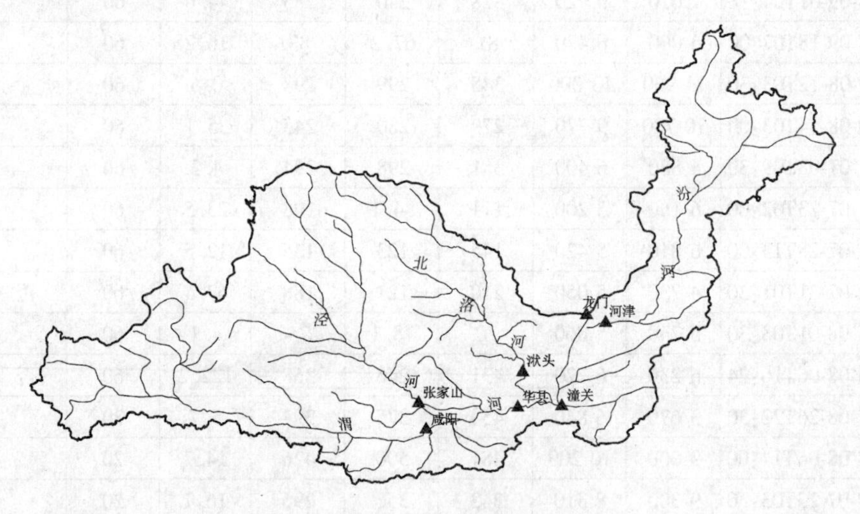

图3-1 黄河小北干流水系示意图

3.2 资料选用

潼关站洪水起报标准为5 000 m^3/s，因此选用历年洪峰流量在5 000 m^3/s以上的洪水作为研究对象，1960~2003年符合条件的洪水有88场。其中最大值为1977年15 400 m^3/s，是建站以来实测最大值。龙潼区间主要支流有汾河、渭河、北洛河，本次潼关次洪最大含沙量预报考虑的已知水情主要是龙门、华县、河津、洑头4站。

3.3 精度控制

由于潼关选用的88场洪水的沙峰平均值为205.5 kg/m^3，所以本文以200 kg/m^{3}作为潼关含沙量预报精度控制的临界值，含沙量大于该值时许可误差取相对误差小于等于20%为通过；小于该值时许可误差取绝对误差小于等于40 kg/m^3(200×20%)为通过。

3.4 预报模型研制

首先让所有点即88场洪水参加潼关沙峰($\rho_{潼}$)与龙门沙峰($\rho_{龙}$)相关关系，如图3-2所示，总体上潼关沙峰随龙门沙峰增大而增大，相关系数为0.814，但是相关线上方有一部分点子偏离较远。黄河、渭河、汾河、北洛河在潼关以上交汇，龙门、华县、河津、洑头至潼关4条河汇流区，河谷宽广，水流散乱，河道冲淤调整非常剧烈，河道演变极为复杂，由于该河段所处地理位置对黄河水沙的调整作用很大，当大洪水进入时，该区就成为黄河中游最大的削洪滞沙区之一，洪水泥沙首先通过本河段输送再进入下游河道。但潼关以上4个输入站的来沙是有很大差异的，相比之下，龙门来的泥沙既多又粗，这是因为黄河中游多沙粗沙区大部分在河口镇—龙门区间[15]，渭河洪水含沙量相对小而细。因此，对潼关含沙量预报研究中，根据洪水来源，对所有洪水分为3种类型进行分析：①龙门来水为主；②龙华河洑共同来水；③龙门—潼关区间来水为主。

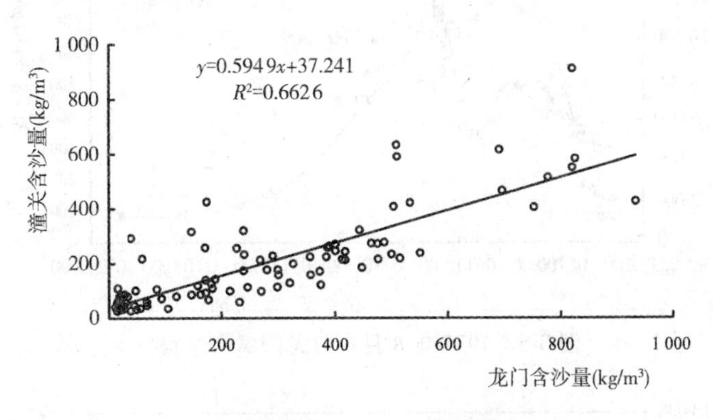

图3-2 $\rho_{潼}\sim\rho_{龙}$关系图

3.4.1 龙门来水为主(不区分漫滩与否)

从摘录的88场洪水资料中，考虑潼关、龙门、华县、河津、洑头各站洪峰流量、峰现时间，以及各站至潼关的洪水传播时间，分析干流来水与支流来水会不会遭遇，判断以龙门来水为主的洪水共60场。

3.4.1.1 以龙门含沙量为自变量

$\rho_{潼}\sim\rho_{龙}$相关关系如图3-3所示，相关系数为0.914，计算值与实测值对比见图3-4，计算值通过率分别为43/60=71.7%、50/60=83.3%。

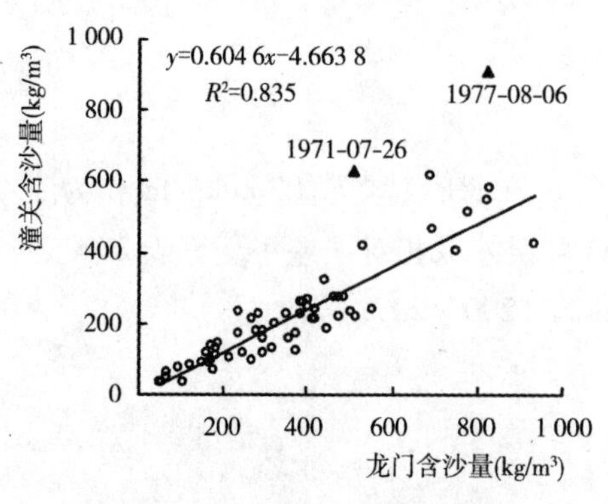

图 3-3 $\rho_{潼} \sim \rho_{龙}$ 相关关系

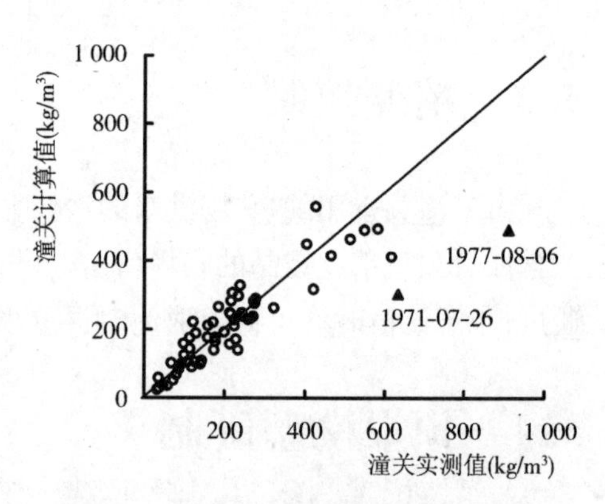

图 3-4 潼关沙峰计算值与实测值对比

特殊点讨论①:1977 年 8 月 6 日 22:18 时潼关沙峰 911 kg/m³ 向左偏离。本次潼关洪水发生“浆河”[15],故将其当做特殊点,不参加相关分析。

所谓“浆河”现象[18],是指当含沙量超过某一极限值以后,在洪峰忽然降落、流速迅速减小的情况下,有时整个水流已不能保持流动状态,而是就地停滞不前,造成淤积性质的河床突变。这种突变,在黄河中游的支流上曾时有发现,多产生在高含沙量洪峰的陡急落水过程。随着流量的急剧减小,水流的能量急剧降低,泥沙大量地骤然淤积,使河床抬高,水面增宽,水深变浅,水位并不随着流量的减小而降低,有时反而略有增高。

1977 年 8 月 6 日龙门和潼关洪水过程如图 3-5、图 3-6 所示。龙门、潼关洪峰流量分别为 12 700 m³/s、15 400 m³/s。

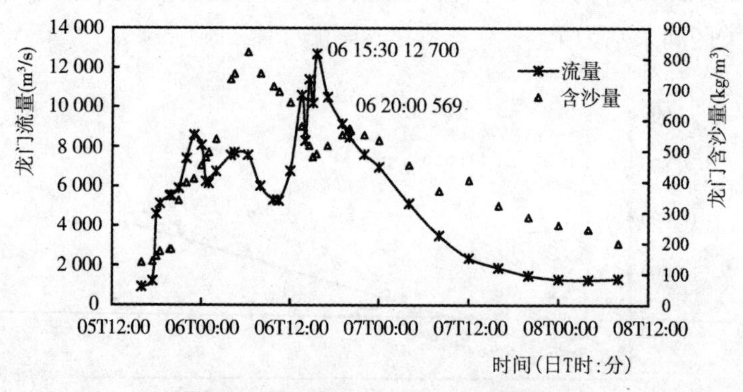

图 3-5 1977 年 8 月 6 日龙门洪水过程

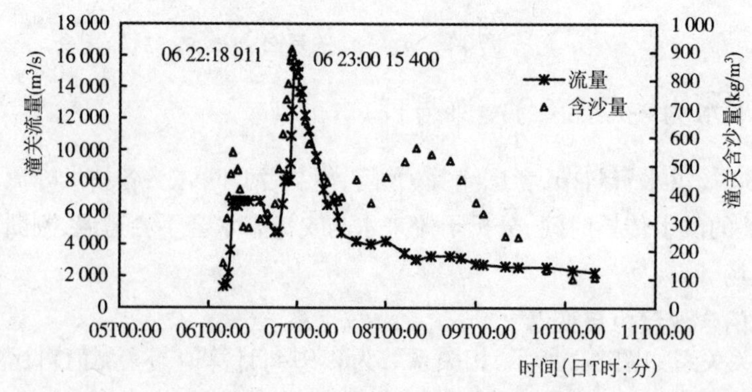

图 3-6 1977 年 8 月 6 日潼关洪水过程

特殊点讨论②:1971 年 7 月 26 日 12:30 时潼关沙峰 633 kg/m³ 向左偏离。本次龙门、潼关洪水过程如图 3-7、图 3-8 所示。龙门洪峰流量 14 300 m³/s 大于潼关洪峰流量 10 200 m³/s,龙门沙峰 509 kg/m³ 小于潼关沙峰 633 kg/m³。

龙门第一个洪峰 5 530 m³/s,沙峰 490 kg/m³,且 25 日 2 时至 25 日 14 时 30 分的 12.5 个小时内含沙量持续在 400 kg/m³ 左右,而潼关第一个沙峰为 224 kg/m³,表明第一场洪水龙潼段淤积。龙门第二场洪水洪峰流量为 14 300 m³/s,当本次大洪水来临时,将第一场洪水淤积的泥沙冲起,也可以说第二个沙峰叠加在第一个沙峰的消退段上,致使第二个沙峰潼关比龙门大。故将其当做特殊点,不参加相关分析。

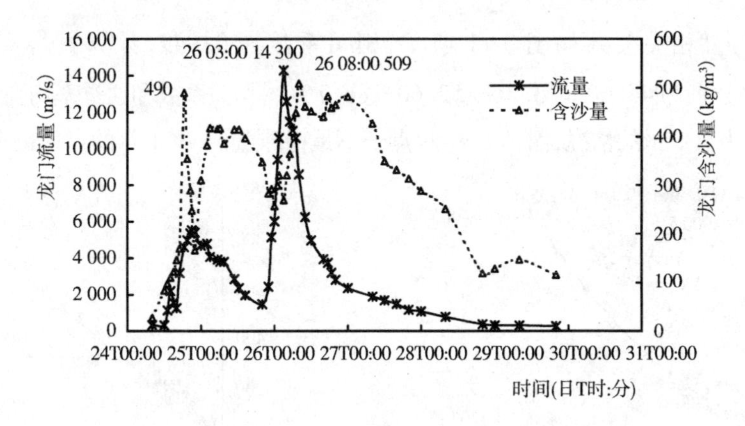

图 3-7　1971 年 7 月 26 日龙门洪水过程

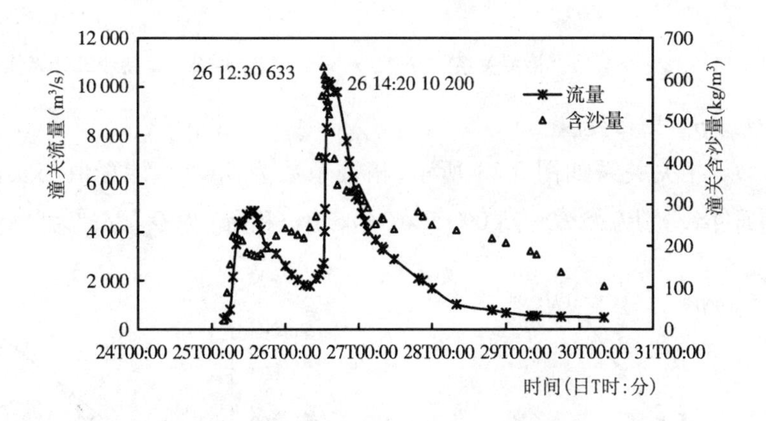

图 3-8　1971 年 7 月 26 日潼关洪水过程

3.4.1.2　以输入站合成含沙量为自变量

$\rho_{潼} \sim \rho_{合}$ 相关关系如图 3-9 所示,相关系数为 0.912,潼关沙峰计算值与实测值对比见图 3-10,计算值通过率分别为 41/60 = 68.3%、50/60 = 83.3%,略低于以龙门含沙量为自变量的情况。

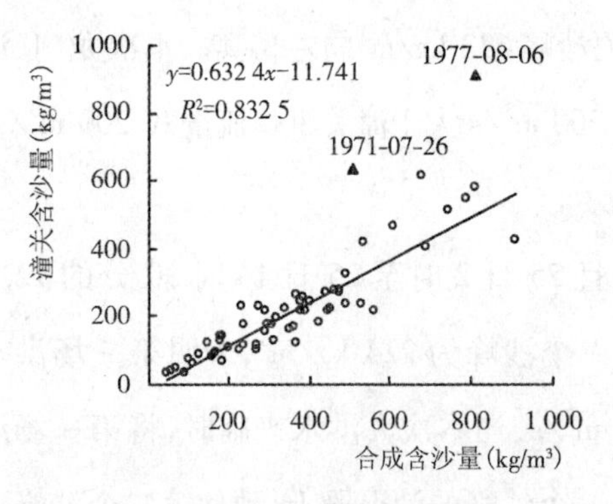

图 3-9　$\rho_{潼} \sim \rho_{合}$相关关系

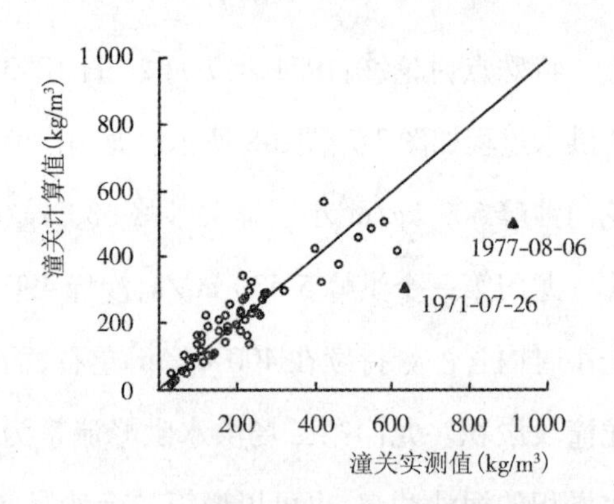

图 3-10　潼关沙峰计算值与实测值对比

3.4.1.3　以 $Q_{m潼}{}^{\alpha}\rho_{龙}{}^{\beta}$为自变量

$\rho_{潼} \sim Q_{m潼}{}^{\alpha}\rho_{龙}{}^{\beta}$相关关系如图 3-11 所示，相关系数为 0.949，计算值与实测值对比见图3-12，通过率分别为 44/60 = 73.3%、52/60 = 86.7%。相关系数和通过率均高于以龙门含沙量、合成含沙量为自变量的情况，而且 1977 年点子不是特殊点了，1971 年的点子也有很大改观。

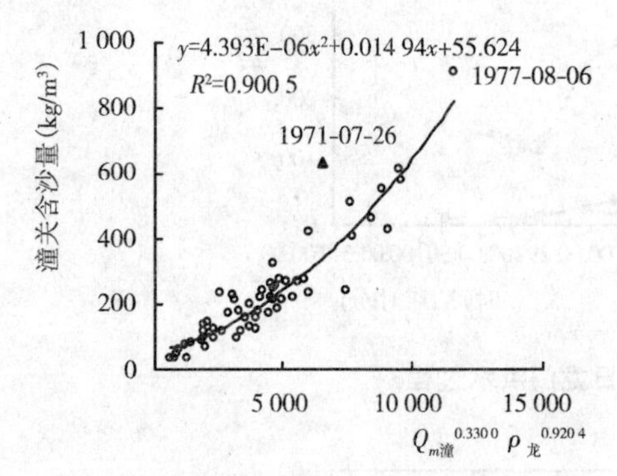

图 3-11　$\rho_{潼} \sim Q_{m潼}{}^{\alpha}\rho_{龙}{}^{\beta}$相关关系

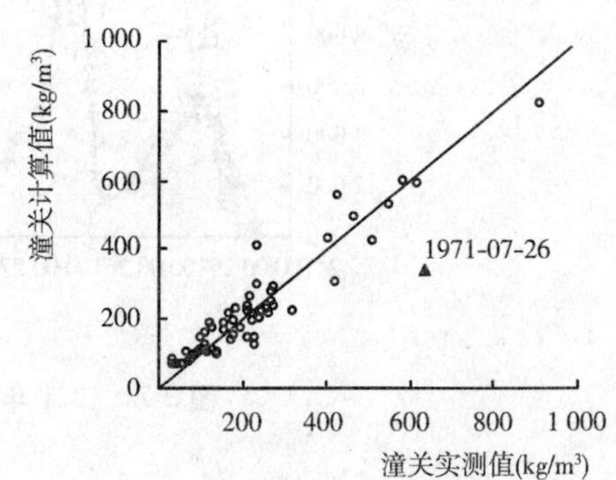

图 3-12　潼关沙峰计算值与实测值对比

3.4.1.4　以 $Q_{m潼}{}^{\alpha}\rho_{合}{}^{\beta}$为自变量

$\rho_{潼} \sim Q_{m潼}{}^{\alpha}\rho_{合}{}^{\beta}$相关关系如图 3-13 所示，相关系数为 0.949，计算值与实测值对比见图 3-14，计算值通过率分别为 45/60 = 75.0%、52/60 = 86.7%，稍高于以 $Q_{m潼}{}^{\alpha}\rho_{龙}{}^{\beta}$为自变量的情况。

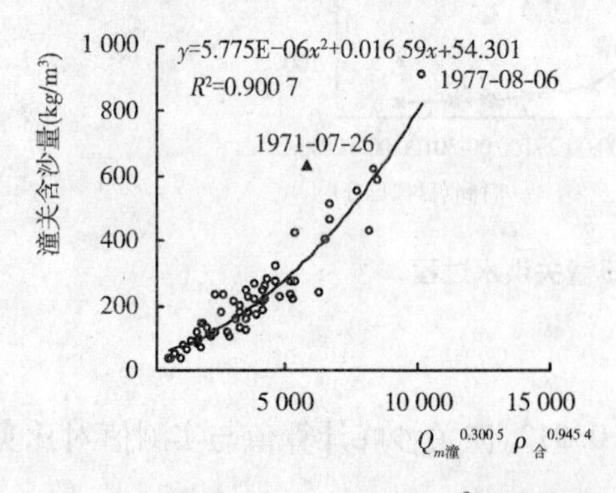

图 3-13　$\rho_{潼} \sim Q_{m潼}{}^{\alpha}\rho_{合}{}^{\beta}$相关关系

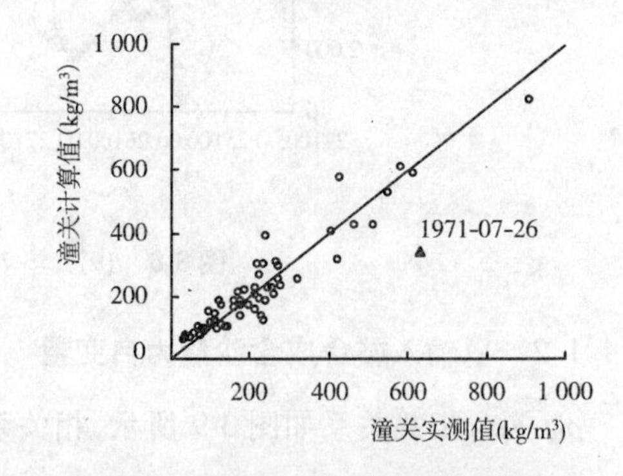

图 3-14　潼关沙峰计算值与实测值对比

以龙门来水为主(不考虑漫滩)的含沙量预报模型汇总见表 3-1。表 3-1 中，以 $Q_{m潼}{}^{\alpha}\rho_{合}{}^{\beta}$

为自变量的模型相关系数,通过率均最高。同时该模型既考虑了预报站的洪峰流量,也考虑了输入站合成含沙量,因此推荐采用该模型。

表 3-1　不区分漫滩与否时龙门来水为主的含沙量预报模型汇总

自变量	计算公式	参数 α	参数 β	相关系数	通过率	
					指标一	指标二
$\rho_{龙}$	$y=0.6046x-4.6638$			0.914	43/60 = 71.7%	50/60 = 83.3%
$\rho_{合}$	$y=0.6324x-11.741$			0.912	41/60 = 68.3%	50/60 = 83.3%
$Q_{m潼}{}^{\alpha}\rho_{龙}{}^{\beta}$	$y=4.393E-6x^2+0.01494x+55.624$	0.330 0	0.920 4	0.949	44/60 = 73.3%	52/60 = 86.7%
$Q_{m潼}{}^{\alpha}\rho_{合}{}^{\beta}$	$y=5.775E-6x^2+0.01659x+54.301$	0.300 5	0.945 4	0.949	45/60 = 75.0%	52/60 = 86.7%

3.4.2　龙门来水为主(区分漫滩洪水)

根据历年小北干流平滩流量,计算各场洪水的漫溢系数,漫溢系数 $=1-Q_{平滩流量}/Q_{m龙}$。漫溢系数小于等于0,表示未漫滩;漫溢系数大于0,表示漫滩。经计算统计,可知本报告以龙门来水为主的60场洪水中,未漫滩洪水38场,漫滩洪水22场。

3.4.2.1　以龙门含沙量为自变量

未漫滩洪水数据点38个,漫滩洪水数据点22个,二者 $\rho_{潼}\sim\rho_{龙}$ 相关关系分别见图3-15、图3-16,相关系数分别为0.928、0.912,计算值的通过率漫滩洪水分别为27/38 = 71.1%、30/38 = 78.9%,未漫滩洪水分别为17/22 = 77.3%、20/22 = 90.9%,总通过率分别为44/60 = 73.3%、50/60 = 83.3%。

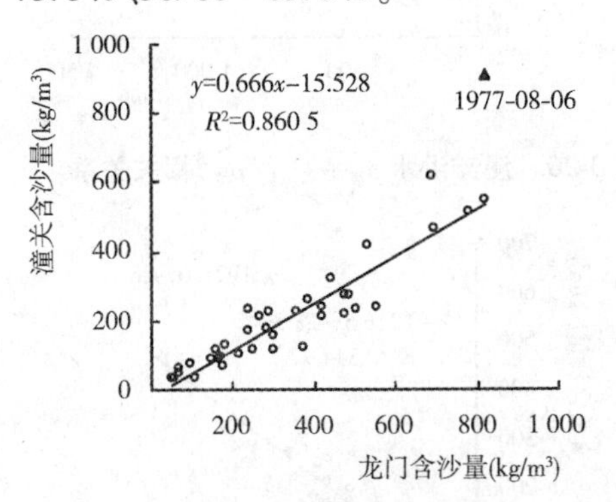

图 3-15　未漫滩洪水 $\rho_{潼}\sim\rho_{龙}$ 相关关系

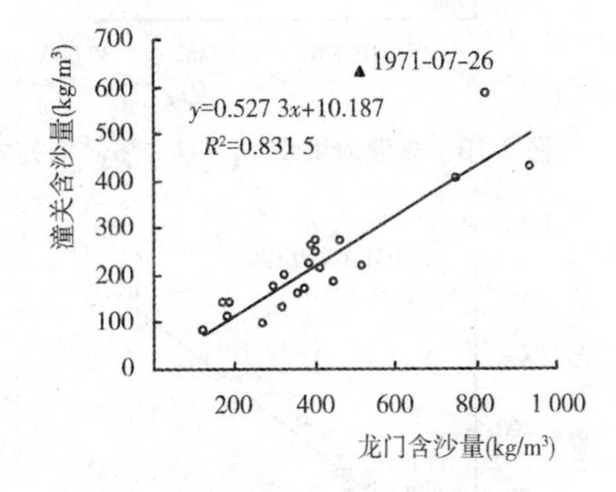

图 3-16　漫滩洪水 $\rho_{潼}\sim\rho_{龙}$ 相关关系

3.4.2.2　以输入站合成含沙量为自变量

未漫滩、漫滩洪水相关关系见图3-17、图3-18,相关系数分别为0.932、0.907,计算值通过率未漫滩洪水分别为29/38 = 76.3%、31/38 = 81.6%,漫滩洪水分别为15/22 = 68.2%、19/22 = 86.4%,总通过率分别为44/60 = 73.3%、51/60 = 85%。

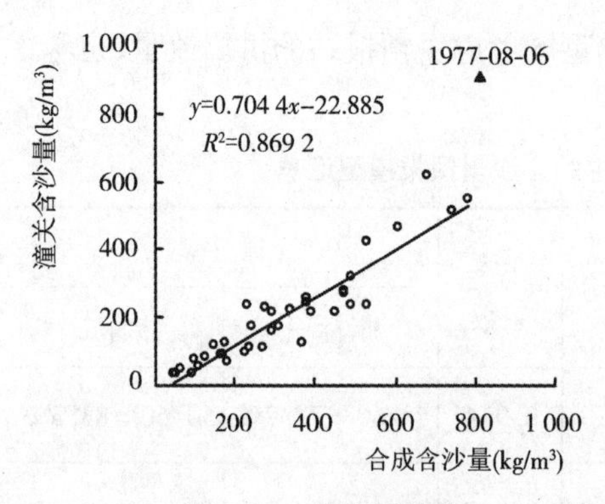

图 3-17　未漫滩洪水 $\rho_{潼}\sim\rho_{合}$ 相关关系

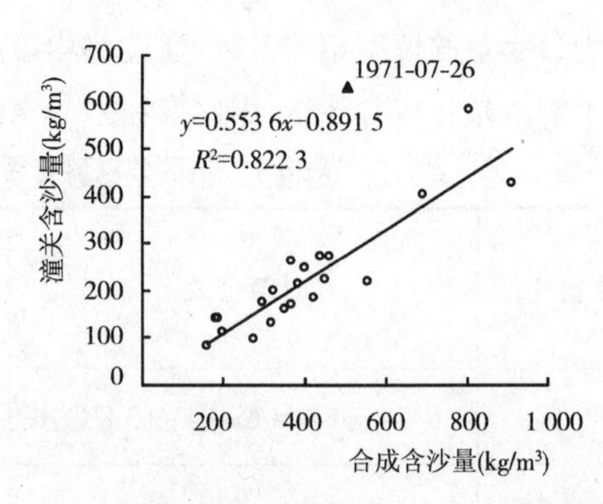

图 3-18　漫滩洪水 $\rho_{潼}\sim\rho_{合}$ 相关关系

3.4.2.3　以 $Q_{m潼}{}^{\alpha}\rho_{龙}{}^{\beta}$ 为自变量

未漫滩、漫滩洪水 $\rho_{潼}\sim Q_{m潼}{}^{\alpha}\rho_{龙}{}^{\beta}$ 相关关系见图 3-19、图 3-20，相关系数分别为 0.938、0.927，计算值通过率未漫滩洪水分别为 29/38 = 76.3%、33/38 = 86.8%，漫滩洪水分别为 15/22 = 68.2%、21/22 = 95.5%，总通过率分别为 44/60 = 73.3%、54/60 = 90%。

3.4.2.4　以 $Q_{m潼}{}^{\alpha}\rho_{合}{}^{\beta}$ 为自变量

$\rho_{潼}\sim Q_{m潼}{}^{\alpha}\rho_{合}{}^{\beta}$ 相关关系见图 3-21、图 3-22，相关系数分别为 0.946、0.919，计算值通过率漫滩洪水分别为 30/38 = 78.9%、34/38 = 89.5%，未漫滩洪水分别为 15/22 = 68.2%、20/22 = 90.9%。总通过率为 45/60 = 75.0%、54/60 = 90%，在 4 个模型中为最高。

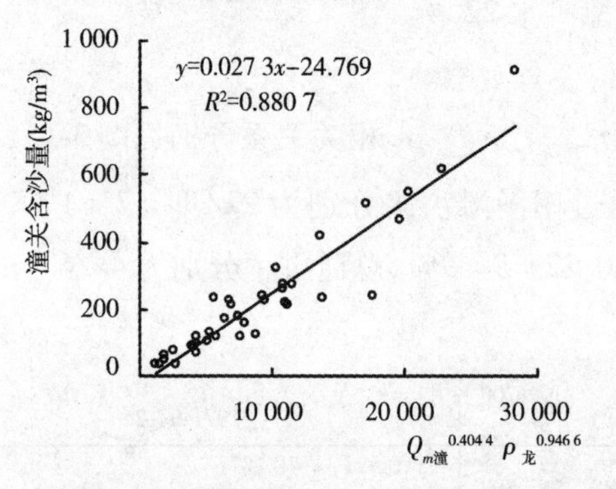

图 3-19　未漫滩洪水 $\rho_{潼}\sim Q_{m潼}{}^{\alpha}\rho_{龙}{}^{\beta}$ 相关关系

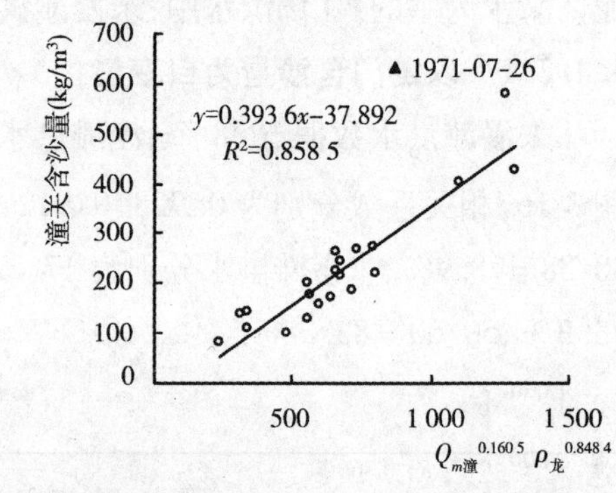

图 3-20　漫滩洪水 $\rho_{潼}\sim Q_{m潼}{}^{\alpha}\rho_{龙}{}^{\beta}$ 相关关系

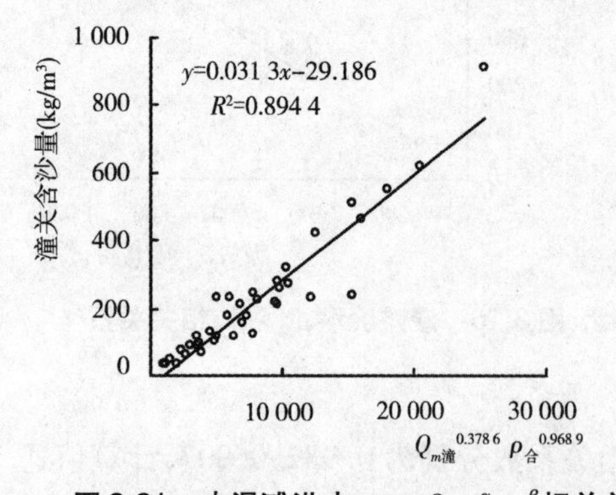

图 3-21　未漫滩洪水 $\rho_{潼}\sim Q_{m潼}{}^{\alpha}\rho_{合}{}^{\beta}$ 相关关系

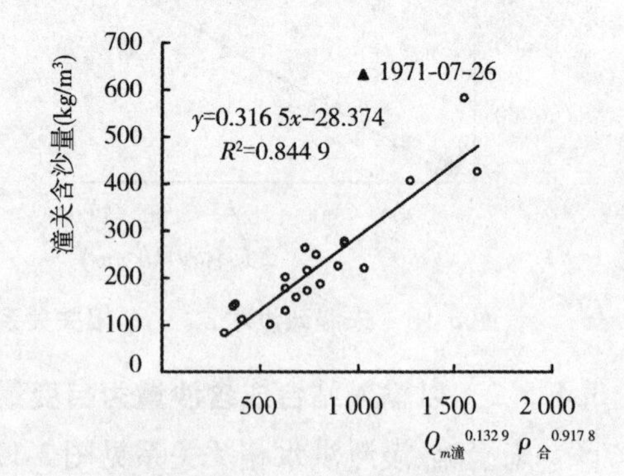

图 3-22　漫滩洪水 $\rho_{潼}\sim Q_{m潼}{}^{\alpha}\rho_{合}{}^{\beta}$ 相关关系

以龙门来水为主（区分漫滩洪水）的含沙量预报模型汇总见表 3-2。对比表 3-1 和

表3-2,4 种模型的相关系数、通过率均很接近。由于预报潼关洪峰流量时,并不预报龙潼段是否漫滩,为了便于操作,推荐采用不区分漫滩与否的结果。

表 3-2　区分漫滩洪水时龙门来水为主的含沙量预报模型汇总

自变量	漫溢系数	参数				相关系数	指标	分组通过率	指标	总通过率
		k	b	α	β					
$\rho_{龙}$	≤0	0.666	−15.528			0.928	一	27/38 = 71.1%	一	44/60 = 73.3%
							二	30/38 = 78.9%		
	>0	0.527 3	10.187			0.912	一	17/22 = 77.3%	二	50/60 = 83.3%
							二	20/22 = 90.9%		
$\rho_{合}$	≤0	0.704 4	−22.885			0.932	一	29/38 = 76.3%	一	44/60 = 73.3%
							二	31/38 = 81.6%		
	>0	0.553 6	−0.891 5			0.907	一	15/22 = 68.2%	二	51/60 = 85%
							二	19/22 = 86.4%		
$Q_{m潼}{}^{\alpha}\rho_{龙}{}^{\beta}$	≤0	0.027 3	−24.769	0.404 4	0.946 6	0.938	一	29/38 = 76.3%	一	44/60 = 73.3%
							二	33/38 = 86.8%		
	>0	0.393 6	−37.892	0.160 5	0.848 4	0.927	一	15/22 = 68.2%	二	54/60 = 90%
							二	21/22 = 95.5%		
$Q_{m潼}{}^{\alpha}\rho_{合}{}^{\beta}$	≤0	0.031 3	−29.186	0.378 6	0.968 9	0.946	一	30/38 = 78.9%	一	45/60 = 75.0%
							二	34/38 = 89.5%		
	>0	0.316 5	−28.374	0.132 9	0.917 8	0.919	一	15/22 = 68.2%	二	54/60 = 90%
							二	20/22 = 90.9%		

3.4.3　龙华河洑共同来水

分析潼关、龙门、华县、河津、洑头各站洪峰流量及峰现时间,考虑各站至潼关洪水传播时间,判断龙华河洑共同来水为 14 场。

3.4.3.1　以龙门含沙量为自变量

$\rho_{潼} \sim \rho_{龙}$相关关系见图 3-23,相关系数为 0.709,计算值通过率分别为 6/14 = 42.9%、8/14 = 57.1%。由于来水不仅包括干流龙门站,还包括支流把口站华县、河津、洑头,因此仅考虑龙门含沙量是不够的,需考虑 4 站合成含沙量。

3.4.3.2　以合成含沙量为自变量

$\rho_{潼} \sim \rho_{合}$相关关系见图 3-24,相关系数为 0.890,计算值的通过率分别为 9/14 = 64.3%、10/14 = 71.4%。相关系数和通过率高于以龙门含沙量为自变量的情况,但通过率依然不高。

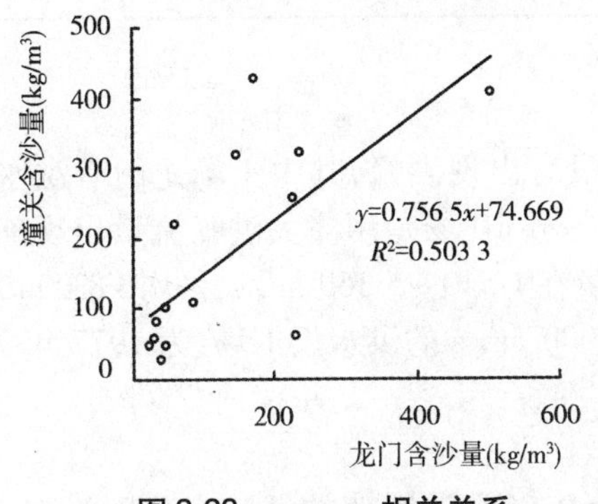

图 3-23　$\rho_{潼} \sim \rho_{龙}$相关关系

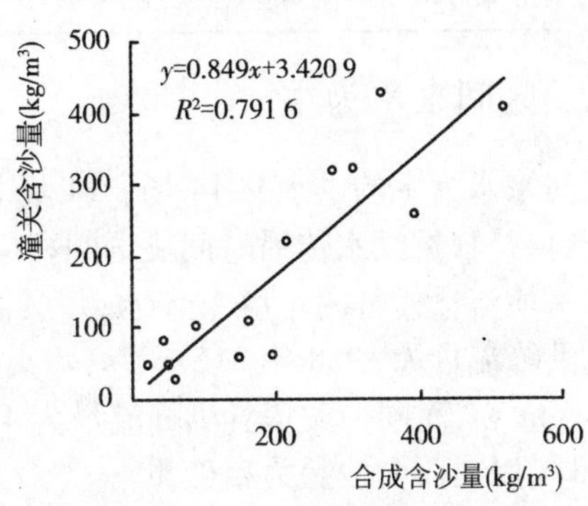

图 3-24　$\rho_{潼} \sim \rho_{合}$相关关系

3.4.3.3 以 $Q_{m潼}{}^{\alpha}\rho_{龙}{}^{\beta}$ 为自变量

$\rho_{潼} \sim Q_{m潼}{}^{\alpha}\rho_{龙}{}^{\beta}$ 相关关系见图3-25，相关系数为0.743，计算值的通过率分别为8/14 = 57.1%、9/14 = 64.3%。相关系数、通过率都不高，表明尽管考虑了本站的洪峰流量，但仅考虑龙门站含沙量还是不够，依然要考虑合成含沙量。

3.4.3.4 以 $Q_{m潼}{}^{\alpha}\rho_{合}{}^{\beta}$ 为自变量

$\rho_{潼} \sim Q_{m潼}{}^{\alpha}\rho_{合}{}^{\beta}$ 相关关系见图3-26，相关系数为0.889，计算值的通过率分别为9/14 = 64.3%、10/14 = 71.4%。相关系数、通过率与以合成含沙量为自变量的模型基本相同，是4个模型最高的。

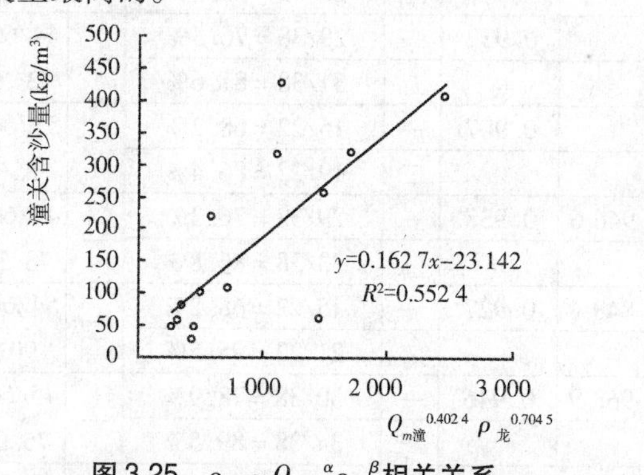

图3-25 $\rho_{潼} \sim Q_{m潼}{}^{\alpha}\rho_{龙}{}^{\beta}$ 相关关系

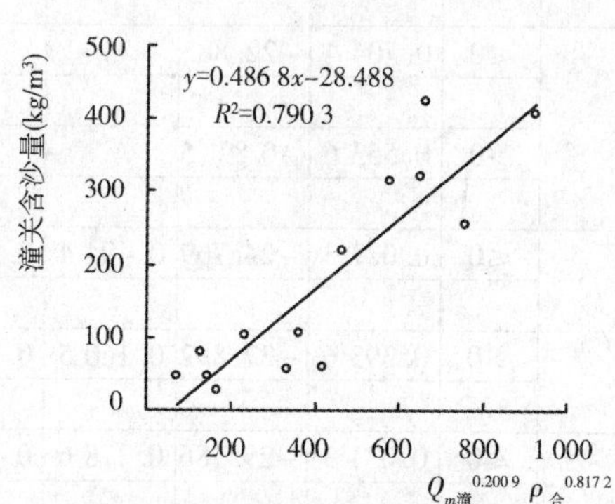

图3-26 $\rho_{潼} \sim Q_{m潼}{}^{\alpha}\rho_{合}{}^{\beta}$ 相关关系

龙华河洑共同来水的含沙量预报模型汇总见表3-3。也许是由于点子比较少，也许是由于干支流共同来水对潼关含沙量的影响比较复杂，4种模型通过率都不是太高，以后如果再发生类似洪水，可以增多点子继续分析；在现有资料条件下，以 $\rho_{合}$ 和 $Q_{m潼}{}^{\alpha}\rho_{合}{}^{\beta}$ 为自变量的模型相关系数比较高，推荐采用这两种模型。

表3-3 龙华河洑共同来水的含沙量预报模型汇总

自变量	参数				相关系数	通过率	
	k	b	α	β		指标一	指标二
$\rho_{龙}$	0.756 5	74.669			0.709	6/14 = 42.9%	8/14 = 57.1%
$\rho_{合}$	0.849	3.420 9			0.890	9/14 = 64.3%	10/14 = 71.4%
$Q_{m潼}{}^{\alpha}\rho_{龙}{}^{\beta}$	0.162 7	23.142	0.402 4	0.704 5	0.743	8/14 = 57.1%	9/14 = 64.3%
$Q_{m潼}{}^{\alpha}\rho_{合}{}^{\beta}$	0.486 8	−28.488	0.200 9	0.817 2	0.889	9/14 = 64.3%	10/14 = 71.4%

3.4.4 区间来水为主

区间来水为主的洪水共14场。14场龙门都没有出现洪峰，其中4场龙门有洪水水文要素资料，是根据洪水传播时间挑选的相应流量；另外10场是用潼关洪峰流量出现前一天龙门日平均流量代替的。14场洪水，华县洪峰流量在1 540 ~ 5 360 m³/s，平均3 830 m³/s；河津最大洪峰流量为1988年816 m³/s；洑头大于1 000 m³/s的洪水仅1场，为1977年7月7日3 070 m³/s，而同一天华县洪峰流量为4 470 m³/s。

3.4.4.1 以龙门含沙量为自变量

$\rho_{潼} \sim \rho_{龙}$ 相关关系如图3-27所示，相关系数为0.904，计算值的通过率分别为10/14 =

71.4%、12/14 = 85.7%。相关系数、通过率均低于以华县沙峰为自变量的情况。

3.4.4.2 以合成含沙量为自变量

$\rho_{潼} \sim \rho_{合}$相关关系如图 3-28 所示，相关系数为 0.995，计算值的通过率均为 14/14 = 100%。相关系数、通过率均高于以龙门含沙量为自变量的情况。原来明显向左偏离的点子(38.8,320)经过合成后变为(324,320)，不再偏离，原因是 1973 年 9 月 1 日潼关洪峰 320 kg/m³主要是华县高含沙来水造成，华县洪峰流量 5 010 m³/s，沙峰 428 kg/m³。

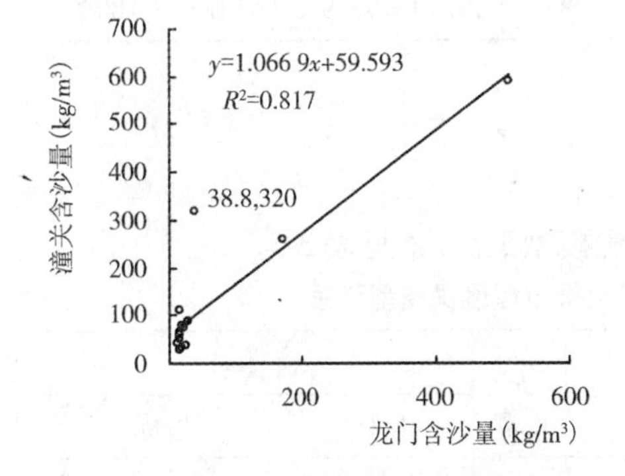

图 3-27 区间来水为主时 $\rho_{潼} \sim \rho_{龙}$ 相关关系

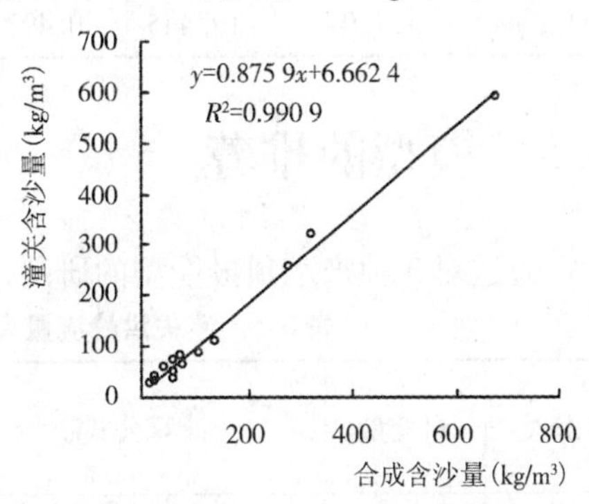

图 3-28 $\rho_{潼} \sim \rho_{合}$ 相关关系

3.4.4.3 以 $Q_{m潼}{}^{\alpha}\rho_{龙}{}^{\beta}$ 为自变量

$\rho_{潼} \sim Q_{m潼}{}^{\alpha}\rho_{龙}{}^{\beta}$ 相关关系见图 3-29，相关系数 0.917，通过率分别为 10/14 = 71.4%、12/14 = 85.7%。表明区间来水为主时，即使同时考虑潼关洪峰流量、龙门含沙量，通过率依然不高。

3.4.4.4 以 $Q_{m潼}{}^{\alpha}\rho_{合}{}^{\beta}$ 为自变量

$\rho_{潼} \sim Q_{m潼}{}^{\alpha}\rho_{合}{}^{\beta}$ 相关关系如图 3-30 所示，相关系数为 0.985，通过率分别为 92.9%、100%。

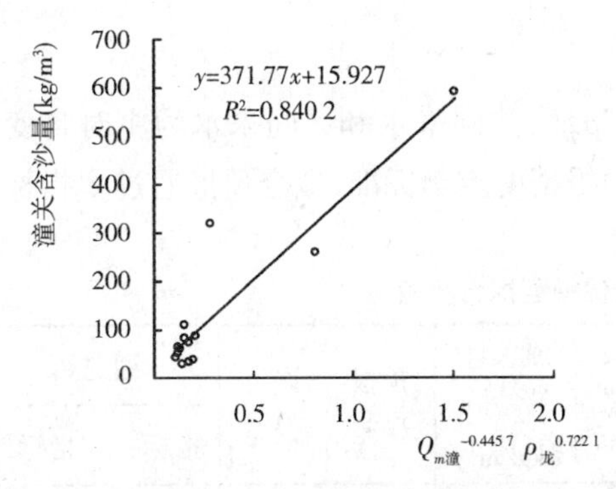

图 3-29 $\rho_{潼} \sim Q_{m潼}{}^{\alpha}\rho_{龙}{}^{\beta}$ 相关关系

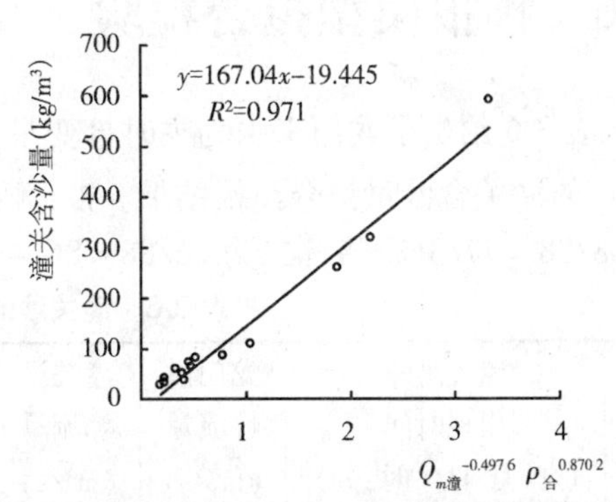

图 3-30 $\rho_{潼} \sim Q_{m潼}{}^{\alpha}\rho_{合}{}^{\beta}$ 相关关系

区间来水为主的含沙量预报模型汇总见表 3-4。4 种模型中，以 $\rho_{龙}$、$Q_{m潼}{}^{\alpha}\rho_{龙}{}^{\beta}$ 为自变量的模型，相关系数和通过率低于其他两种，表明区间来水为主时，自变量中的含沙量因子仅考虑龙门沙峰是不够的。以 $Q_{m潼}{}^{\alpha}\rho_{合}{}^{\beta}$、龙华河洑合成含沙量为自变量时，两种指标的通过率都最高，故推荐采用以 $\rho_{合}$、$Q_{m潼}{}^{\alpha}\rho_{合}{}^{\beta}$ 为自变量的两种模型。

表 3-4　区间来水为主的含沙量预报模型汇总

自变量	参数				相关系数	通过率	
	k	b	α	β		指标一	指标二
$\rho_{龙}$	1.066 9	59.593			0.904	10/14 = 71.4%	12/14 = 85.7%
$\rho_{合}$	0.875 9	6.662 4			0.995	14/14 = 100%	14/14 = 100%
${Q_{m潼}}^{\alpha}{\rho_{龙}}^{\beta}$	371.77	15.927	−0.455 7	0.722 1	0.917	10/14 = 71.4%	12/14 = 85.7%
${Q_{m潼}}^{\alpha}{\rho_{合}}^{\beta}$	167.04	−19.445	−0.497 6	0.870 2	0.985	13/14 = 92.9%	14/14 = 100%

3.5　模型的推荐

通过对 3 种来水预报模型的研制，得出各分组最优模型汇总表，见表 3-5。

表 3-5　潼关洪峰流量大于 5 000 m^3/s 时预报模型最优模型汇总

分类	自变量	计算公式	α	β	相关系数	通过率	
						指标一	指标二
龙门来水为主	${Q_{m潼}}^{\alpha}{\rho_{合}}^{\beta}$	$y = 5.775E-6x^2 + 0.016\,59x + 54.301$	0.300 5	0.945 4	0.949	45/60 = 75.0%	52/60 = 86.7%
共同来水	$\rho_{合}$	$\rho_{潼} = 0.849\rho_{合} + 3.420\,9$			0.890	9/14 = 64.3%	10/14 = 71.4%
	${Q_{m潼}}^{\alpha}{\rho_{合}}^{\beta}$	$\rho_{潼} = 0.486\,8x - 28.488$	0.200 9	0.817 2	0.889	9/14 = 64.3%	10/14 = 71.4%
区间来水为主	$\rho_{合}$	$\rho_{潼} = 0.875\,9\rho_{合} + 6.662\,4$			0.995	14/14 = 100%	14/14 = 100%
	${Q_{m潼}}^{\alpha}{\rho_{合}}^{\beta}$	$\rho_{潼} = 167.04x - 15.927$	−0.497 6	0.870 2	0.985	13/14 = 92.9%	14/14 = 100%

注：$x = {Q_{m潼}}^{\alpha}{\rho_{合}}^{\beta}$。

3.6　预报模型拟合检验

表 3-6 给出了龙门来水为主时自变量为 ${Q_{m潼}}^{\alpha}{\rho_{合}}^{\beta}$，共同来水和区间来水为主时自变量为 $\rho_{合}$ 的潼关含沙量拟合预报结果。根据确定的预报精度控制标准，拟合预报通过率指标一为 68/88 = 77.3%、指标二为 76/88 = 86.4%。

表 3-6　潼关沙峰预报最优模型拟合检验

序号	潼关洪峰出现时间（年-月-日 T 时:分）	龙门洪峰流量（m^3/s）	潼关洪峰流量（m^3/s）	潼关实测沙峰（kg/m^3）	潼关计算沙峰（kg/m^3）	预报误差	许可误差	通过否	
								指标一	指标二
1	1960-08-04T22:00	3 160	6 080	316	241	23.7	20	否	
2	1961-07-17T14:00	3 730	5 000	80.3	43	37.4	42		
3	1961-07-22T16:00	6 930	5 450	216	229	6.2	20		
4	1961-07-24T04:00	6 170	6 660	119	95	23.8	42		
5	1961-08-01T18:00	7 090	7 920	127	111	16.4	42		

续表 3-6

序号	潼关洪峰出现时间（年-月-日 T 时:分）	龙门洪峰流量（m^3/s）	潼关洪峰流量（m^3/s）	潼关实测沙峰（kg/m^3）	潼关计算沙峰（kg/m^3）	预报误差	许可误差	通过否	
								指标一	指标二
6	1961-08-03T05:00	7 250	7 020	158	162	3.5	42		
7	1963-07-25T15:00	5 320	4 970	100	119	18.8	42		
8	1963-08-30T00:00	6 220	6 120	272	254	6.5	20		
9	1963-09-20T20:00	2 550	5 500	46.9	49	2.1	42		
10	1964-07-07T17:50	10 200	9 240	465	423	9.0	20		
11	1964-07-17T12:30	8 500	7 750	213	225	5.4	20		
12	1964-07-23T08:00	8 640	7 430	320	266	16.9	20		
13	1964-08-07T08:00	6 400	6 050	73	78	4.9	42		
14	1964-08-11T10:00	6 500	7 030	58.7	82	23.6	42		
15	1964-08-14T09:30	17 300	12 400	270	311	15.0	20		
16	1964-08-22T02:20	3 240	5 020	57.2	131	74.1	42	否	否
17	1964-09-13T16:00	5 400	7 050	86.5	88	1.1	42		
18	1965-07-22T11:00	3 530	5 400	59.4	169	109.4	42	否	否
19	1966-07-19T11:00	7 460	5 130	426	575	35.0	20	否	否
20	1966-07-27T13:00	9 150	5 020	407	447	9.8	20		
21	1966-07-30T09:00	10 100	7 830	224	267	19.0	20		
22	1966-08-17T19:00	9 260	5 600	219	302	38.1	20	否	否
23	1966-09-15T22:00	2 270	6 070	71.5	58.6	12.9	42		
24	1966-09-22T08:00	2 990	5 210	26.6	23.1	3.5	42		
25	1967-07-18T23:00	8 080	5 860	185	222	37.4	42		
26	1967-08-02T18:00	9 500	5 550	80.3	95	15.2	42		
27	1967-08-04T20:00	7 670	6 280	110	113	3.2	42		
28	1967-08-07T15:00	15 300	8 020	171	210	39.3	42		
29	1967-08-11T16:30	21 000	9 530	274	295	7.7	20		
30	1967-08-21T12:00	14 900	6 950	129	172	42.9	42	否	
31	1967-08-23T08:00	14 000	6 500	199	171	28.1	42		
32	1967-08-29T07:00	6 620	4 950	140	101	38.8	42		
33	1967-09-02T11:10	14 800	6 290	159	185	25.7	42		
34	1967-09-11T18:00	4 820	6 410	27.8	56	28.0	42		
35	1968-08-19T13:00	6 580	5 330	143	104	38.5	42		

续表 3-6

序号	潼关洪峰出现时间（年-月-日T时:分）	龙门洪峰流量（m^3/s）	潼关洪峰流量（m^3/s）	潼关实测沙峰（kg/m^3）	潼关计算沙峰（kg/m^3）	预报误差	许可误差	通过否	
								指标一	指标二
36	1968-09-14T00:00	2 290	6 750	34.7	58.9	24.2	42		
37	1968-09-22T17:00	3 020	5 400	31.4	28.4	3.0	42		
38	1969-07-28T06:00	8 860	5 680	404	406	0.5	20		
39	1969-07-31T07:00	6 040	5 510	322	254	21.1	20	否	
40	1969-08-03T06:00	6 290	4 850	277	233	15.9	20		
41	1970-08-03T17:30	13 800	8 420	582	611	5.0	20		
42	1970-08-10T17:00	5 750	4 930	513	423	17.5	20		
43	1970-08-29T10:00	6 840	6 680	213	158	25.7	20	否	
44	1971-07-25T13:00	5 530	4 880	243	186	23.5	20	否	
45	1971-07-26T14:20	14 300	10 200	633	341	46.1	20	否	否
46	1972-07-21T05:30	10 900	8 600	258	227	12.1	20		
47	1973-09-01T10:30	1 520	5 080	320	290.6	9.2	20		
48	1974-08-01T12:36	9 000	7 040	421	312	25.8	20	否	否
49	1975-07-30T23:00	4 480	5 860	256	337	31.8	20	否	否
50	1975-09-01T15:00	5 940	5 320	93.3	99	5.8	42		
51	1975-09-21T14:00	2 600	5 000	110	126.8	16.8	42		
52	1975-10-03T00:00	1 690	5 730	41.4	29.5	11.9	42		
53	1976-07-30T09:30	5 480	5 000	87.6	96	7.9	42		
54	1976-08-03T23:00	10 600	7 030	98.8	150	51.3	42	否	
55	1976-08-20T03:00	5 970	5 130	68.2	102	34.2	42		
56	1976-08-26T20:00	3 650	8 660	49.6	60.7	11.1	42		
57	1976-08-30T10:00	3 520	9 220	63.2	76.3	13.1	42		
58	1976-09-08T00:00	4 930	6 700	102	82	20.4	42		
59	1977-07-07T06:00	14 500	13 600	616	591	4.0	20		
60	1977-07-08T02:00	3 260	7 900	590	599.7	1.6	20		
61	1977-08-03T15:00	13 600	12 000	238	387	62.7	20	否	否
62	1977-08-06T08:30	8 580	6 760	549	528	3.8	20		
63	1977-08-06T23:00	12 700	15 400	911	825	9.4	20		
64	1978-08-09T05:30	6 820	7 300	174	136	37.9	42		
65	1978-09-01T15:30	6 920	5 210	233	122	47.4	20	否	否

续表 3-6

序号	潼关洪峰出现时间（年-月-日 T 时:分）	龙门洪峰流量（m^3/s）	潼关洪峰流量（m^3/s）	潼关实测沙峰（kg/m^3）	潼关计算沙峰（kg/m^3）	预报误差	许可误差	通过否	
								指标一	指标二
66	1978-09-18T19:00	6 470	6 510	47.2	69	21.5	42		
67	1979-08-12T16:00	13 000	11 100	177	188	10.8	42		
68	1979-08-14T19:00	9 770	6 980	177	169	7.6	42		
69	1981-07-08T20:00	6 400	6 430	114	146	32.2	42		
70	1981-09-08T14:00	1 730	6 520	57.6	44.0	13.6	42		
71	1983-08-01T09:22	3 140	6 200	80.1	70.6	9.5	42		
72	1983-08-06T08:00	4 900	5 190	32.6	63	30.8	42		
73	1984-08-01T21:35	5 860	5 750	37.3	66	28.4	42		
74	1984-08-04T16:00	4 220	6 360	218	185	15.1	20		
75	1985-08-07T08:00	6 720	4 990	114	123	9.1	42		
76	1985-09-15T20:00	1 710	5 310	47.1	23	24.0	42		
77	1985-09-24T10:00	4 160	5 540	35.9	75	38.9	42		
78	1987-08-27T13:40	6 840	5 450	122	185	63.2	42	否	否
79	1988-08-07T04:00	10 200	8 260	234	300	28.0	20	否	
80	1988-08-10T19:19	960	5 360	258	252.4	2.2	20		
81	1988-08-15T04:00	3 340	5 500	107	142	34.7	42		
82	1988-08-19T16:00	1 480	5 870	87.4	102.0	14.6	42		
83	1989-07-23T16:00	8 310	7 280	224	189	15.6	20		
84	1989-07-24T15:30	5 580	5 280	228	140	38.6	20	否	否
85	1994-07-09T13:00	4 780	4 890	425	299	29.6	20	否	否
86	1994-08-06T17:18	10 600	7 360	246	225	8.7	20		
87	1996-08-11T06:00	11 100	7 400	263	206	21.8	20	否	
88	1998-07-14T17:36	7 160	6 500	215	205	4.9	20		

注:潼关沙峰小于 200 kg/m^3 的预报误差和许可误差的单位为 kg/m^3,其余单位为%。

第4章　花园口站次洪最大含沙量预报方法研究

4.1　小花区间概况

小浪底至花园口河段，河长124 km，面积35 815 km^2。北岸温孟滩地，面积338 km^2，对小浪底以上发生的洪水可削减洪峰流量10% ~30%[❶]，本河段有大支流伊洛、沁河汇入。

本区间洪峰形状较尖瘦，含沙量较小。实测最大含沙量，支流伊洛河黑石关站103 kg/m^3（1969年），沁河武陟站103 kg/m^3（1961年）；而干流小浪底和花园口分别出现过941 kg/m^3（1977年）和809 kg/m^3（1977年）。

4.2　资料选用

本次选用了花园口1960 ~2000年共94场实测洪水资料、外加"57·7"和"58·7"两场洪水参加预报模型研制，其中1960 ~ 1986年，选用花园口洪峰流量 $Q_{m花} \geq 5\ 000\ m^3/s$，1987 ~2000年选用花园口洪峰流量 $Q_{m花} \geq 3\ 000\ m^3/s$。摘录花园口洪峰和沙峰时，同时摘录小浪底相应洪峰和沙峰以及黑石关和武陟的相应洪峰。若黑石关和武陟在相应时刻没有出现洪峰，则按洪峰传播时间摘录相应流量，对有些年份黑石关和武陟无洪水水文要素的情况，则摘录前一天的日平均流量。

4.3　精度控制

由于摘录的花园口96场洪水最大含沙量的平均值为109 kg/m^3，中游区多年平均含沙量为93 kg/m^3（花园口与头道拐多年平均输沙量之差除以多年平均径流量之差），二者平均约为100 kg/m^3。所以，本文以100 kg/m^3为界，含沙量大于该值的许可误差取相对误差小于等于20%为通过；小于该值的许可误差取绝对误差小于等于20 kg/m^3为通过。

4.4　预报模型研制

首先用所有96场洪水的花园口最大含沙量（$\rho_{花}$）与小浪底最大含沙量（$\rho_{小}$）点绘相关关系，如图4-1所示，点子比较散乱。

由于花园口的沙量主要来自小浪底以上，而洪水可来源于小浪底以及小浪底以下的伊

---

❶　黄河流域实用水文预报模型，水利部黄河水利委员会水文局，1989年12月。

洛沁河。不同来源的洪水，花园口的含沙量有显著的差异。为了寻求与花园口含沙量关系密切的参数，在$\rho_{花}\sim\rho_{小}$关系中，分别用花园口洪峰流量$Q_{m花}$、小浪底洪峰流量$Q_{m小}$、小花（小浪底、花园口）洪峰比$k(Q_{m小}/Q_{m花})$、小浪底来沙系数$\Psi_{小}(\rho_{小}/Q_{m小})$以及小浪底、黑石关和武陟（简称小黑武）合成来沙系数$\Psi_{合}(\rho_{小}/\sum Q_m$，$\sum Q_m$为小黑武洪峰流量之和）作参数，见图4-2～图4-6。

由图4-2、图4-3可以看出，流量小时，小浪底含沙量大，花园口含沙量小，表明小花区间河槽淤积，但规律并不明显。由图4-2～图4-6可见3 000～4 000 m^3/s的洪峰含沙量降低都较快，这是因为流量小，流速就小，河道易发生淤积；$\rho_{花}\sim\rho_{小}$关系与这5个参数都没有明显的规律，但考虑到小花区间有伊洛、沁河清水加入，因此本章首先按小花洪峰比分类。

花园口洪水起报标准，1997年以前为预报值大于5 000 m^3/s，现在是大于4 000 m^3/s。但随着上中游水库工程的控制、下游主槽淤积过洪能力的降低、平滩洪水的减小，3 000～4 000 m^3/s的洪水也应引起关注。因此，在小花洪峰比分类的基础上，将洪峰流量分为大于等于和小于4 000 m^3/s，以小浪底含沙量、小浪底来沙系数、合成含沙量、合成来沙系数、$Q_{m花}{}^{\alpha}\rho_{小}{}^{\beta}$、$Q_{m花}{}^{\alpha}\psi_{小}{}^{\beta}$、$Q_{m花}{}^{\alpha}\rho_{合}{}^{\beta}$和$Q_{m花}{}^{\alpha}\psi_{合}{}^{\beta}$为自变量来建立预报模型。这里合成含沙量为小浪底洪峰流量与小浪底相应沙峰的乘积再除以小黑武洪峰流量之和，即$\rho_{合}=Q_{m小}\rho_{小}/\sum Q_m$；合成来沙系数为小浪底沙峰与小黑武洪峰流量和之比，为避免比值太小，将其扩大1 000倍，即$\psi_{合}=1\ 000\rho_{小}/\sum Q_m$。

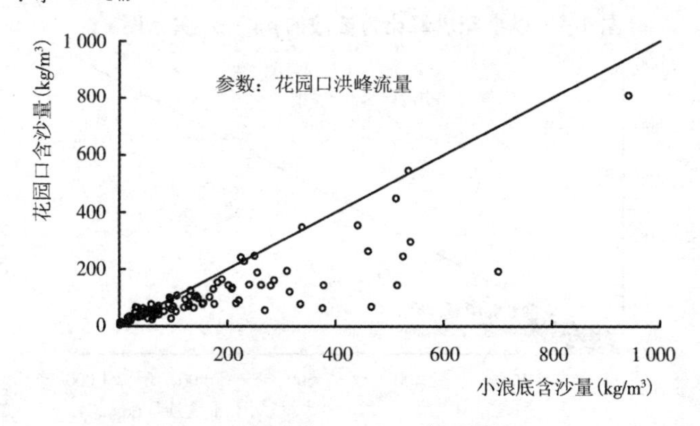

图4-1　$\rho_{花}\sim\rho_{小}$关系图

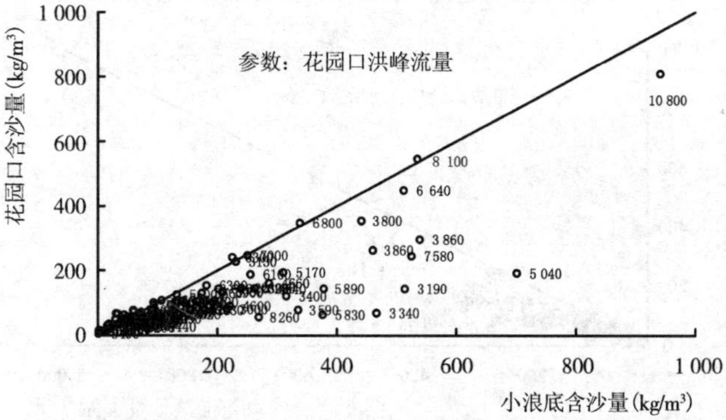

图4-2　以花园口洪峰流量为参数的$\rho_{花}\sim\rho_{小}$关系图

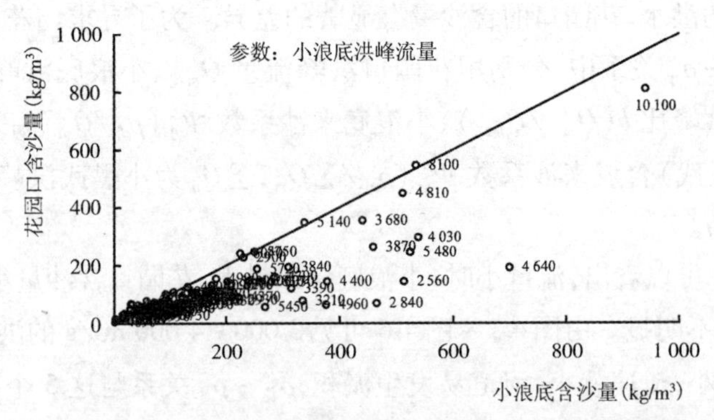

图 4-3 以小浪底洪峰流量为参数的 $\rho_{花}$ ~ $\rho_{小}$ 关系图

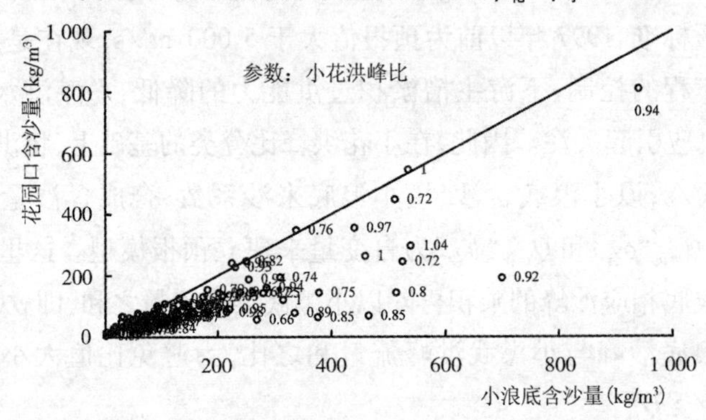

图 4-4 以小花洪峰比为参数的 $\rho_{花}$ ~ $\rho_{小}$ 关系图

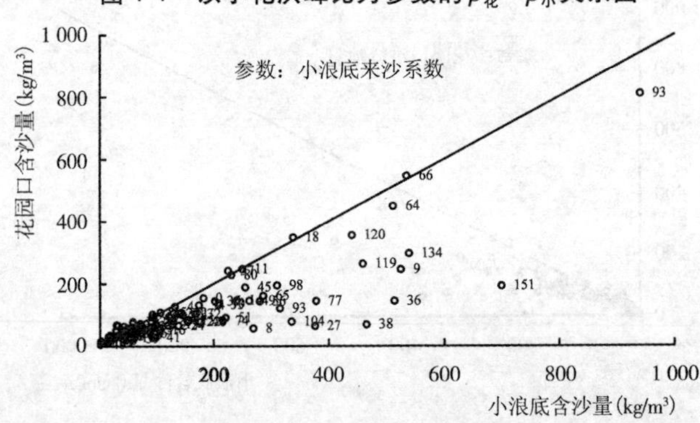

图 4-5 以小浪底来沙系数为参数的 $\rho_{花}$ ~ $\rho_{小}$ 关系图

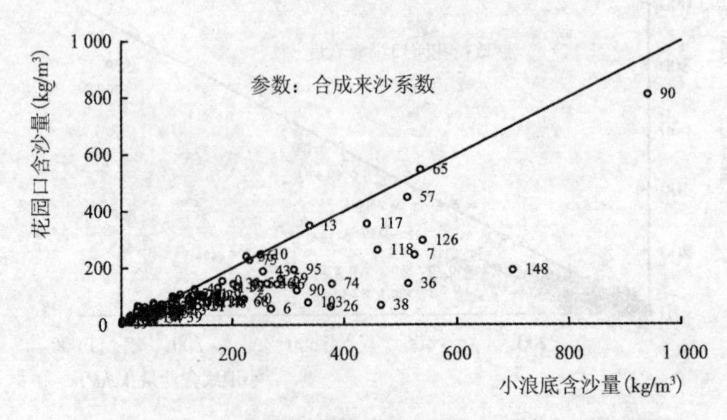

图 4-6 以合成来沙系数为参数的 $\rho_{花}$ ~ $\rho_{小}$ 关系图

由于花园口水文站1975年8月1日和1999年7月24日的两场洪水，花园口沙峰出现时间早于小浪底，故本文没有考虑这两场洪水。

其中，1975年8月1日小浪底、花园口洪峰和相应沙峰过程分别见图4-7和图4-8，沙峰出现时间，小浪底为8月2日8:00时，花园口为8月1日7:40时，花园口沙峰比小浪底早出现24.2 h，从图4-7和图4-8看出资料摘录无误，但确实不合理，故将该点剔除。

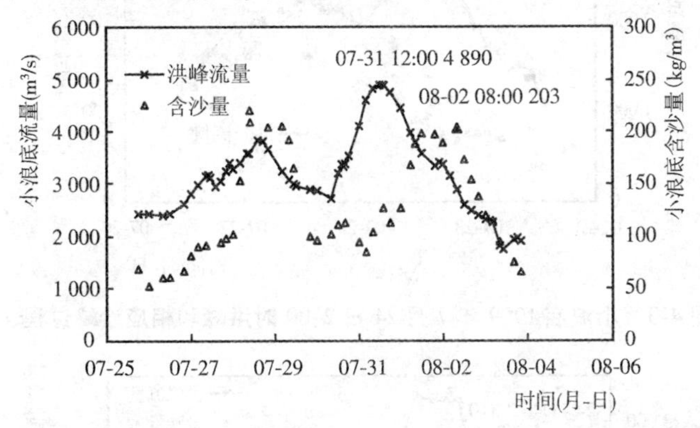

图4-7 小浪底1975年7月31日12:00时洪峰和相应沙峰过程

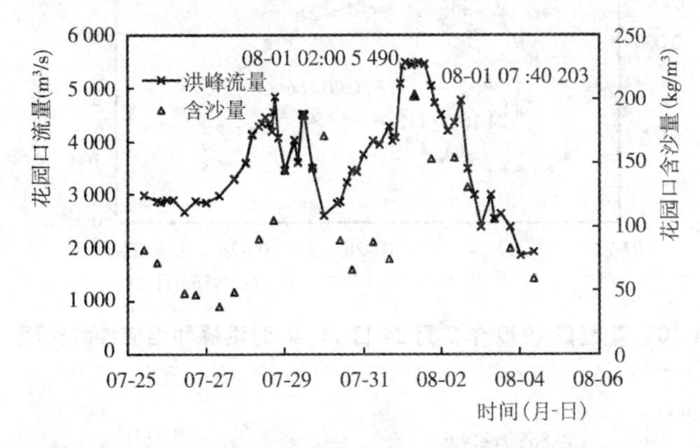

图4-8 花园口1975年8月1日2:00时洪峰和相应沙峰过程

1999年7月24日小浪底、花园口洪峰和相应沙峰过程分别见图4-9和图4-10。从图4-9可以看出沙峰出现时间，小浪底为7月24日20:00时299 kg/m^3。花园口站单纯看洪峰流量和含沙量过程，可能会选7月25日20:00时166 kg/m^{3}为沙峰，但是从输沙率过程可以看出输沙率的峰值为7月24日16:50时363 kg/s，相应含沙量为112 kg/m^3。综合考虑洪峰流量、含沙量过程和输沙率过程选花园口沙峰为7月24日16:50时112 kg/m^3，则花园口沙峰比小浪底早出现3.5 h，所以将其剔除。

4.4.1 以小浪底含沙量为自变量，用小花洪峰比分类(模型1)

对于 $Q_{m花} \geq 4\ 000$ m^3/s 的洪水，按 k 分为：$k \geq 0.9$、$0.8 \leq k < 0.9$、$0.7 \leq k < 0.8$ 和 $k < 0.7$ 四种情况。对于 $Q_{m花} < 4\ 000$ m^3/s 的洪水，按 k 分为：$k \geq 0.9$ 和 $k < 0.9$ 两种情况。

4.4.1.1 $Q_{m花} \geq 4\ 000$ m^3/s 且 $k \geq 0.9$

数据点23个，$\rho_花 \sim \rho_小$ 相关关系如图4-11所示，相关系数为0.968，计算值的通过率分别为11/23 = 47.8%、17/23 = 73.9%。选择的94场洪水中，含沙量最高的两场洪水为1977

年 8 月 8 日 13:00 时的 809 kg/m³ 和 1977 年 7 月 10 日 6:00 时的 546 kg/m³,均在此种情况中,图中用"×"标注。

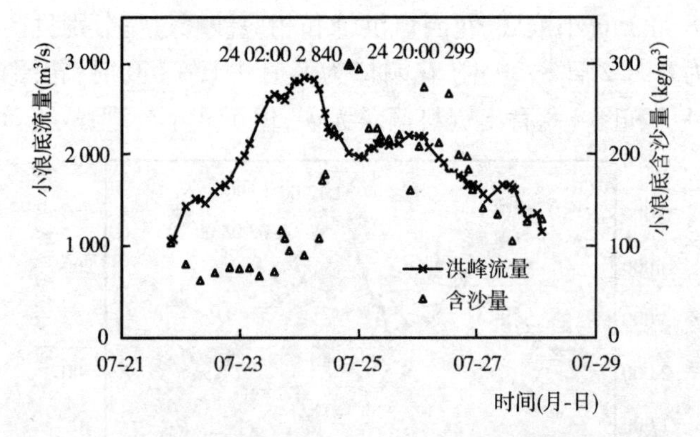

图 4-9　小浪底 1999 年 7 月 24 日 2:00 时洪峰和相应沙峰过程

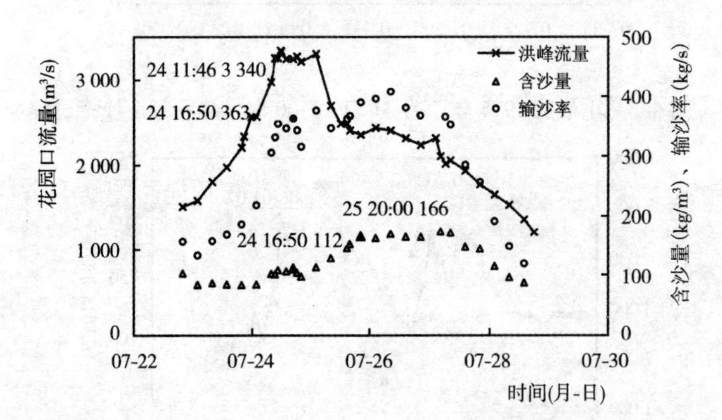

图 4-10　花园口 1999 年 7 月 24 日 11:46 时洪峰和相应沙峰过程

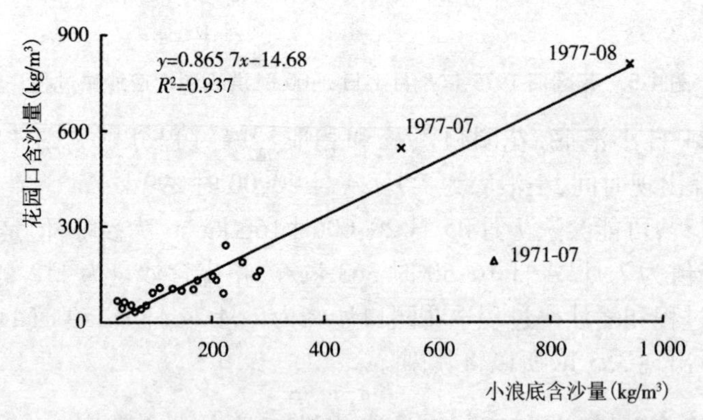

图 4-11　$Q_{m花} \geqslant 4\ 000\ m^3/s$ 且 $k \geqslant 0.9$ 时 $\rho_{花} \sim \rho_{小}$ 相关关系

特殊点讨论:1971 年 7 月 28 日 19:40 时花园口沙峰 192 kg/m³ 明显低于其他点,本次小浪底和花园口洪峰及其相应沙峰过程如图 4-12 和图 4-13 所示。

从图中可以看出,花园口洪峰流量 5 040 m³/s,洪峰出现时间为 7 月 28 日 19:40 时,沙峰 192 kg/m³,与洪峰同步;小浪底洪峰流量 4 640 m³/s,洪峰出现时间为 7 月 27 日 17:20 时,沙峰 700 kg/m³,出现时间为 7 月 27 日 12:00 时。花园口沙峰出现前后含沙量测量时间及数值分别为:7 月 27 日 18:00 时,92.8 kg/m^3,7 月 28 日 8:20 时,171 kg/m^3,7 月 28 日 19:40 时,192 kg/m^3(与前一次测量时间间隔11 小时20 分),7 月 29 日2:00 时,181 kg/m^3。小浪底出现700 kg/m^{3}的高含沙,而花园口却在沙峰出现前长达11 小时20 分才测了一次含沙量。导致花园口沙峰192 kg/m^{3}明显偏低的原因可能是花园口漏测沙峰,故认为该点是特殊点,不参加相关分析,但参加通过率统计(下同)。

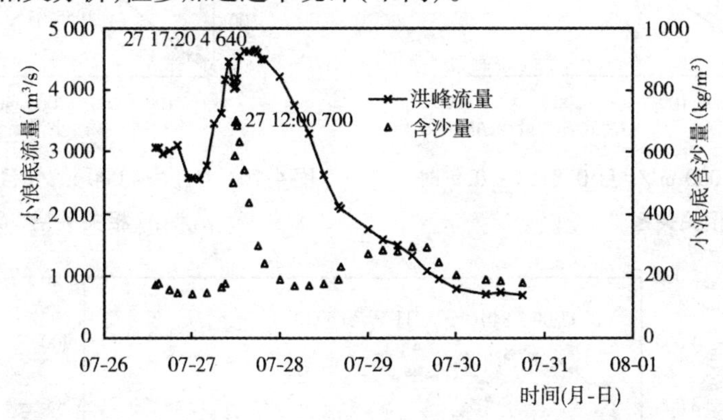

图4-12　小浪底1971 年7 月27 日17:20 时洪峰和相应沙峰过程

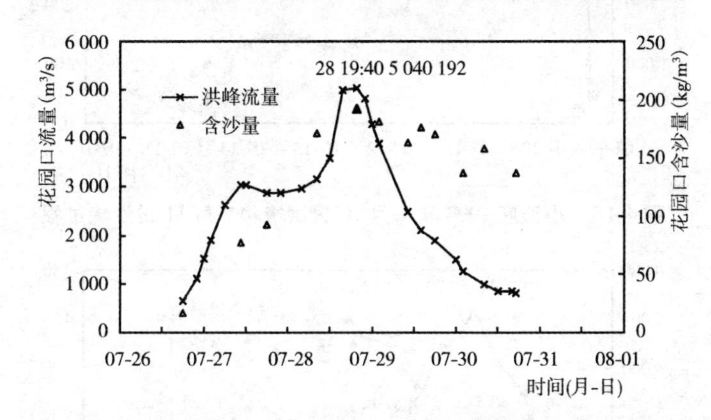

图4-13　花园口1971 年7 月28 日19:40 时洪峰和相应沙峰过程

4.4.1.2　$Q_{m花}\geqslant 4\ 000$ m^3/s 且 $0.8\leqslant k<0.9$

数据点16 个,$\rho_花\sim\rho_小$相关关系如图4-14 所示,相关系数为0.891,计算值的通过率分别为10/16 =62.5%、16/16 =100%。

4.4.1.3　$Q_{m花}\geqslant 4\ 000$ m^3/s 且 $0.7\leqslant k<0.8$

数据点25 个,其中1994 年7 月为特殊点,$\rho_花\sim\rho_小$相关关系如图4-15 所示,相关系数为0.977,计算值的通过率分别为18/25 =72%、21/25 =84%。

特殊点讨论:1994 年7 月11 日16:42 时沙峰明显低于其他点,本次小浪底和花园口洪峰和相应沙峰过程分别见图4-16 和图4-17。从图中可以看出,花园口1994 年7 月10 日20:00 时洪峰流量5 170 m^3/s,7 月12 日11:36 时沙峰150 kg/m^3;小浪底7 月10 日11:00 时洪峰流量3 840 m^3/s,7 月11 日19:30 时沙峰392 kg/m^3。从图4-16 和图4-17 可以看出,资料摘录正确,而且测次也比较多,但花园口实测含沙量仅为150 kg/m^3,明显低于其他点,但原因不清楚,所以将其视为特殊点,不参加相关分析。

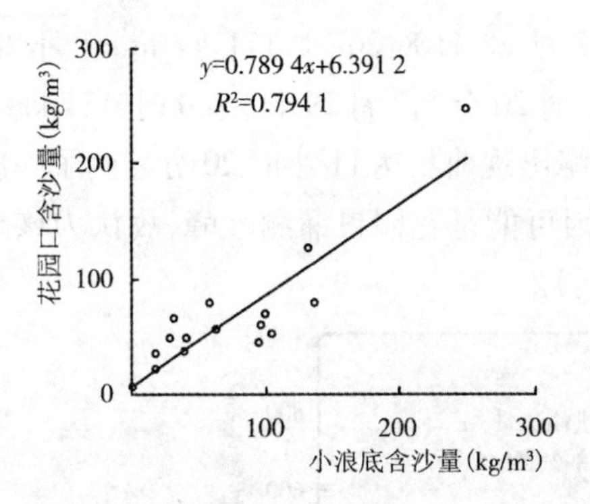

图 4-14 $Q_{m花} \geqslant 4\ 000\ m^3/s$ 且 $0.8 \leqslant k < 0.9$ 时 $\rho_{花} \sim \rho_{小}$ 相关关系

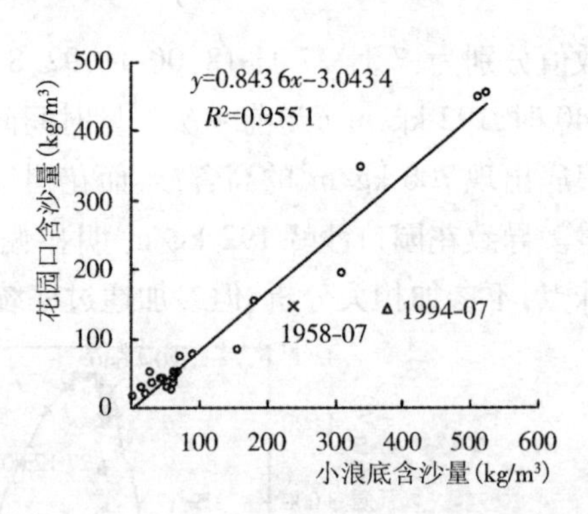

图 4-15 $Q_{m花} \geqslant 4\ 000\ m^3/s$ 且 $0.7 \leqslant k < 0.8$ 时 $\rho_{花} \sim \rho_{小}$ 相关关系

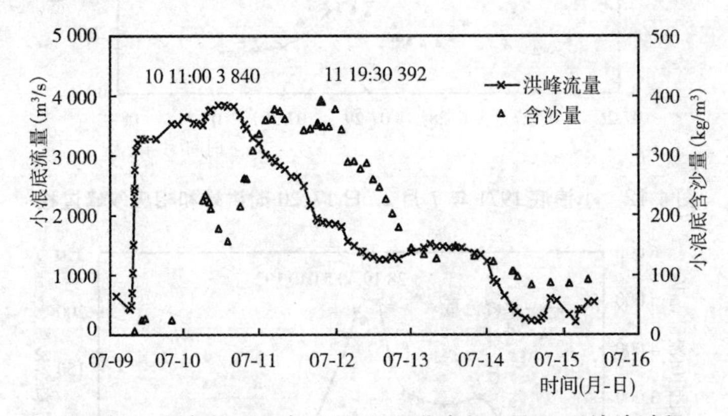

图 4-16 小浪底 1994 年 7 月 10 日洪峰和 7 月 11 日沙峰过程

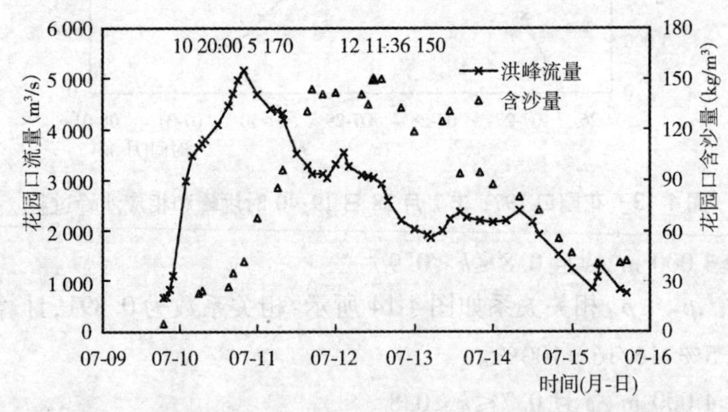

图 4-17 花园口 1994 年 7 月 10 日洪峰和 7 月 11 日沙峰过程

4.4.1.4 $Q_{m花} \geqslant 4\ 000\ m^3/s$ 且 $k < 0.7$

数据点 10 个，$\rho_{花} \sim \rho_{小}$ 相关关系如图 4-18 所示，相关系数为 0.941，计算值的通过率分别为 9/10 = 90%、10/10 = 100%。

4.4.1.5 $3\ 000\ m^3/s < Q_{m花} < 4\ 000\ m^3/s$ 且 $k \geqslant 0.9$

由于工程的控制，4 000 m³/s 以下的洪水出现概率增加，故此处将花园口洪峰在 3 000 ~ 4 000 m³/s的洪水最大含沙量也进行预报模型的研究。

数据点 12 个，$\rho_{花} \sim \rho_{小}$ 相关关系如图 4-19 所示，相关系数为 0.902，计算值的通过率分别为 8/12 = 66.7%、9/12 = 75%。

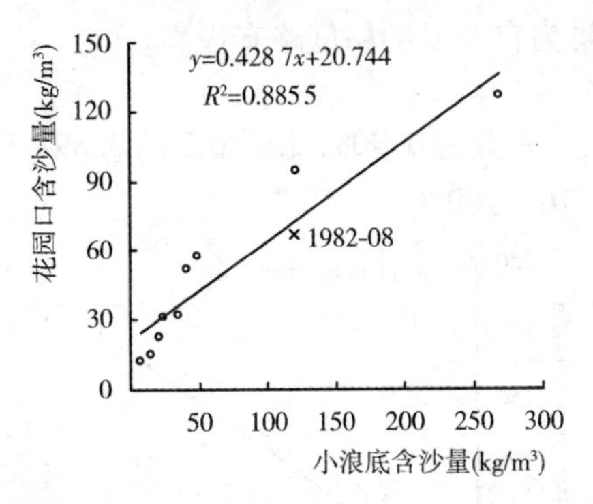

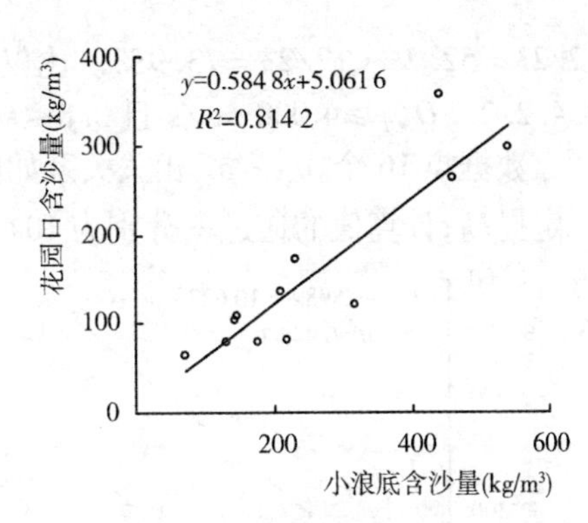

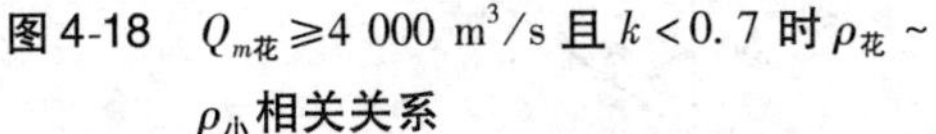

图 4-18　$Q_{m花} \geqslant 4\ 000\ m^3/s$ 且 $k<0.7$ 时 $\rho_{花} \sim \rho_{小}$ 相关关系

图 4-19　$3000 \leqslant Q_{m花} < 4\ 000\ m^3/s$ 且 $k \geqslant 0.9$ 时 $\rho_{花} \sim \rho_{小}$ 相关关系

4.4.1.6　$3\ 000\ m^3/s < Q_{m花} < 4\ 000\ m^3/s$ 且 $k<0.9$

数据点 8 个，$\rho_{花} \sim \rho_{小}$ 相关系数为 0.549，计算值的通过率分别为 4/8 = 50%、8/8 = 100%。

由以上 6 种分类汇总表(见表 4-1)可知，总数据点为 94 个，总通过率分别为 60/94 = 63.8%、81/94 = 86.2%。

表 4-1　以小浪底含沙量为自变量的花园口含沙量预报模型汇总

洪峰流量 (m^3/s)	k 值	计算公式	相关系数	通过率 1	通过率 2	通过率 3
≥4 000	$k \geqslant 0.9$	$\rho_{花} = 0.865\ 7\rho_{小} - 14.68$	0.968	11/23 = 47.8%	48/74 = 64.9% 64/74 = 86.5%	60/94 = 63.8% 81/94 = 86.2%
				17/23 = 73.9%		
	$0.8 \leqslant k < 0.9$	$\rho_{花} = 0.789\ 4\rho_{小} + 6.391\ 2$	0.891	10/16 = 62.5%		
				16/16 = 100%		
	$0.7 \leqslant k < 0.8$	$\rho_{花} = 0.843\ 6\rho_{小} - 3.043\ 4$	0.977	18/25 = 72%		
				21/25 = 84%		
	$k < 0.7$	$\rho_{花} = 0.428\ 7\rho_{小} + 20.744$	0.941	9/10 = 90%		
				10/10 = 100%		
3 000 ~ 4 000	$k \geqslant 0.9$	$\rho_{花} = 0.584\ 8\rho_{小} + 5.061\ 6$	0.902	8/12 = 66.7%	12/20 = 60% 17/20 = 85%	
				9/12 = 75%		
	$k < 0.9$	$\rho_{花} = 0.115\ 8\rho_{小} + 68.649$	0.549	4/8 = 50%		
				8/8 = 100%		

注：①$\rho_{花} = f(\rho_{小}, k)$；②通过率第 1 行为指标一、第 2 行为指标二。

由于小浪底来的泥沙，经过小花区间时，伊洛沁河加水会稀释泥沙，使含沙量降低，所以应考虑区间加水的影响，上述仅以小浪底含沙量为自变量的情况，未考虑区间加水的影响，所以下面以输入站合成含沙量为自变量来分析。

4.4.2　以输入站合成含沙量为自变量，用小花洪峰比分类(模型 2)

4.4.2.1　$Q_{m花} \geqslant 4\ 000\ m^3/s$ 且 $k \geqslant 0.9$

数据点 23 个，$\rho_{花} \sim \rho_{合}$ 相关关系见图 4-20，相关系数为 0.974，计算值的通过率分别为

12/23 =52.2%、17/23 =73.9%。比仅以小浪底含沙量为自变量的精度略有提高。

4.4.2.2 $Q_{m花} \geqslant 4\ 000\ m^3/s$ 且 $0.8 \leqslant k < 0.9$

数据点16个，$\rho_{花} \sim \rho_{合}$相关关系如图4-21所示，相关系数为0.908，比模型1的0.891有一定提高，计算值的通过率分别为10/16 =62.5%、16/16 =100%。

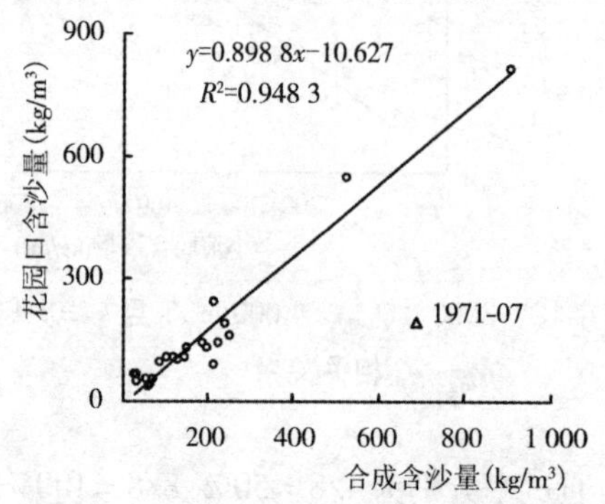

图4-20 $Q_{m花} \geqslant 4\ 000\ m^3/s$ 且 $k \geqslant 0.9$ 时 $\rho_{花} \sim \rho_{合}$相关关系

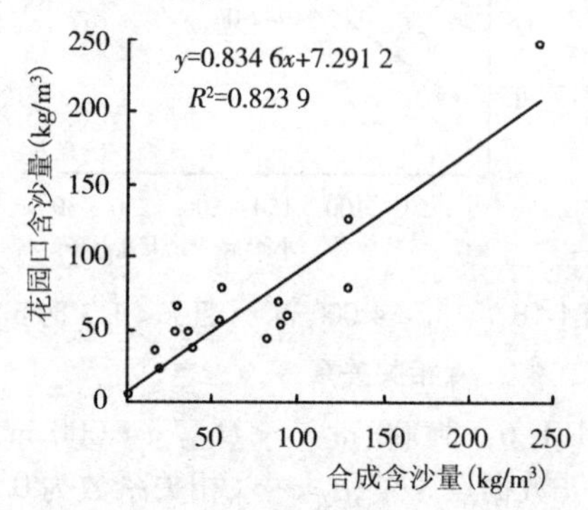

图4-21 $Q_{m花} \geqslant 4\ 000\ m^3/s$ 且 $0.8 \leqslant k < 0.9$ 时 $\rho_{花} \sim \rho_{合}$相关关系

4.4.2.3 $Q_{m花} \geqslant 4\ 000\ m^3/s$ 且 $0.7 \leqslant k < 0.8$

数据点25个，$\rho_{花} \sim \rho_{合}$相关关系如图4-22所示，相关系数为0.986，计算值的通过率分别为20/25 =80%、22/25 =88%。

1994年7月为特殊点，前面已讨论，7月10日黑石关日平均流量110 m^3/s，武陟日平均流量44.1 m^3/s，黑石关和武陟日平均流量的加入对合成含沙量影响不大，所以仍认为该点是特殊点。

通过用输入站合成含沙量为自变量，其精度比仅用小浪底含沙量为自变量有所改善。通过率由原来的72%提高到80%，相关系数由0.977提高到0.986。

4.4.2.4 $Q_{m花} \geqslant 4\ 000\ m^3/s$ 且 $k < 0.7$

数据点10个，$\rho_{花} \sim \rho_{合}$相关关系如图4-23所示，相关系数为0.931，计算值通过率分别为9/10 =90%、10/10 =100%，与模型1精度差不多。

4.4.2.5 $3\ 000\ m^3/s < Q_{m花} < 4\ 000\ m^3/s$ 且 $k \geqslant 0.9$

数据点12个，$\rho_{花} \sim \rho_{合}$相关关系见图4-24，相关系数为0.907，计算值的通过率分别为8/12 =66.7%、10/12 =83.3%。比模型1的关系稍密集一些，但精度提高不多。

4.4.2.6 $3\ 000\ m^3/s < Q_{m花} < 4\ 000\ m^3/s$ 且 $k < 0.9$

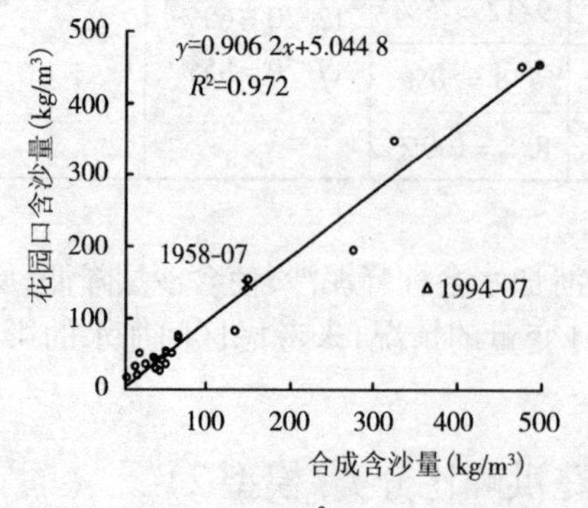

图4-22 $Q_{m花} \geqslant 4\ 000\ m^3/s$ 且 $0.7 \leqslant k < 0.8$ 时 $\rho_{花} \sim \rho_{合}$相关关系

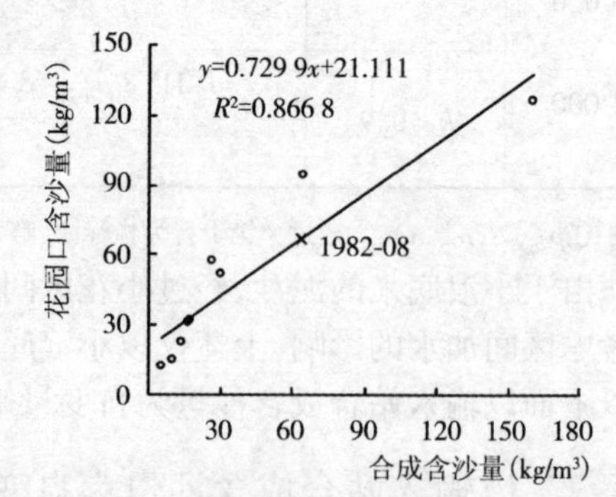

图4-23 $Q_{m花} \geqslant 4\ 000\ m^3/s$ 且 $k < 0.7$ 时 $\rho_{花} \sim \rho_{合}$相关关系

数据点 8 个，$\rho_{花} \sim \rho_{合}$ 相关关系见图 4-25，相关系数为 0.538，计算值的通过率分别为 4/8 = 50%、8/8 = 100%。由于是小洪水，且伊洛沁河也有水加入，其水沙关系更为复杂，点子更松散。

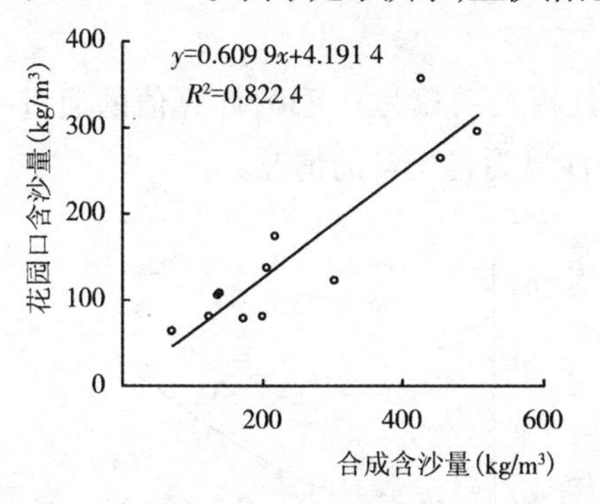

图 4-24　3 000 m³/s < $Q_{m花}$ < 4 000 m³/s 且 $k \geq 0.9$ 时 $\rho_{花} \sim \rho_{合}$ 相关关系

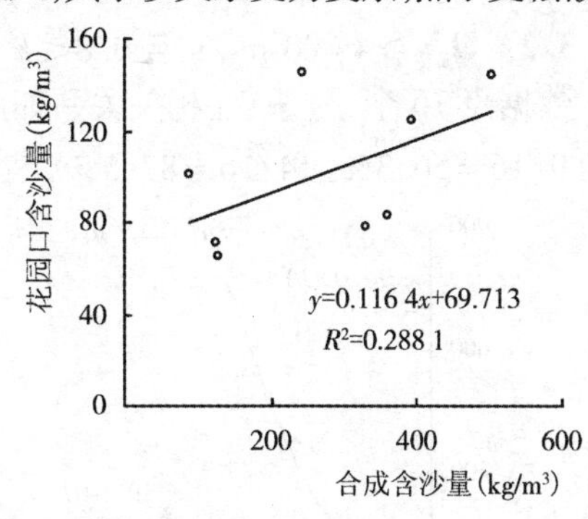

图 4-25　3 000 m³/s < Q < 4 000 m³/s 且 $k < 0.9$ 时 $\rho_{花} \sim \rho_{合}$ 相关关系

由以上六种分类汇总(见表 4-2)可知，总数据点为 94 个，总通过率分别为 63/94 = 67.0%、83/94 = 88.3%，通过率比模型 1 的 63.8% 要高。

表 4-2　以合成含沙量为自变量的花园口含沙量预报模型汇总

<table>
<tr><th rowspan="2">洪峰流量(m³/s)</th><th rowspan="2">k 值</th><th rowspan="2">计算公式</th><th rowspan="2">拟合相关系数</th><th colspan="3">通过率</th></tr>
<tr><th>1</th><th>2</th><th>3</th></tr>
<tr><td rowspan="8">≥4 000</td><td rowspan="2">$k \geq 0.9$</td><td>$\rho_{花} = 0.898\ 8\rho_{合} - 10.627$</td><td>0.974</td><td>12/23 = 52.2%</td><td rowspan="8">51/74 = 68.9%
65/74 = 87.8%</td><td rowspan="12">63/94 = 67.0%
83/94 = 88.3%</td></tr>
<tr><td></td><td></td><td>17/23 = 73.9%</td></tr>
<tr><td rowspan="2">$0.8 \leq k < 0.9$</td><td>$\rho_{花} = 0.834\ 6\rho_{合} + 7.291\ 2$</td><td>0.908</td><td>10/16 = 62.5%</td></tr>
<tr><td></td><td></td><td>16/16 = 100%</td></tr>
<tr><td rowspan="2">$0.7 \leq k < 0.8$</td><td>$\rho_{花} = 0.906\ 2\rho_{合} + 5.044\ 8$</td><td>0.986</td><td>20/25 = 80%</td></tr>
<tr><td></td><td></td><td>22/25 = 88%</td></tr>
<tr><td rowspan="2">$k < 0.7$</td><td>$\rho_{花} = 0.729\ 9\rho_{合} + 21.111$</td><td>0.931</td><td>9/10 = 90%</td></tr>
<tr><td></td><td></td><td>10/10 = 100%</td></tr>
<tr><td rowspan="4">3 000
~
4 000</td><td rowspan="2">$k \geq 0.9$</td><td>$\rho_{花} = 0.609\ 9\rho_{合} + 4.191\ 4$</td><td>0.907</td><td>8/12 = 66.7%</td><td rowspan="4">12/20 = 60%
18/20 = 90%</td></tr>
<tr><td></td><td></td><td>10/12 = 83.3%</td></tr>
<tr><td rowspan="2">$k < 0.9$</td><td>$\rho_{花} = 0.116\ 4\rho_{合} + 69.713$</td><td>0.538</td><td>4/8 = 50%</td></tr>
<tr><td></td><td></td><td>8/8 = 100%</td></tr>
</table>

注：①$\rho_{花} = f(\rho_{合}, k)$；②通过率第 1 行为指标一、第 2 行为指标二。

由于来沙系数可以从另一侧面反映水流挟沙能力，即来沙系数大，则易淤积，反之则易冲刷，所以模型 3 以小浪底来沙系数为自变量进行分析。

4.4.3　以小浪底来沙系数为自变量，用小花洪峰比分类(模型 3)

4.4.3.1　$Q_{m花} \geq 4\ 000$ m³/s 且 $k \geq 0.9$

数据点 23 个，$\rho_{花} \sim \psi_{小}$ 相关关系如图 4-26 所示，相关系数为 0.906，计算值的通过率分别为8/23 = 34.8%、17/23 = 73.9%，精度比以含沙量为自变量的情况差。其中1971年明显为特殊点。

4.4.3.2　$Q_{m花} \geqslant 4\ 000\ m^3/s$ 且 $0.8 \leqslant k < 0.9$

数据点16个，$\rho_{花} \sim \psi_{小}$相关关系如图4-27所示，相关系数为0.730，计算值的通过率分别为9/16 = 56.3%、14/16 = 87.5%，精度不如以含沙量为自变量的情况。

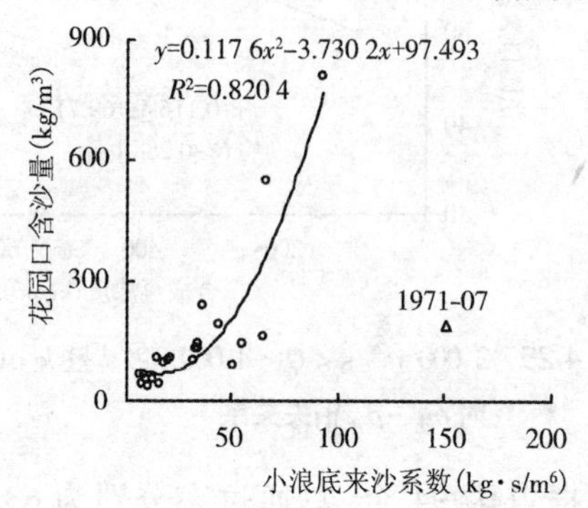

图4-26　$Q_{m花} \geqslant 4\ 000\ m^3/s$ 且 $k \geqslant 0.9$ 时 $\rho_{花} \sim \psi_{小}$相关关系

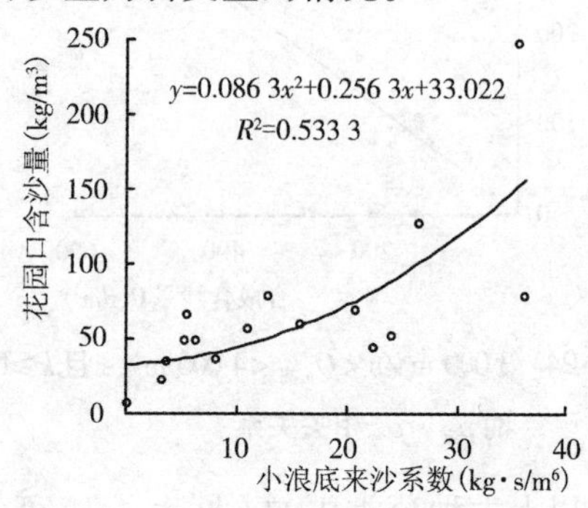

图4-27　$Q_{m花} \geqslant 4\ 000\ m^3/s$ 且 $0.8 \leqslant k < 0.9$ 时 $\rho_{花} \sim \psi_{小}$相关关系

4.4.3.3　$Q_{m花} \geqslant 4\ 000\ m^3/s$ 且 $0.7 \leqslant k < 0.8$

数据点25个，$\rho_{花} \sim \psi_{小}$相关关系如图4-28所示，相关系数为0.962，计算值的通过率分别为16/25 = 64%、20/25 = 80%，其相关系数和通过率都比以含沙量为自变量的情况低。

4.4.3.4　$Q_{m花} \geqslant 4\ 000\ m^3/s$ 且 $k < 0.7$

数据点10个，$\rho_{花} \sim \psi_{小}$相关关系如图4-29所示，相关系数为0.887，计算值的通过率分别为9/10 = 90%、10/10 = 100%，精度比以含沙量为自变量的差。

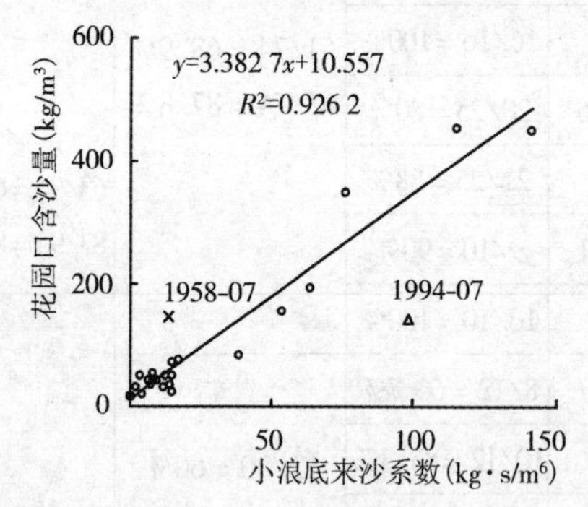

图4-28　$Q_{m花} \geqslant 4\ 000\ m^3/s$ 且 $0.7 \leqslant k < 0.8$ 时 $\rho_{花} \sim \psi_{小}$相关关系

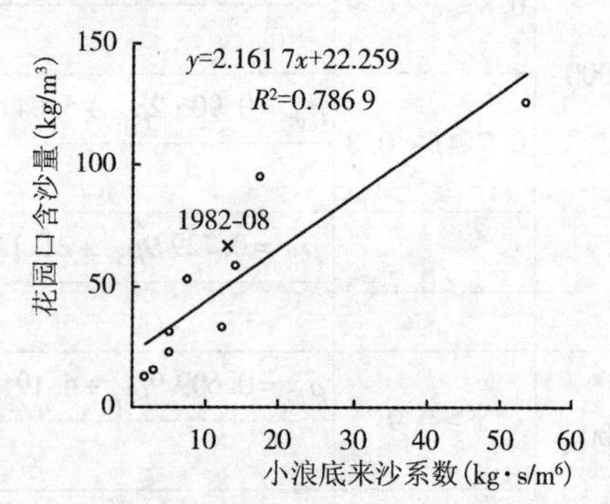

图4-29　$Q_{m花} \geqslant 4\ 000\ m^3/s$ 且 $k < 0.7$ 时 $\rho_{花} \sim \psi_{小}$相关关系

4.4.3.5　$3\ 000\ m^3/s < Q_{m花} < 4\ 000\ m^3/s$ 且 $k \geqslant 0.9$

数据点12个，$\rho_{花} \sim \psi_{小}$相关关系如图4-30所示，相关系数为0.904，计算值通过率分别为8/12 = 66.7%、9/12 = 75%，精度没有明显提高。

4.4.3.6　$3\ 000\ m^3/s < Q_{m花} < 4\ 000\ m^3/s$ 且 $k < 0.9$

数据点8个，$\rho_{花} \sim \psi_{小}$相关关系如图4-31所示，相关系数为0.655，计算值的通过率分别为4/8 = 50%、8/8 = 100%，相关系数比以含沙量为自变量有所增加，但通过率与以输入站合成含沙量为自变量的情况一样。

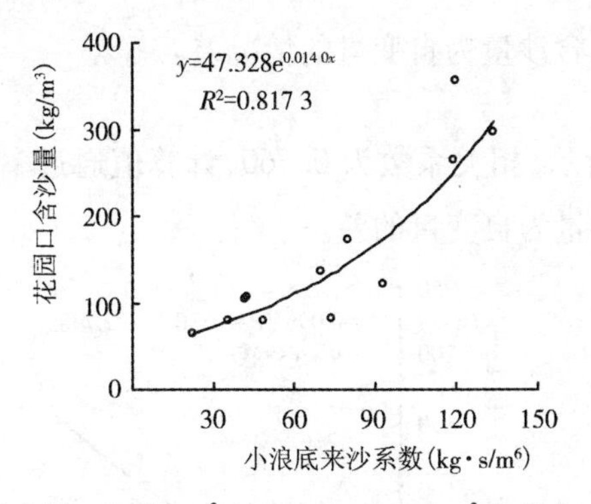

图 4-30　3 000 m³/s < $Q_{m花}$ < 4 000 m³/s 且 $k \geqslant$ 0.9 时 $\rho_{花} \sim \psi_{小}$ 相关关系

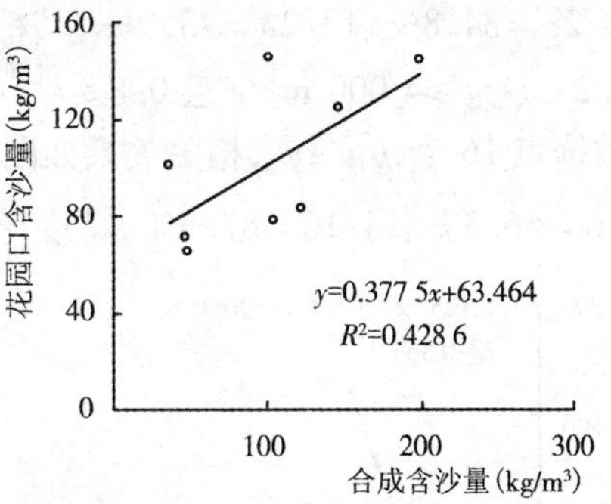

图 4-31　3 000 m³/s < $Q_{m花}$ < 4 000 m³/s 且 k < 0.9 时 $\rho_{花} \sim \psi_{小}$ 相关关系

由以上 6 种分类汇总(见表 4-3)可知,总通过率分别为 54/94 = 57.4%、78/94 = 83.0%,通过率低于以含沙量为自变量的情况。

由于小花区间伊洛沁河加水会稀释泥沙,使来沙系数降低,所以应考虑区间加水的影响,上述仅以小浪底来沙系数为自变量无形中未考虑区间加水影响,所以下面以输入站合成来沙系数为自变量进行分析。

表 4-3　以小浪底来沙系数为自变量的花园口含沙量预报模型汇总

洪峰流量 (m³/s)	k 值	计算公式	相关系数	通过率 1	通过率 2	通过率 3
≥4 000	$k \geqslant 0.9$	$y = 0.117\,6x^2 - 3.730\,2x + 97.493$	0.906	8/23 = 34.8%	42/74 = 56.8% 61/74 = 82.4%	54/94 = 57.4% 78/94 = 83.0%
				17/23 = 73.9%		
	$0.8 \leqslant k < 0.9$	$y = 0.086\,3x^2 - 0.256\,3x + 33.022$	0.730	9/16 = 56.3%		
				14/16 = 87.5%		
	$0.7 \leqslant k < 0.8$	$y = 3.382\,7x + 10.557$	0.962	16/25 = 64%		
				20/25 = 80%		
	$k < 0.7$	$y = 2.161\,7x + 22.259$	0.887	9/10 = 90%		
				10/10 = 100%		
3 000 ~ 4 000	$k \geqslant 0.9$	$y = 47.328e^{0.014\,0x}$	0.904	8/12 = 66.7%	12/20 = 60% 17/20 = 85%	
				9/12 = 75%		
	$k < 0.9$	$y = 0.377\,5x + 63.464$	0.655	4/8 = 50%		
				8/8 = 100%		

注:① $\rho_{花} = f(\psi_{小}, k)$;②通过率第 1 行为指标一、第 2 行为指标二。

4.4.4　以输入站合成来沙系数($\psi_{合}$)为自变量,用小花洪峰比分类(模型 4)

4.4.4.1　$Q_{m花} \geqslant$ 4 000 m³/s 且 $k \geqslant 0.9$

数据点 23 个,$\rho_{花} \sim \psi_{合}$ 相关关系如图 4-32 所示,相关系数为 0.929,计算值的通过率分别为 8/23 = 34.8%、17/23 = 73.9%，其精度比以含沙量为自变量的情况差。

4.4.4.2 $Q_{m花} \geqslant 4\ 000\ m^3/s$ 且 $0.8 \leqslant k < 0.9$

数据点 16 个，$\rho_{花} \sim \psi_{合}$ 相关关系如图 4-33 所示，相关系数为 0.760，计算值通过率分别为 9/16 = 56.3%、14/16 = 87.5%，精度比以含沙量为自变量的差。

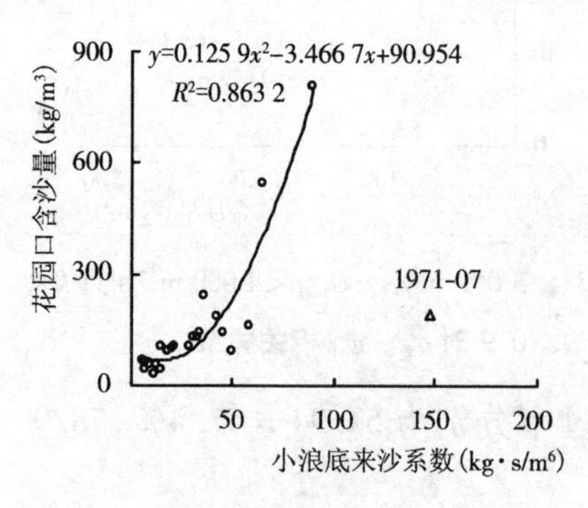

图 4-32 $Q_{m花} \geqslant 4\ 000\ m^3/s$ 且 $k \geqslant 0.9$ 时 $\rho_{花} \sim \psi_{合}$ 相关关系

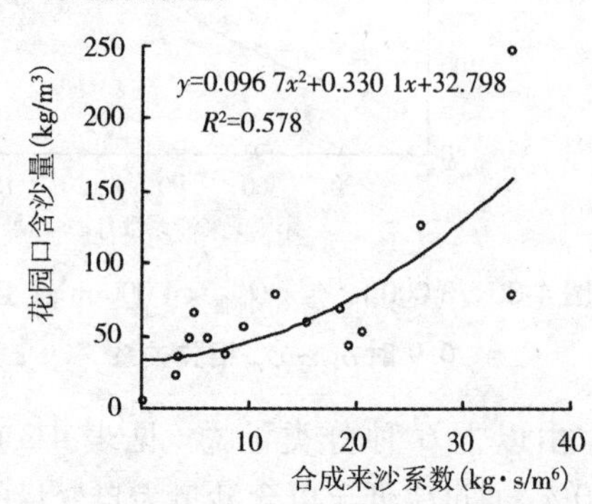

图 4-33 $Q_{m花} \geqslant 4\ 000\ m^3/s$ 且 $0.8 \leqslant k < 0.9$ 时 $\rho_{花} \sim \psi_{合}$ 相关关系

4.4.4.3 $Q_{m花} \geqslant 4\ 000\ m^3/s$ 且 $0.7 \leqslant k < 0.8$

数据点 25 个，$\rho_{花} \sim \psi_{合}$ 相关关系如图 4-34 所示，相关系数为 0.967，计算值的通过率分别为 18/25 = 72.0%、22/25 = 88%。比以含沙量为自变量的精度差。

4.4.4.4 $Q_{m花} \geqslant 4\ 000\ m^3/s$ 且 $k < 0.7$

数据点 10 个，$\rho_{花} \sim \psi_{合}$ 相关关系如图 4-35 所示，相关系数为 0.874，计算值的通过率分别为 9/10 = 90%、10/10 = 100%。

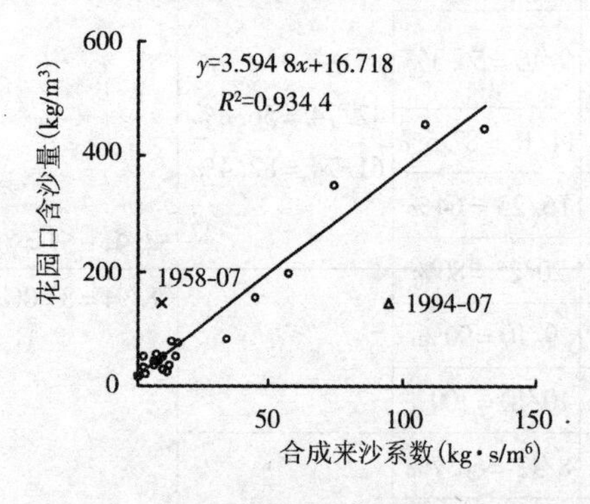

图 4-34 $Q_{m花} \geqslant 4\ 000\ m^3/s$ 且 $0.7 \leqslant k < 0.8$ 时 $\rho_{花} \sim \psi_{合}$ 相关关系

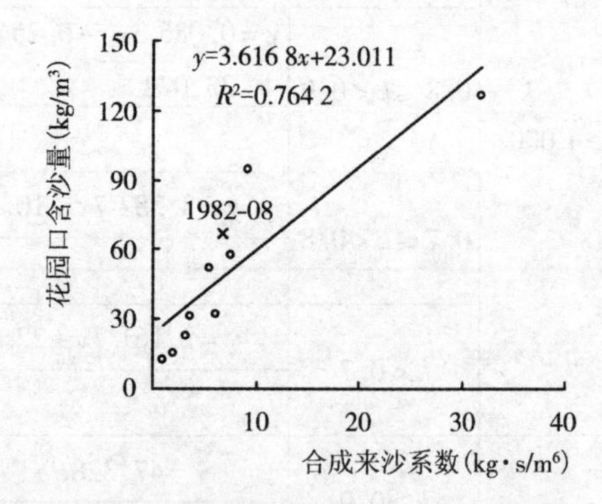

图 4-35 $Q_{m花} \geqslant 4\ 000\ m^3/s$ 且 $k < 0.7$ 时 $\rho_{花} \sim \psi_{合}$ 相关关系

4.4.4.5 $3\ 000\ m^3/s < Q_{m花} < 4\ 000\ m^3/s$ 且 $k \geqslant 0.9$

数据点 12 个，$\rho_{花} \sim \psi_{合}$ 相关关系如图 4-36 所示，相关系数为 0.912，计算值的通过率分别为 8/12 = 66.7%、9/12 = 75%。

4.4.4.6 $3\ 000\ m^3/s < Q_{m花} < 4\ 000\ m^3/s$ 且 $k < 0.9$

数据点 8 个，$\rho_{花} \sim \psi_{合}$ 相关关系如图 4-37 所示，相关系数为 0.641，计算值的通过率分别为 4/8 = 50%、8/8 = 100%。

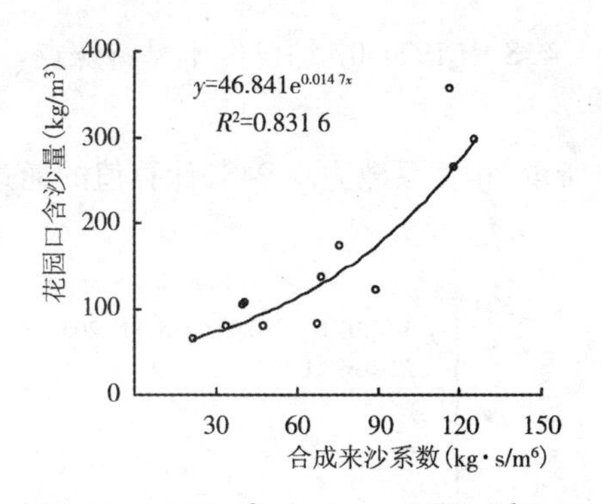

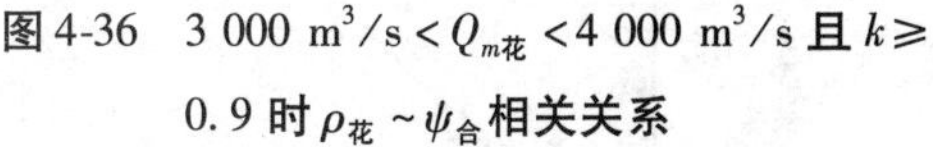
图4-36　3 000 m³/s < $Q_{m花}$ < 4 000 m³/s 且 $k \geq$ 0.9 时 $\rho_{花} \sim \psi_{合}$ 相关关系

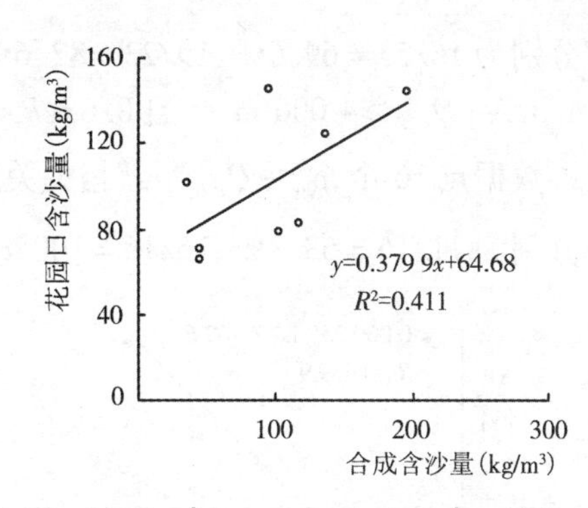

图4-37　3 000 m³/s < $Q_{m花}$ < 4 000 m³/s 且 $k <$ 0.9 时 $\rho_{花} \sim \psi_{合}$ 相关关系

由以上6种分类汇总(见表4-4)可知,总通过率分别为56/94 = 59.6%、80/94 = 85.1%。

表4-4　以合成来沙系数为自变量的花园口含沙量预报模型汇总

洪峰流量(m³/s)	k值	计算公式	相关系数	通过率 1	通过率 2	通过率 3
≥4 000	$k \geq 0.9$	$y = 0.125\,9x^2 - 3.466\,7x + 90.954$	0.929	8/23 = 34.8%	44/74 = 59.5% 63/74 = 85.1%	56/94 = 59.6% 80/94 = 85.1%
				17/23 = 73.9%		
	$0.8 \leq k < 0.9$	$y = 0.096\,7x^2 + 0.330\,1x + 32.798$	0.760	9/16 = 56.3%		
				14/16 = 87.5%		
	$0.7 \leq k < 0.8$	$y = 3.594\,8x + 16.718$	0.967	18/25 = 72%		
				22/25 = 88%		
	$k < 0.7$	$y = 3.616\,8x + 23.011$	0.874	9/10 = 90%		
				10/10 = 100%		
3 000 ~ 4 000	$k \geq 0.9$	$y = 46.841e^{0.014\,7x}$	0.912	8/12 = 66.7%	12/20 = 60% 17/20 = 85%	
				9/12 = 75%		
	$k < 0.9$	$y = 0.379\,9x + 64.68$	0.641	4/8 = 50%		
				8/8 = 100%		

注:①$\rho_{花} = f(\psi_{合}, k)$;②通过率第1行为指标一、第2行为指标二。

根据实测资料看出,沙峰大多出现在洪峰之后,而洪峰流量反映了水流的动力因子对含沙量的影响非常大。借用过去研究中常用的 $Q \sim Q_s$ 关系,用下站的洪峰流量和本站的泥沙因子(如含沙量、来沙系数等)的各种组合作为自变量。对于像黄河这样的多沙河流,Q_s与 Q 的关系为[12]:$Q_s = kQ^{\alpha}\rho_{上}^{\beta}(\alpha、\beta > 0)$。该式表明,来自上游的泥沙越多,排出河段的泥沙也越多,即所谓的“多来多排”现象。据此,下面以 $Q_{m花}{}^{\alpha}\rho_{小}{}^{\beta}$、$Q_{m花}{}^{\alpha}\rho_{合}{}^{\beta}$、$Q_{m花}{}^{\alpha}\psi_{小}{}^{\beta}$或 $Q_{m花}{}^{\alpha}\psi_{合}{}^{\beta}$为自变量,对花园口含沙量进行预报研究。

4.4.5　以 $Q_{m花}{}^{\alpha}\rho_{小}{}^{\beta}$为自变量,用小花洪峰比分类(模型5)

4.4.5.1　$Q_{m花} \geq$ 4 000 m³/s 且 $k \geq 0.9$

数据点23个,$\rho_{花} \sim Q_{m花}{}^{\alpha}\rho_{小}{}^{\beta}$相关关系如图4-38所示,相关系数为0.969,计算值的通过

率分别为 16/23＝69.6%、19/23＝82.6%。4.4.5～4.4.8 中 1971-07 均已经不是特殊点。

4.4.5.2　$Q_{m花} \geqslant 4\ 000\ m^3/s$ 且 $0.8 \leqslant k < 0.9$

数据点 16 个，$\rho_{花} \sim Q_{m花}{}^{\alpha}\rho_{小}{}^{\beta}$ 相关关系如图 4-39 所示，相关系数为 0.948，计算值的通过率分别为 11/16＝68.8%、16/16＝100%。

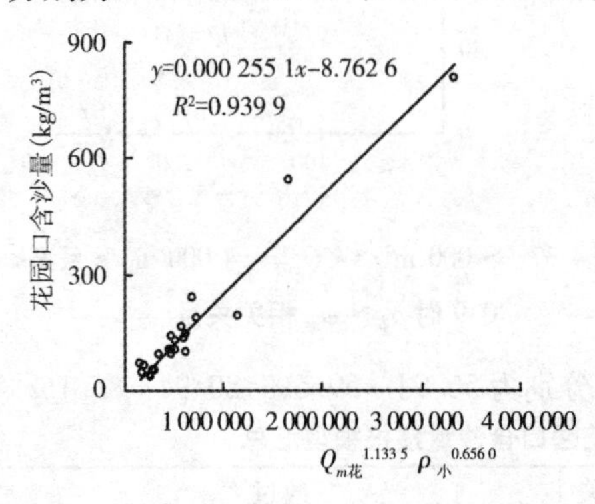

图 4-38　$\rho_{花} \sim Q_{m花}{}^{1.133\ 5}\rho_{小}{}^{0.656\ 0}$ 的相关关系

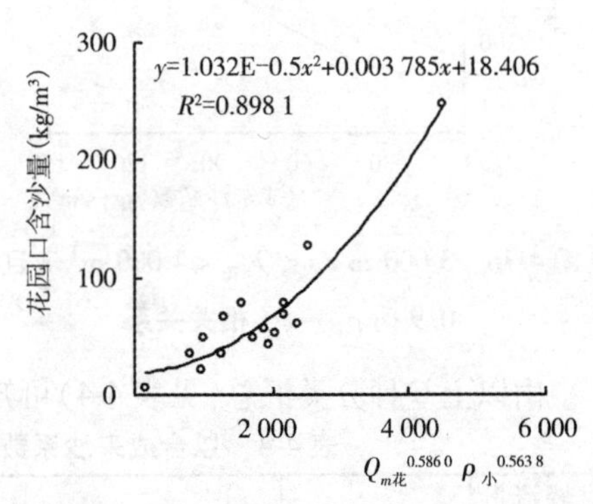

图 4-39　$\rho_{花} \sim Q_{m花}{}^{0.586\ 0}\rho_{小}{}^{0.563\ 8}$ 的相关关系

4.4.5.3　$Q_{m花} \geqslant 4\ 000\ m^3/s$ 且 $0.7 \leqslant k < 0.8$

数据点 25 个，$\rho_{花} \sim Q_{m花}{}^{\alpha}\rho_{小}{}^{\beta}$ 相关关系如图 4-40 所示，相关系数为 0.953，计算值的通过率分别为 20/25＝80%、22/25＝88%。4.4.5～4.4.8 中 1994-07 均已经不是特殊点。

4.4.5.4　$Q_{m花} \geqslant 4\ 000\ m^3/s$ 且 $k < 0.7$

数据点 10 个，$\rho_{花} \sim Q_{m花}{}^{\alpha}\rho_{小}{}^{\beta}$ 相关关系如图 4-41 所示，相关系数为 0.959，计算值的通过率均为 10/10＝100%。

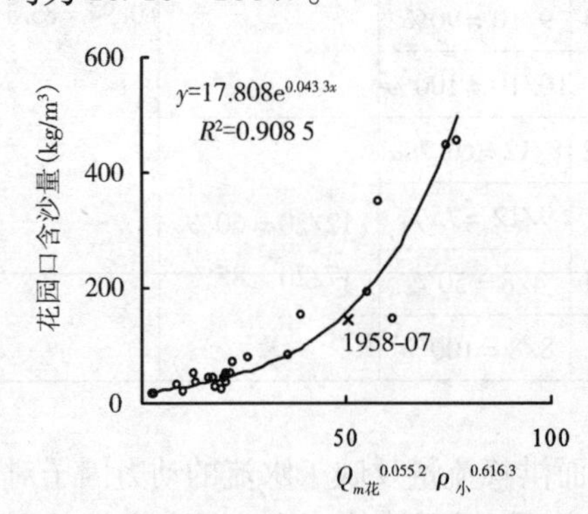

图 4-40　$\rho_{花} \sim Q_{m花}{}^{0.055\ 2}\rho_{小}{}^{0.616\ 3}$ 的相关关系

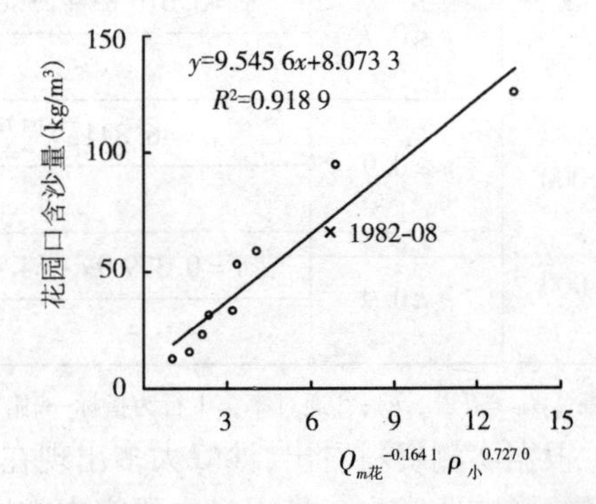

图 4-41　$\rho_{花} \sim Q_{m花}{}^{-0.164\ 1}\rho_{小}{}^{0.727\ 0}$ 的相关关系

4.4.5.5　$3\ 000\ m^3/s < Q_m < 4\ 000\ m^3/s$ 且 $k \geqslant 0.9$

数据点 12 个，$\rho_{花} \sim Q_{m花}{}^{\alpha}\rho_{小}{}^{\beta}$ 相关关系如图 4-42 所示，相关系数为 0.910，计算值的通过率分别为 7/12＝58.3%、10/12＝83.3%。

4.4.5.6　$3\ 000\ m^3/s < Q_m < 4\ 000\ m^3/s$ 且 $k < 0.9$

数据点 8 个，$\rho_{花} \sim Q_{m花}{}^{\alpha}\rho_{小}{}^{\beta}$ 相关关系如图 4-43 所示，相关系数为 0.921，计算值的通过率分别为 7/8＝87.5%、8/8＝100%。

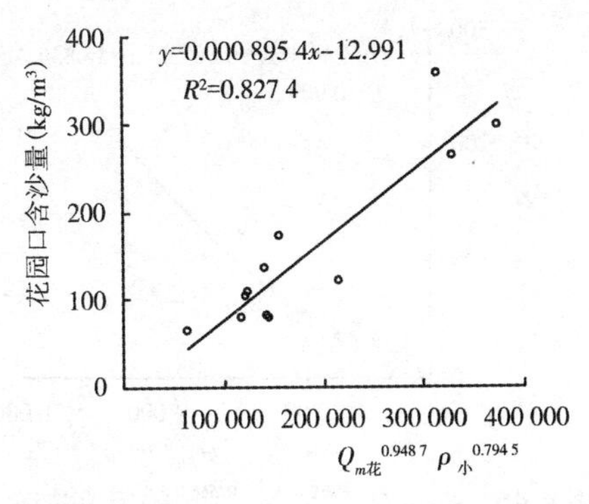

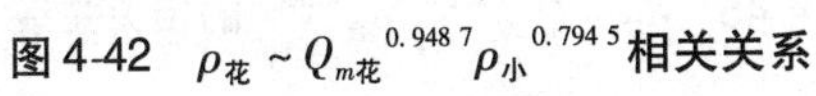
图 4-42　$\rho_{花} \sim Q_{m花}{}^{0.948\,7}\rho_{小}{}^{0.794\,5}$ 相关关系

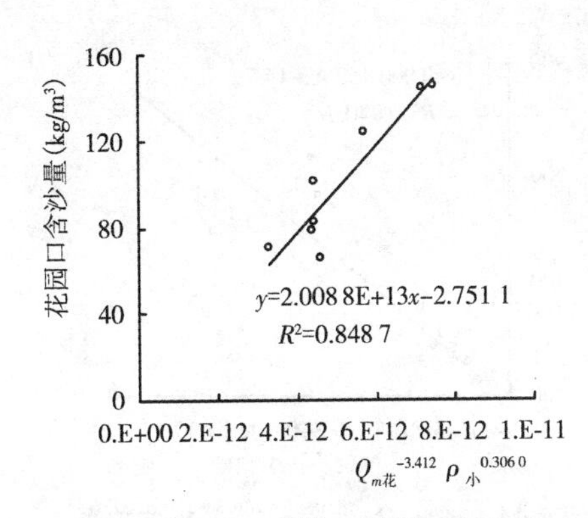

图 4-43　$\rho_{花} \sim Q_{m花}{}^{-3.412}\rho_{小}{}^{0.306\,0}$ 的相关关系

由以上六种分类汇总(见表 4-5)可知,总通过率分别为 71/94 = 75.5%、85/94 = 90.4%。

表 4-5　以 $Q_{m花}{}^{\alpha}\rho_{小}{}^{\beta}$ 为自变量的花园口含沙量预报模型汇总

洪峰流量 (m³/s)	k 值	计算公式	α	β	相关系数	通过率 1	通过率 2	通过率 3
≥4 000	k≥0.9	$y = 0.000\,255\,1x - 8.762\,6$	1.133 5	0.656 0	0.969	16/23 = 69.6%		
						19/23 = 82.6%		
	0.8≤k<0.9	$y = 1.032\text{E}-5x^2 + 0.003\,785x + 18.41$	0.586 0	0.563 8	0.948	11/16 = 68.8%	57/74 =	
						16/16 = 100%	77.0%	
	0.7≤k<0.8	$y = 17.808\text{e}^{0.043\,3x}$	0.055 2	0.616 3	0.953	20/25 = 80%	67/74 =	71/94 =
						22/25 = 88%	90.5%	75.5%
	k<0.7	$y = 9.545\,6x + 8.073\,3$	−0.164 1	0.727 0	0.959	10/10 = 100%		85/94 =
						10/10 = 100%		90.4%
3 000 ~ 4 000	k≥0.9	$y = 0.000\,895\,4x - 12.991$	0.948 7	0.794 5	0.910	7/12 = 58.3%	14/20 =	
						10/12 = 83.3%	70%	
	k<0.9	$y = 2.009\text{E} + 13x - 2.751\,1$	−3.412	0.306 0	0.921	7/8 = 87.5%	18/20 =	
						8/8 = 100%	90%	

注:①$\rho_{花} = f(x) = f(Q_{m花}{}^{\alpha}\rho_{小}{}^{\beta}, k)$;②通过率第 1 行为指标一、第 2 行为指标二。

4.4.6　以 $Q_{m花}{}^{\alpha}\rho_{合}{}^{\beta}$ 为自变量,用小花洪峰比分类(模型 6)

4.4.6.1　$Q_{m花} \geqslant 4\,000$ m³/s 且 $k \geqslant 0.9$

数据点 23 个,$\rho_{花} \sim Q_{m花}{}^{\alpha}\rho_{合}{}^{\beta}$ 相关关系如图 4-44 所示,相关系数为 0.970,计算值的通过率分别为 14/23 = 60.9%、19/23 = 82.6%。

4.4.6.2　$Q_{m花} \geqslant 4\,000$ m³/s 且 $0.8 \leqslant k < 0.9$

数据点 16 个,$\rho_{花} \sim Q_{m花}{}^{\alpha}\rho_{合}{}^{\beta}$ 相关关系如图 4-45 所示,相关系数为 0.954,计算值的通过率分别为 12/16 = 75.0%、16/16 = 100%。

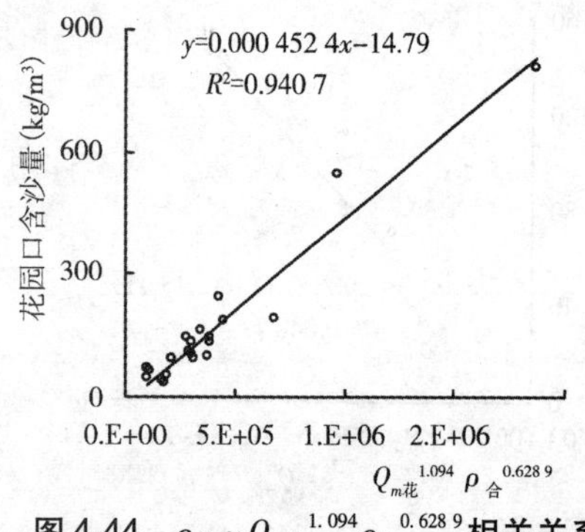

图 4-44　$\rho_{花} \sim Q_{m花}^{1.094}\rho_{合}^{0.628\,9}$ 相关关系

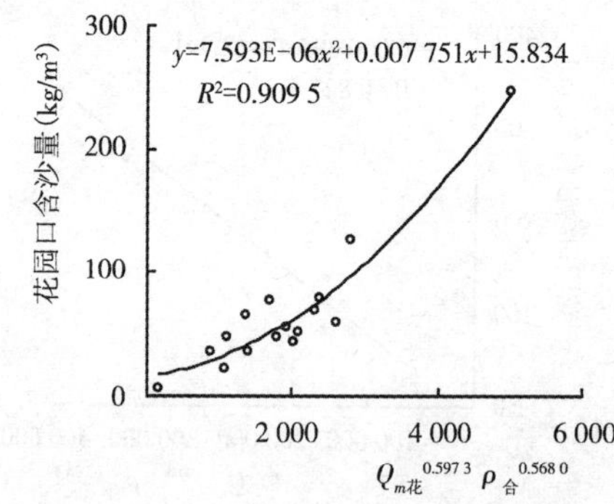

图 4-45　$\rho_{花} \sim Q_{m花}^{0.597\,3}\rho_{合}^{0.568\,0}$ 的相关关系

4.4.6.3　$Q_{m花} \geqslant 4\ 000\ \mathrm{m^3/s}$ 且 $0.7 \leqslant k < 0.8$

数据点 25 个，$\rho_{花} \sim Q_{m花}^{\alpha}\rho_{合}^{\beta}$ 相关关系如图 4-46 所示，相关系数为 0.952，计算值的通过率分别为 19/25 = 76%、21/25 = 84%。

4.4.6.4　$Q_{m花} \geqslant 4\ 000\ \mathrm{m^3/s}$ 且 $k < 0.7$

数据点 10 个，$\rho_{花} \sim Q_{m花}^{\alpha}\rho_{合}^{\beta}$ 相关关系如图 4-47 所示，相关系数为 0.948，计算值的通过率分别为 9/10 = 90%、10/10 = 100%。

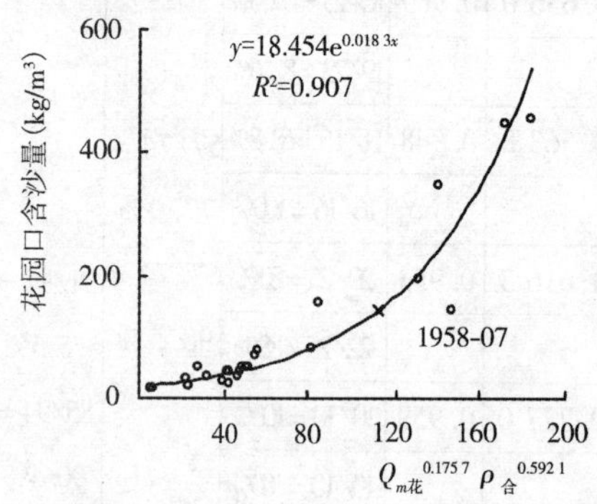

图 4-46　$\rho_{花} \sim Q_{m花}^{0.175\,7}\rho_{合}^{0.592\,1}$ 的相关关系

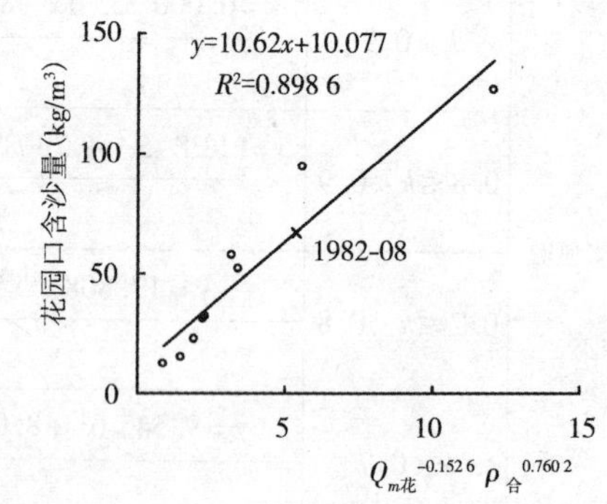

图 4-47　$\rho_{花} \sim Q_{m花}^{-0.152\,6}\rho_{合}^{0.760\,2}$ 的相关关系

4.4.6.5　$3\ 000\ \mathrm{m^3/s} < Q_m < 4\ 000\ \mathrm{m^3/s}$ 且 $k \geqslant 0.9$

数据点 12 个，$\rho_{花} \sim Q_{m花}^{\alpha}\rho_{合}^{\beta}$ 相关关系如图 4-48 所示，相关系数为 0.912，计算值的通过率分别为 7/12 = 58.3%、10/12 = 83.3%。

4.4.6.6　$3\ 000\ \mathrm{m^3/s} < Q_m < 4\ 000\ \mathrm{m^3/s}$ 且 $k < 0.9$

数据点 8 个，$\rho_{花} \sim Q_{m花}^{\alpha}\rho_{合}^{\beta}$ 相关关系如图 4-49 所示，相关系数为 0.924，计算值的通过率分别为 7/8 = 87.5%、8/8 = 100%。

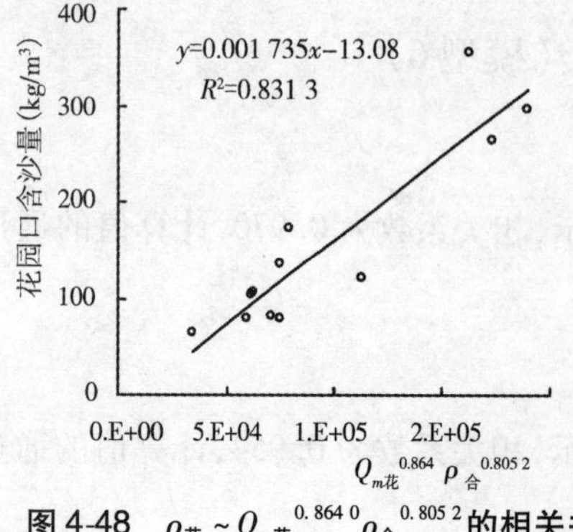

图 4-48　$\rho_{花} \sim Q_{m花}^{0.864\,0}\rho_{合}^{0.805\,2}$ 的相关关系

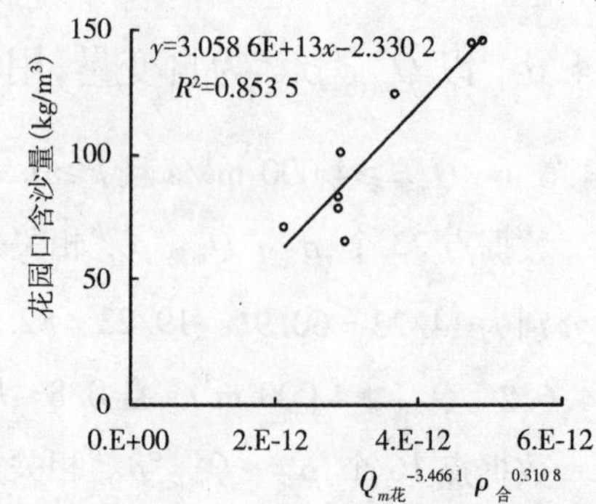

图 4-49　$\rho_{花} \sim Q_{m花}^{-3.466\,1}\rho_{合}^{0.310\,8}$ 的相关关系

由以上6种分类汇总(见表4-6)可知,总通过率分别为68/94 = 72.3%、84/94 = 89.4%。通过率高于以合成含沙量为自变量的情况,但低于以 $Q_{m花}{}^{\alpha}\rho_{合}{}^{\beta}$ 为自变量的情况。

表4-6 以 $Q_{m花}{}^{\alpha}\rho_{合}{}^{\beta}$ 为自变量的花园口含沙量预报模型汇总

洪峰流量 (m^3/s)	k 值	计算公式	α	β	相关系数	通过率 1	通过率 2	通过率 3
≥4 000	$k \geq 0.9$	$y = 0.000\ 452\ 4x - 14.79$	1.094	0.628 9	0.970	14/23 = 60.9%	54/74 = 73.0%	68/94 = 72.3%
						19/23 = 82.6%		
	$0.8 \leq k < 0.9$	$y = 7.593E-6x^2 + 0.007\ 75x + 15.83$	0.587 3	0.568 0	0.954	12/16 = 75.0%		
						16/16 = 100%		
	$0.7 \leq k < 0.8$	$y = 18.454e^{0.018\ 3x}$	0.175 7	0.592 1	0.952	19/25 = 76.0%	66/74 = 89.2%	84/94 = 89.4%
						21/25 = 84%		
	$k < 0.7$	$y = 47.534x + 8.481\ 2$	-0.317 7	0.749 9	0.971	9/10 = 90.0%		
						10/10 = 100%		
3 000 ~ 4 000	$k \geq 0.9$	$y = 0.001\ 735x - 13.08$	0.864	0.805 2	0.912	7/12 = 58.3%	14/20 = 70%	
						10/12 = 83.3%		
	$k < 0.9$	$y = 3.305\ 9 \times 10^{13}x - 2.330\ 2$	-3.466	0.310 8	0.924	7/8 = 87.5%	18/20 = 90%	
						8/8 = 100%		

注:①$\rho_{花} = f(x) = f(Q_{m花}{}^{\alpha}\rho_{合}{}^{\beta}, k)$;②通过率第1行为指标一、第2行为指标二。

4.4.7 以 $Q_{m花}{}^{\alpha}\psi_{小}{}^{\beta}$ 为自变量,用小花洪峰比分类(模型7)

4.4.7.1 $Q_{m花} \geq 4\ 000\ m^3/s$ 且 $k \geq 0.9$

数据点23个,$\rho_{花} \sim Q_{m花}{}^{\alpha}\psi_{小}{}^{\beta}$ 相关关系如图4-50所示,相关系数为0.964,计算值的通过率分别为13/23 = 56.5%、19/23 = 82.6%。

4.4.7.2 $Q_{m花} \geq 4\ 000\ m^3/s$ 且 $0.8 \leq k < 0.9$

数据点16个,$\rho_{花} \sim Q_{m花}{}^{\alpha}\psi_{小}{}^{\beta}$ 相关关系如图4-51所示,相关系数为0.949,计算值的通过率分别为11/16 = 68.8%、16/16 = 100%。

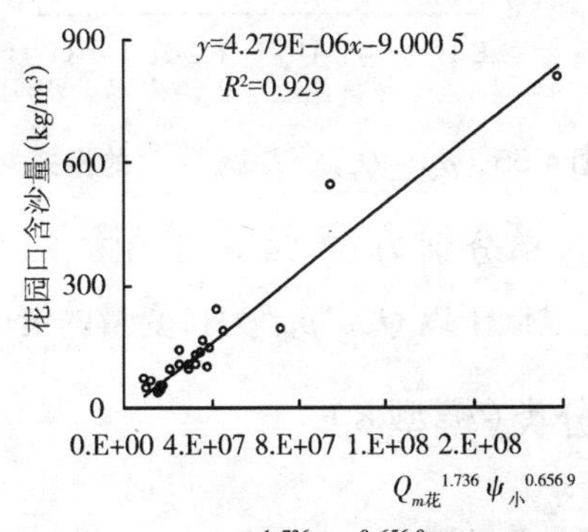

图4-50 $\rho_{花} \sim Q_{m花}{}^{1.736}\psi_{小}{}^{0.656\ 9}$ 的相关关系

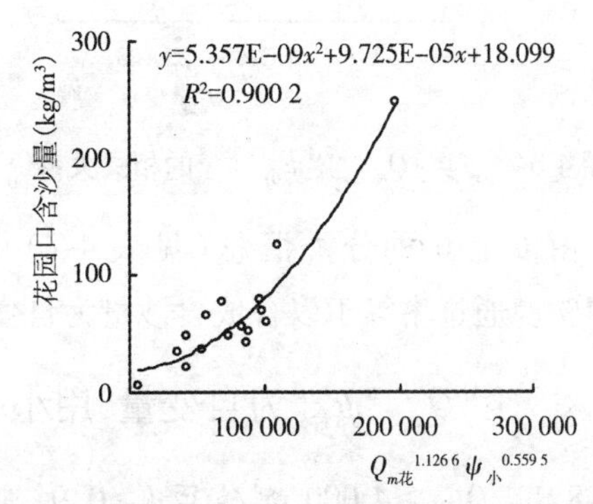

图4-51 $\rho_{花} \sim Q_{m花}{}^{1.126\ 6}\psi_{小}{}^{0.559\ 5}$ 的相关关系

4.4.7.3 $Q_{m花} \geq 4\ 000\ m^3/s$ 且 $0.7 \leq k < 0.8$

数据点25个,$\rho_{花} \sim Q_{m花}{}^{\alpha}\psi_{小}{}^{\beta}$ 相关关系如图4-52所示,相关系数为0.950,计算值的通过率分别为20/25 = 80%、21/25 = 84%。

4.4.7.4 $Q_{m花} \geq 4\ 000\ m^3/s$ 且 $k < 0.7$

数据点10个,$\rho_{花} \sim Q_{m花}{}^{\alpha}\psi_{小}{}^{\beta}$ 相关关系如图4-53所示,相关系数为0.971,计算值的通过

率均为 10/10 = 100%。

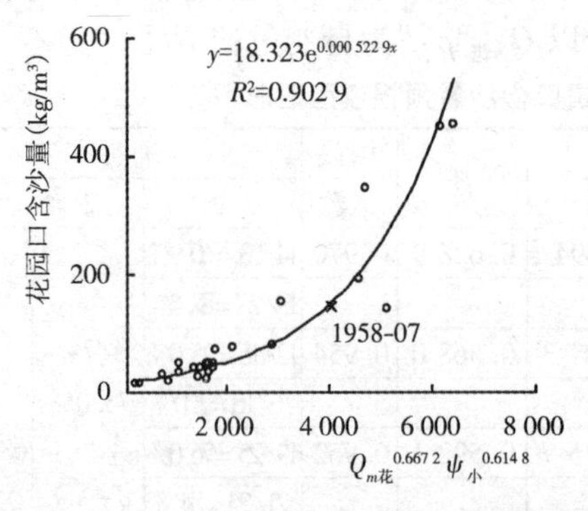

图 4-52 $\rho_{花} \sim Q_{m花}{}^{0.667\,2}\psi_{小}{}^{0.614\,8}$ 的相关关系

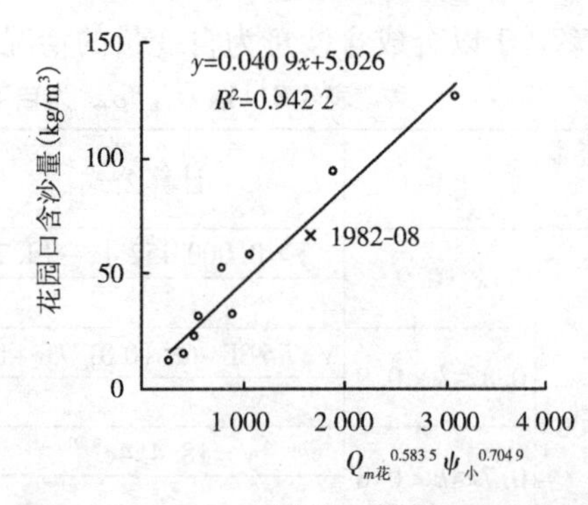

图 4-53 $\rho_{花} \sim Q_{m花}{}^{0.583\,5}\psi_{小}{}^{0.704\,9}$ 的相关关系

4.4.7.5 3 000 m³/s < Q_m < 4 000 m³/s 且 $k \geqslant 0.9$

数据点 12 个，$\rho_{花} \sim Q_{m花}{}^{\alpha}\psi_{小}{}^{\beta}$ 相关关系如图 4-54 所示，相关系数为 0.924，计算值的通过率分别为 6/12 = 50.0%、10/12 = 83.3%。

4.4.7.6 3 000 m³/s < Q_m < 4 000 m³/s 且 $k < 0.9$

数据点 8 个，$\rho_{花} \sim Q_{m花}{}^{\alpha}\psi_{小}{}^{\beta}$ 相关关系如图 4-55 所示，相关系数为 0.931，计算值的通过率分别为 7/8 = 87.5%、8/8 = 100%。

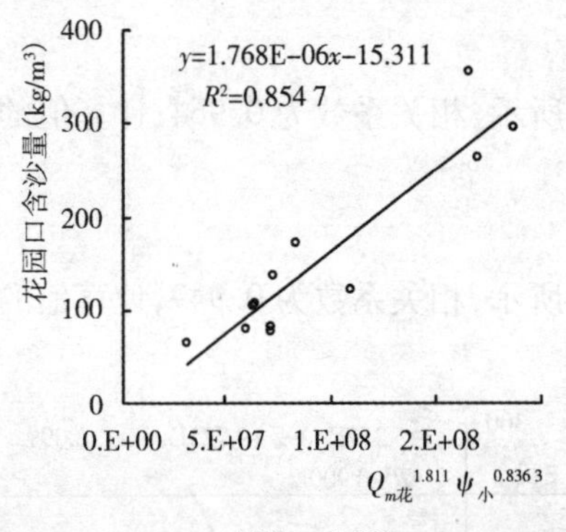

图 4-54 $\rho_{花} \sim Q_{m花}{}^{1.811}\psi_{小}{}^{0.836\,3}$ 的相关关系

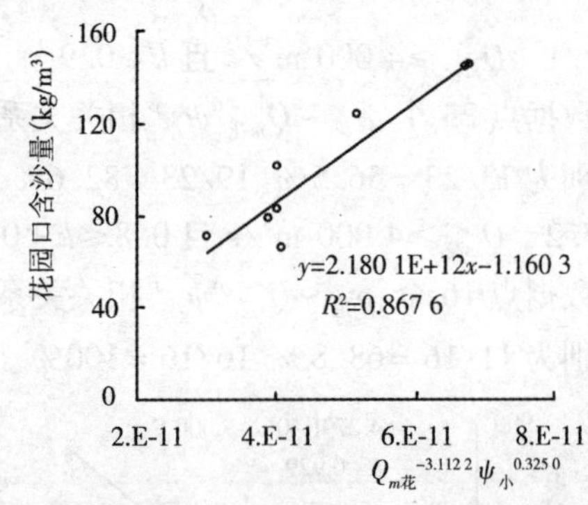

图 4-55 $\rho_{花} \sim Q_{m花}{}^{-3.112}\psi_{小}{}^{0.325\,0}$ 的相关关系

由以上 6 种分类汇总(见表 4-7)可知，总通过率分别为 67/94 = 71.3%、85/94 = 90.4%。通过率等于以合成含沙量为自变量的情况，但低于以 $Q_{m花}{}^{\alpha}\rho_{小}{}^{\beta}$ 为自变量的情况。

4.4.8 以 $Q_{m花}{}^{\alpha}\psi_{合}{}^{\beta}$ 为自变量，用小花洪峰比分类(模型 8)

4.4.8.1 $Q_{m花} \geqslant 4\,000$ m³/s 且 $k \geqslant 0.9$

数据点 23 个，$\rho_{花} \sim Q_{m花}{}^{\alpha}\psi_{合}{}^{\beta}$ 相关关系如图 4-56 所示，相关系数为 0.964，计算值的通过率分别为 12/23 = 52.2%、19/23 = 82.6%。

4.4.8.2 $Q_{m花} \geqslant 4\,000$ m³/s 且 $0.8 \leqslant k < 0.9$

数据点 16 个，$\rho_{花} \sim Q_{m花}{}^{\alpha}\psi_{合}{}^{\beta}$ 相关关系如图 4-57 所示，相关系数为 0.955，计算值的通过率分别为 11/16 = 68.8%、16/16 = 100%。

表 4-7　以 $Q_{m花}{}^{\alpha}\psi_{小}{}^{\beta}$ 为自变量的花园口含沙量预报模型汇总

洪峰流量 (m³/s)	k 值	计算公式	α	β	相关系数	通过率 1	通过率 2	通过率 3
≥4 000	k≥0.9	y = 4.279E − 6x − 9.000 5	1.736	0.656 9	0.964	13/23 = 56.5%	54/74 = 73.0%	67/94 = 71.3%
						19/23 = 82.6%	67/74 = 90.5%	85/94 = 90.4%
	0.8≤k<0.9	$y = 5.357\text{E}-9x^2 + 9.725\text{E}-5x + 18.099$	1.127	0.559 5	0.949	11/16 = 68.8%		
						16/16 = 100%		
	0.7≤k<0.8	$y = 18.323e^{0.000\,522\,9x}$	0.667 2	0.614 8	0.950	20/25 = 80.0%		
						21/25 = 84%		
	k<0.7	y = 0.040 9x + 5.026	0.583 5	0.704 9	0.971	10/10 = 100%		
						10/10 = 100%		
3 000 ~ 4 000	k≥0.9	y = 1.768E − 6x − 15.311	1.811	0.836 3	0.924	6/12 = 50.0%	13/20 = 66.5%	
						10/12 = 83.3%		
	k<0.9	y = 2.180 1E + 12x − 1.160 3	−3.112	0.325 0	0.931	7/8 = 87.5%	18/20 = 90%	
						8/8 = 100%		

注：①$\rho_{花} = f(x) = f(Q_{m花}{}^{\alpha}\psi_{小}{}^{\beta}, k)$；②通过率第 1 行为指标一、第 2 行为指标二。

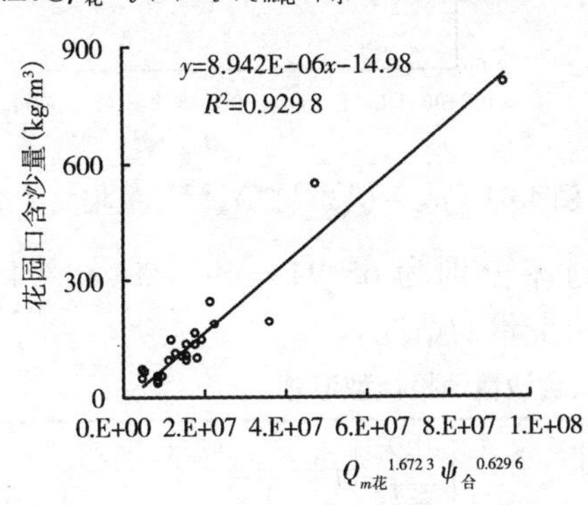

图 4-56　$\rho_{花} \sim Q_{m花}{}^{1.672\,3}\psi_{合}{}^{0.629\,6}$ 的相关关系

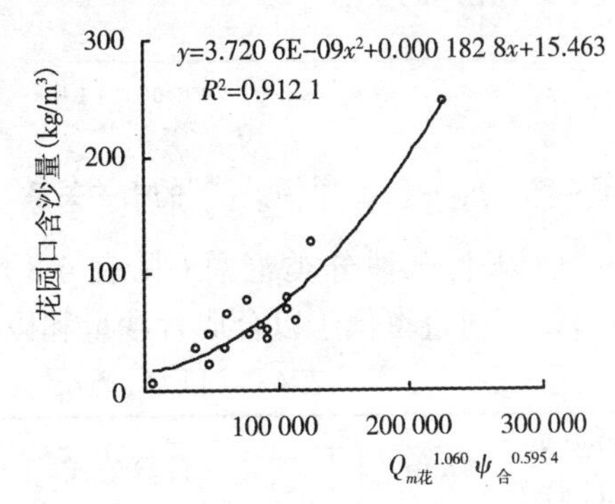

图 4-57　$\rho_{花} \sim Q_{m花}{}^{1.060}\psi_{合}{}^{0.595\,4}$ 的相关关系

4.4.8.3　$Q_{m花} \geq 4\ 000\ \text{m}^3/\text{s}$ 且 $0.7 \leq k < 0.8$

数据点 25 个，$\rho_{花} \sim Q_{m花}{}^{\alpha}\psi_{合}{}^{\beta}$ 相关关系如图 4-58 所示，相关系数为 0.949，计算值的通过率分别为 19/25 = 76.0%、21/25 = 84%。

4.4.8.4　$Q_{m花} \geq 4\ 000\ \text{m}^3/\text{s}$ 且 $k < 0.7$

数据点 10 个，$\rho_{花} \sim Q_{m花}{}^{\alpha}\psi_{合}{}^{\beta}$ 相关关系如图 4-59 所示，相关系数为 0.966，计算值的通过率均为 10/10 = 100%。

4.4.8.5　$3\ 000\ \text{m}^3/\text{s} < Q_m < 4\ 000\ \text{m}^3/\text{s}$ 且 $k \geq 0.9$

数据点 12 个，$\rho_{花} \sim Q_{m花}{}^{\alpha}\psi_{合}{}^{\beta}$ 相关关系如图 4-60 所示，相关系数为 0.926，计算值的通过率分别为 6/12 = 50.0%、10/12 = 83.3%。

4.4.8.6　$3\ 000\ \text{m}^3/\text{s} < Q_m < 4\ 000\ \text{m}^3/\text{s}$ 且 $k < 0.9$

数据点 8 个，$\rho_{花} \sim Q_{m花}{}^{\alpha}\psi_{合}{}^{\beta}$ 相关关系如图 4-61 所示，相关系数为 0.933，计算值的通过率分别为 7/8 = 87.5%、8/8 = 100%。

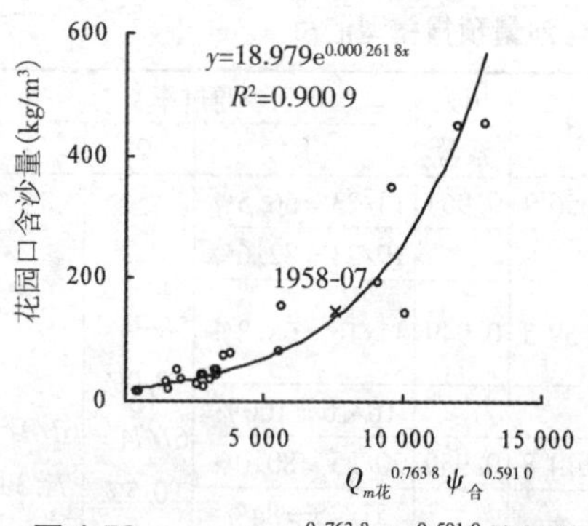

图 4-58 $\rho_{花} \sim Q_{m花}^{\ 0.763\,8}\psi_{合}^{\ 0.591\,0}$ 的相关关系

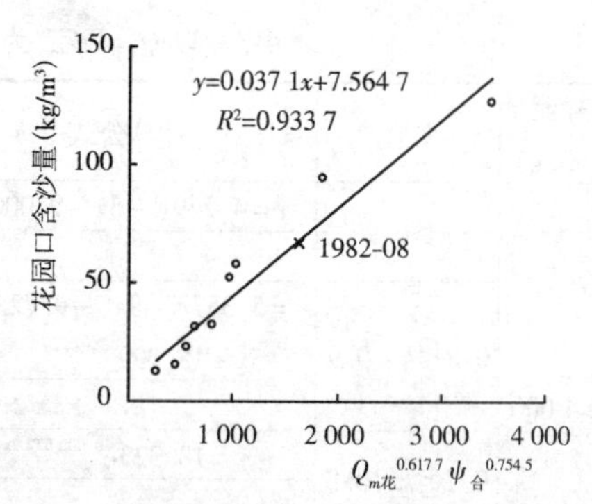

图 4-59 $\rho_{花} \sim Q_{m花}^{\ 0.617\,7}\psi_{合}^{\ 0.754\,5}$ 的相关关系

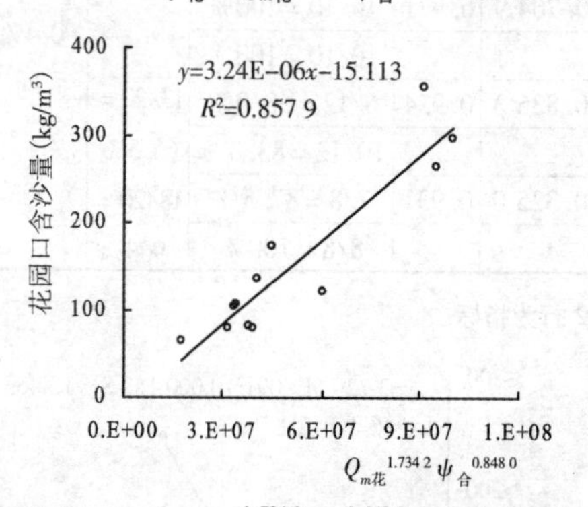

图 4-60 $\rho_{花} \sim Q_{m花}^{\ 1.734\,2}\psi_{合}^{\ 0.848\,0}$ 的相关关系

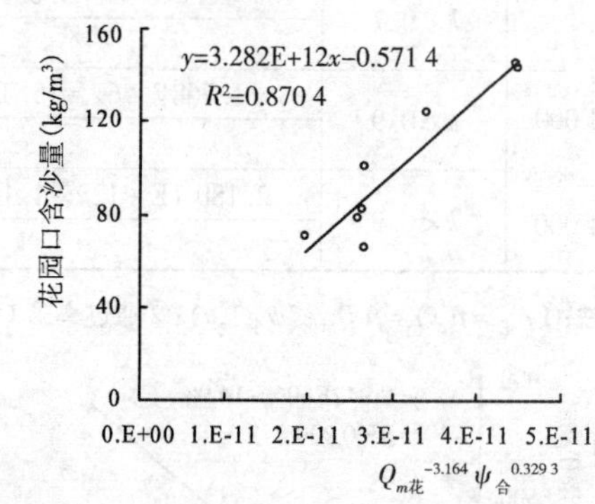

图 4-61 $\rho_{花} \sim Q_{m花}^{\ -3.164}\psi_{合}^{\ 0.329\,3}$ 的相关关系

由以上 6 种分类汇总(见表 4-8)可知,总通过率分别为 65/94 = 69.1%、84/94 = 89.4%。通过率低于以合成含沙量和以 $Q_{m花}^{\ \alpha}\psi_{合}^{\ \beta}$ 为自变量的情况。

表 4-8 以 $Q_{m花}^{\ \alpha}\psi_{合}^{\ \beta}$ 为自变量的花园口含沙量预报模型汇总

<table>
<tr><th rowspan="2">洪峰流量(m³/s)</th><th rowspan="2">k 值</th><th rowspan="2">计算公式</th><th rowspan="2">α</th><th rowspan="2">β</th><th rowspan="2">相关系数</th><th colspan="3">通过率</th></tr>
<tr><th>1</th><th>2</th><th>3</th></tr>
<tr><td rowspan="8">≥4 000</td><td rowspan="2">k≥0.9</td><td>y = 8.942E − 6x − 14.98</td><td>1.672 3</td><td>0.629 6</td><td>0.964</td><td>12/23 = 52.2%</td><td rowspan="8">52/74 = 70.3%
66/74 = 89.2%</td><td rowspan="12">65/94 = 69.1%
84/94 = 89.4%</td></tr>
<tr><td></td><td></td><td></td><td></td><td>19/23 = 82.6%</td></tr>
<tr><td rowspan="2">0.8≤k<0.9</td><td>$y = 3.721E-9x^2 + 0.000\,182\,8x + 15.46$</td><td>1.142</td><td>0.563 7</td><td>0.955</td><td>11/16 = 68.8%</td></tr>
<tr><td></td><td></td><td></td><td></td><td>16/16 = 100%</td></tr>
<tr><td rowspan="2">0.7≤k<0.8</td><td>$y = 18.979e^{0.000\,261\,8x}$</td><td>0.763 8</td><td>0.591 0</td><td>0.949</td><td>19/25 = 76.0%</td></tr>
<tr><td></td><td></td><td></td><td></td><td>21/25 = 84%</td></tr>
<tr><td rowspan="2">k<0.7</td><td>y = 0.037 1x + 7.564 7</td><td>0.617 7</td><td>0.754 5</td><td>0.966</td><td>10/10 = 100%</td></tr>
<tr><td></td><td></td><td></td><td></td><td>10/10 = 100%</td></tr>
<tr><td rowspan="4">3 000 ~ 4 000</td><td rowspan="2">k≥0.9</td><td>y = 3.24E − 6x − 15.113</td><td>1.734 2</td><td>0.848 0</td><td>0.926</td><td>6/12 = 50.0%</td><td rowspan="4">13/20 = 66.5%
18/20 = 90%</td></tr>
<tr><td></td><td></td><td></td><td></td><td>10/12 = 83.3%</td></tr>
<tr><td rowspan="2">k<0.9</td><td>y = 3.282E + 12x − 0.571 4</td><td>−3.164</td><td>0.329 3</td><td>0.933</td><td>7/8 = 87.5%</td></tr>
<tr><td></td><td></td><td></td><td></td><td>8/8 = 100%</td></tr>
</table>

注:① $\rho_{小} = f(x) = f(Q_{m花}^{\ \alpha}\psi_{合}^{\ \beta}, k)$;②通过率第 1 行为指标一、第 2 行为指标二。

4.4.9 用合成含沙量分类(模型9)

河道水流具有一定的挟沙能力,含沙量低时河道会发生冲刷,如调水调沙就是依据这个道理;而含沙量高时则会淤积。故本模型按输入站合成含沙量分类来建立预报模型。

小浪底来的泥沙,经过小花区间时,伊洛沁河加水会稀释泥沙,使含沙量降低,所以应考虑区间加水的影响,这里直接建立合成含沙量和合成来沙系数与花园口含沙量的关系,分别见图4-62和图4-63。

其中合成含沙量共分为4类:$\rho_{合} \geqslant 200\ kg/m^3$、$100\ kg/m^3 \leqslant \rho_{合} < 200\ kg/m^3$、$50\ kg/m^3 \leqslant \rho_{合} < 100\ kg/m^3$和$\rho_{合} < 50\ kg/m^3$。

4.4.9.1 $\rho_{合} \geqslant 200\ kg/m^3$

数据点26个,$\rho_{花} \sim Q_{m花}^{\alpha}\rho_{合}^{\beta}$相关系数为0.906,计算值的通过率分别为11/26 = 42.3%、13/26 = 50%。

4.4.9.2 $100\ kg/m^3 \leqslant \rho_{合} < 200\ kg/m^3$

数据点19个,$\rho_{花} \sim Q_{m花}^{\alpha}\rho_{合}^{\beta}$的相关系数为0.682,计算值的通过率分别为14/19 = 73.7%、18/19 = 94.7%。

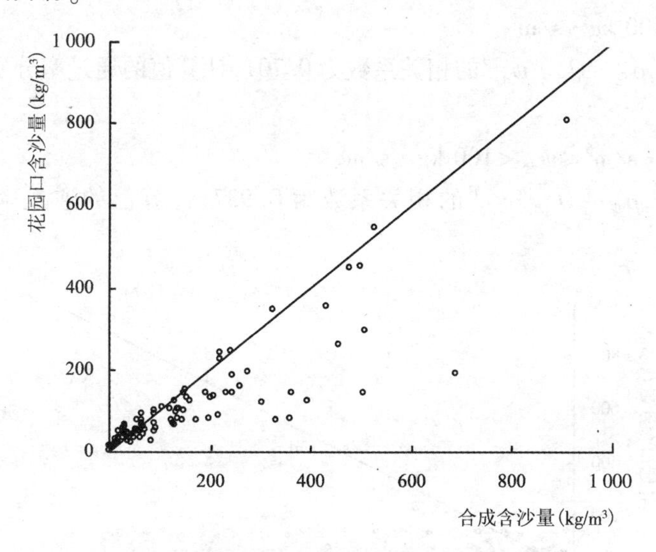

图4-62 花园口含沙量与合成含沙量关系

4.4.9.3 $50\ kg/m^3 \leqslant \rho_{合} < 100\ kg/m^3$

数据点21个,$\rho_{花} \sim Q_{m花}^{\alpha}\rho_{合}^{\beta}$相关系数为0.335,计算值的通过率分别为14/21 = 66.7%、20/21 = 95.2%。

4.4.9.4 $\rho_{合} < 50\ kg/m^3$

数据点28个,$\rho_{花} \sim Q_{m花}^{\alpha}\rho_{合}^{\beta}$相关系数为0.670,计算值的通过率分别为24/28 = 85.3%、28/28 = 100%。

由合成含沙量的分类汇总表4-9可知,每一种自变量与因变量以及实测值与计算值相关关系都不太好;总通过率分别为63/94 = 67.0%、79/94 = 84.0%。

表 4-9　用合成含沙量分类的花园口含沙量预报模型汇总

含沙量	计算公式	α	β	相关系数	通过率	
					分组通过率	总通过率
$\rho_{合} \geqslant 200$	$y = -2.905\ 1\mathrm{E}-9x^2 + 0.003\ 365x - 74.072$	0.838 8	0.754 7	0.906	11/26 = 42.3%	
					13/26 = 50%	
$100 \leqslant \rho_{合} < 200$	$y = -0.006\ 827x^2 + 2.894\ 9x - 159.07$	0.352 3	0.380 8	0.682	14/19 = 73.7%	63/94 =
					18/19 = 94.7%	67.0%
$50 \leqslant \rho_{合} < 100$	$y = -0.052\ 6x^2 + 8.205x - 250.71$	0.211 1	0.563 0	0.335	14/21 = 66.7%	79/94 =
					20/21 = 95.2%	84.0%
$\rho_{合} < 50$	$y = 4.277x + 1.857\ 6$	0.079 8	0.451 8	0.670	24/28 = 85.3%	
					28/28 = 100%	

注：①$\rho_{花} = f(\rho_{合})$；②通过率第 1 行为指标一、第 2 行为指标二。

4.4.10　用合成来沙系数分类(模型 10)

合成来沙系数与花园口含沙量的关系见图 4-63。

4.4.10.1　$\psi_{合} \geqslant 100$ kg·s/m^6

数据点 10 个，$\rho_{花} \sim Q_{m花}{}^{\alpha}\psi_{合}{}^{\beta}$的相关系数为 0.701，计算值的通过率分别为 2/10 = 20%、4/10 = 40%。

4.4.10.2　10 kg·s/m$^6 \leqslant \psi_{合} < 100$ kg·s/m^6

数据点 50 个，$\rho_{花} \sim Q_{m花}{}^{\alpha}\psi_{合}{}^{\beta}$的相关系数为 0.937，计算值的通过率分别为 28/50 = 56%、42/50 = 84%。

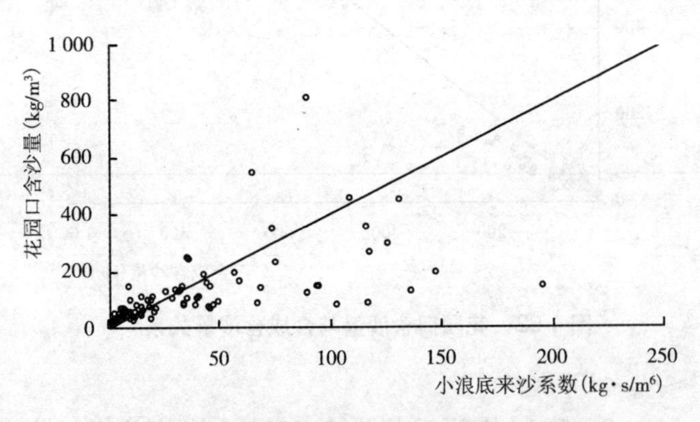

图 4-63　花园口含沙量与合成来沙系数关系

4.4.10.3　$\psi_{合} < 10$ kg·s/m^6

数据点 34 个，$\rho_{花} \sim Q_{m花}{}^{\alpha}\psi_{合}{}^{\beta}$相关系数为 0.874，计算值的通过率分别为 30/34 = 88.2%、34/34 = 100%。

由合成来沙系数的分类汇总表 4-10 可知，$\psi_{合} \geqslant 100$ kg·s/m^{6}时通过率仅 20%，总通过点数为 60(2 + 28 + 30)，总数据点为 94，总通过率为 60/94 = 63.8%。通过率低于以合成含沙量为自变量的情况。

表 4-10 用合成来沙系数分类的花园口含沙量预报模型汇总

含沙量	计算公式	α	β	相关系数	通过率	
					1	2
$\psi_{合} \geqslant 100$	$y = -2.408\text{E}-15x^2 + 2.238x - 92.663$	2.073	0.374 0	0.701	2/10 = 20%	60/94 = 63.8%
					4/10 = 40%	76/94 = 80.9%
$10 \leqslant \psi_{合} < 100$	$y = 1.544\text{E}-12x^2 + 7.484\text{E}-5x + 4.398\ 6$	1.273	0.936 0	0.937	28/50 = 56%	
					42/50 = 84%	
$\psi_{合} < 10$	$y = 0.092\ 1x - 5.481\ 6$	0.617 4	0.483 6	0.874	30/34 = 88.2%	
					34/34 = 100%	

注：①$\rho_{花} = f(\psi_{合})$；②通过率第 1 行为指标一、第 2 行为指标二。

4.5 模型的推荐

上述 10 种模型的相关系数和通过率成果见表 4-11。由于花园口洪峰流量起报标准为 4 000 m³/s，故模型 1 ~ 模型 10 主要在洪峰流量≥4 000 m³/s 的里面择优考虑。

表 4-11 10 种模型的通过率与有关的相关系数

模型	≥4 000 m³/s(74 场洪水)						<4 000 m³/s(20 场洪水)				总通过率(%)	
	相关系数				通过率(%)		相关系数		通过率(%)			
	$k \geqslant 0.9$	[0.8,0.9]	[0.7,0.8)	$k < 0.7$	指标一	指标二	$k \geqslant 0.9$	$k < 0.9$	指标一	指标二	指标一	指标二
1	0.968	0.891	0.977	0.941	64.9	86.5	0.902	0.550	60.0	85.0	63.8	86.2
2	0.974	0.908	0.986	0.931	68.9	87.8	0.907	0.538	60.0	90.0	67.0	88.3
3	0.906	0.730	0.962	0.887	56.8	82.4	0.904	0.655	60.0	85.0	57.4	83.0
4	0.929	0.760	0.967	0.874	59.5	85.1	0.912	0.641	60.0	85.0	59.6	85.1
5	0.969	0.948	0.953	0.959	77.0	90.5	0.910	0.921	70.0	90.0	75.5	90.4
6	0.970	0.954	0.952	0.971	73.0	89.2	0.912	0.924	70.0	90.0	72.3	89.4
7	0.964	0.949	0.950	0.971	73.0	90.5	0.924	0.931	66.5	90.0	71.3	90.4
8	0.964	0.955	0.949	0.977	70.3	89.2	0.926	0.933	66.5	90.0	69.1	89.4
9	≥200	[100,200)	[50,100)	<50							67.0	84.0
	0.906	0.682	0.335	0.670								
10	≥100	[10,100)	<10								63.8	80.9
	0.701	0.937	0.874									

由表 4-11 可以看出，10 种模型中，模型 5 通过率最高、模型 6 次之；不考虑 $Q \sim Q_s$ 的模型 1 ~ 模型 4 中，模型 2 通过率最高；考虑 $Q \sim Q_s$ 的模型 5 ~ 模型 8 中，模型 5 通过率最高；模型 9 和模型 10 相关系数都比较低。模型 2 自变量为输入站合成含沙量，比模型 6、7、8 要简单；模型 5 既考虑了主要来沙站小浪底的含沙量，又利用了预报站洪峰的最新信息，并且这一信息是所有输入站信息的综合。所以这里推荐采用模型 2、5、6。具体作业预报时，首先考虑模型 5、6，由于这两个模型要利用预报的洪峰流量，洪峰流量预报也有误差，所以也应综合考虑模型 2 的结果。

4.5.1 模型2的汇总分析

4.5.1.1 $Q_{m花} \geqslant 4\ 000\ m^3/s$

$Q_{m花} \geqslant 4\ 000\ m^3/s$ 的汇总图见图4-64。从图中可以看出 $k \geqslant 0.9$、$0.8 \leqslant k < 0.9$ 和 $0.7 \leqslant k < 0.8$ 的三条相关线非常接近，所以下面将三种情况合并起来（即 $k \geqslant 0.7$）计算。

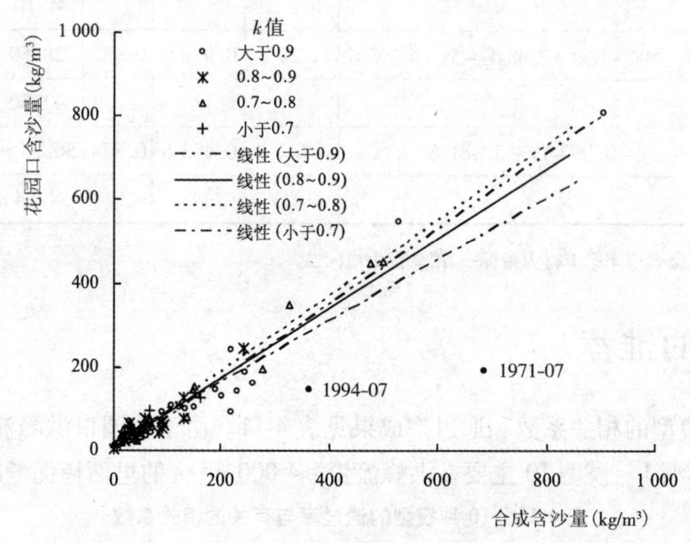

图4-64 $Q_{m花} \geqslant 4\ 000\ m^3/s$ 时 $\rho_{花} \sim \rho_{合}$ 按 k 分类的汇总图

(1) $Q_{m花} \geqslant 4\ 000\ m^3/s$ 且 $k \geqslant 0.7$。

数据点64个，$\rho_{花} \sim \rho_{合}$ 相关系数为0.976，计算值的通过率为43/64＝67.2%。其中1971年和1994年为特殊点，文字和图前已述及。

预报模型汇总见表4-12。$Q_{m花} \geqslant 4\ 000\ m^3/s$ 时，按 $k \geqslant 0.9$、$0.8 \leqslant k < 0.9$ 和 $0.7 \leqslant k < 0.8$ 分类的通过点数为12＋10＋20＝42，合并起来即按 $k \geqslant 0.7$ 的通过点数为43。$Q_{m花} \geqslant 4\ 000\ m^3/s$ 的通过率为52/74＝70.3%，94个点的总通过率依然为64/94＝68.1%。

表4-12 模型2汇总分析

指标	洪峰流量(m³/s)	k值	计算公式	相关系数	通过率 1	通过率 2	通过率 3
指标一	≥4 000	$k \geqslant 0.7$	$y = 0.885\ 8\rho_{合} + 0.838\ 1$	0.975	43/64＝67.2%	52/74＝70.3%	64/94＝68.1%
		$k < 0.7$	$y = 0.729\ 9\rho_{合} + 21.111$	0.931	9/10＝90%		
	3 000～4 000	$k \geqslant 0.9$	$y = 0.609\ 9\rho_{合} + 4.191\ 4$	0.907	8/12＝66.7%	12/20＝60%	
		$k < 0.9$	$y = 0.116\ 4\rho_{合} + 69.713$	0.538	4/8＝50%		
指标二	≥4 000	$k \geqslant 0.7$			59/64＝92.2%	69/74＝93.2%	87/94＝92.6%
		$k < 0.7$			10/10＝100%		
	3 000～4 000	$k \geqslant 0.9$			10/12＝83.3%	18/20＝90%	
		$k < 0.9$			8/8＝100%		

(2) $Q_{m花} \geqslant 4\ 000\ m^3/s$ 且 $k<0.7$。

由于图 4-64 中 $k<0.7$ 的数据点都在低值区，定线时如果不外延，与其他三条线也没有明显的区别。所以，这里对 $Q_{m花} \geqslant 4\ 000\ m^3/s$ 的所有点进行相关分析。数据点 74 个，$\rho_{花} \sim \rho_{合}$ 相关系数为 0.975，计算值的通过率为 50/74 = 67.6%。稍低于分为 $k \geqslant 0.7$ 和 $k<0.7$ 的通过率 52/74 = 70.3%。

4.5.1.2 $Q_{m花} < 4\ 000\ m^3/s$

$Q_{m花} < 4\ 000\ m^3/s$ 的汇总图见图 4-65。可以看出，两条线点据比较散乱；且 $k<0.9$ 的点 $\rho_{花}$ 位于 100 kg/m³左右，受合成含沙量影响不大。故不合并分析。

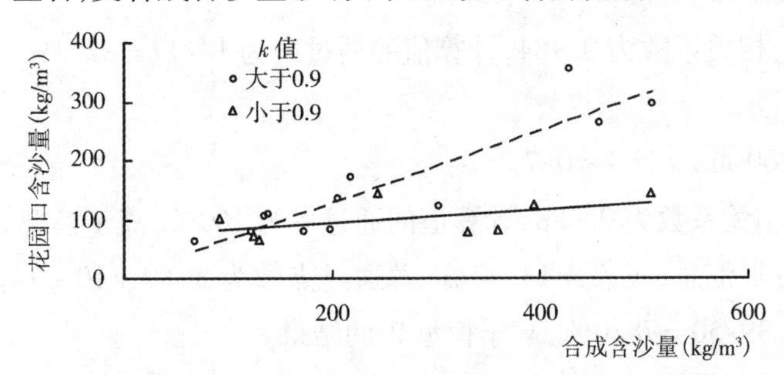

图 4-65 $Q_{m花} < 4\ 000\ m^3/s$ 时 $\rho_{花} \sim \rho_{合}$ 相关关系

4.5.1.3 **起初推荐采用模型 2**

经过图 4-64 ~ 图 4-65 以及相应文字的分析，这里，在采用模型 2 的基础上，推荐 $Q_{m花} \geqslant 4\ 000\ m^3/s$ 时，小花洪峰比分类为 $k \geqslant 0.7$ 和 $k<0.7$；$Q_{m花} < 4\ 000\ m^3/s$ 时，小花洪峰比分类为 $k \geqslant 0.9$ 和 $k<0.9$。

4.5.2 模型 5 的汇总分析

(1) $Q_{m花} \geqslant 4\ 000\ m^3/s$ 和 $k \geqslant 0.9$、$0.8 \leqslant k < 0.9$、$0.7 \leqslant k < 0.8$ 或 $k<0.7$ 时 $\rho_{花} \sim Q_{m花}{}^{\alpha} \rho_{小}{}^{\beta}$ 的相关关系分别见图 4-38 ~ 图 4-41。由于四种情况下横坐标的数量级分别为 10^6、10^3、10^2 和 10^1，差别太大，故不合并分析。

(2) $3\ 000\ m^3/s < Q_{m花} < 4\ 000\ m^3/s$ 时 $k \geqslant 0.9$ 和 $k<0.9$ 的 $\rho_{花} \sim Q_{m花}{}^{\alpha} \rho_{小}{}^{\beta}$ 的相关关系分别见图 4-42、图 4-43。由于两种情况下横坐标数量级分别为 10^5、10^{-11}，差别太大，故不合并分析。

4.5.3 1974 年后花园口预报模型的建立

三门峡水库于 1960 年 9 月正式投入运用，经历了蓄水拦沙、滞洪排沙及蓄清排浑控制运用三个不同运用时期。1964 年 11 月至 1973 年 10 月为三门峡水库滞洪排沙运用。1973 年底水库开始按上述原则实行蓄清排浑控制运用[19]。

上述所有点子参加建立模型时，推荐采用模型 2、5、6，所以 1974 年以来的系列仅分析这 3 个模型。由于原来系列花园口洪峰流量在 3 000 ~ 4 000 m³/s 的点子仅 20 个，考虑 1974 年之后点子会更少，因此本处只对大于 4 000 m³/s 的洪峰流量做了分析。由于数据系列与原来不同，所以通过率仅采用指标一。

4.5.3.1 以输入站合成含沙量为自变量，用小花洪峰比分类

(1) $Q_{m花} \geq 4\ 000\ m^3/s$ 且 $k \geq 0.9$。

数据点16个，相关系数为0.979，计算值的通过率为9/16 = 56.3%。比模型2略有提高。

(2) $Q_{m花} \geq 4\ 000\ m^3/s$ 且 $0.8 \leq k < 0.9$。

数据点11个，相关系数为0.728，计算值的通过率为10/11 = 90.9%，相关系数低于模型2，通过率高于模型2。

(3) $Q_{m花} \geq 4\ 000\ m^3/s$ 且 $0.7 \leq k < 0.8$。

数据点17个，相关系数为0.984，计算值的通过率为14/17 = 82.4%。相关系数和通过率略高于模型2。

(4) $Q_{m花} \geq 4\ 000\ m^3/s$ 且 $k < 0.7$。

数据点6个，相关系数为0.988，计算值的通过率为100%，高于模型2。

由以上4种分类汇总(见表4-13)可知，总通过点数为39(9 + 10 + 14 + 6)，总数据点为50个，总通过率为39/50 = 78.0%，高于模型2的结果。

表4-13 以合成含沙量为自变量的花园口含沙量预报模型汇总(1974年以后)

洪峰流量(m^3/s)	k值	计算公式	拟合相关系数	通过率	
				分组	总
≥4 000	$k \geq 0.9$	$\rho_{花} = 0.938\ 1\rho_{合} - 28.063$	0.979	9/16 = 56.3%	39/50 = 78.0%
	$0.8 \leq k < 0.9$	$\rho_{花} = 0.374\ 4\rho_{合} + 28.202$	0.728	10/11 = 90.9%	
	$0.7 \leq k < 0.8$	$\rho_{花} = 0.861\rho_{合} + 1.557\ 1$	0.984	14/17 = 82.4%	
	$k < 0.7$	$\rho_{花} = 0.662\ 2\rho_{合} + 21.795$	0.988	6/6 = 100%	

注：$\rho_{花} = f(\rho_{合}, k)$。

4.5.3.2 以 $Q_{m花}{}^{\alpha}\rho_{小}{}^{\beta}$ 为自变量，用小花洪峰比分类

(1) $Q_{m花} \geq 4\ 000\ m^3/s$ 且 $k \geq 0.9$。

数据点16个，相关系数为0.973，计算值的通过率为9/16 = 56.3%，通过率低于模型5。

(2) $Q_{m花} \geq 4\ 000\ m^3/s$ 且 $0.8 \leq k < 0.9$。

数据点11个，相关系数为0.732，计算值的通过率为10/11 = 90.9%，相关系数低于模型5，通过率高于模型5。

(3) $Q_{m花} \geq 4\ 000\ m^3/s$ 且 $0.7 \leq k < 0.8$。

数据点17个，相关系数为0.934，计算值的通过率为13/17 = 76.5%，均低于模型5。

(4) $Q_{m花} \geq 4\ 000\ m^3/s$ 且 $k < 0.7$。

数据点6个，相关系数为0.982，计算值的通过率为100%。

由以上4种分类汇总(见表4-14)可知，总通过点数为38(9 + 10 + 13 + 6)，总数据点为50个，总通过率为38/50 = 76%，与模型5结果非常接近。

表 4-14　以 $Q_{m花}{}^{\alpha}\rho_{小}{}^{\beta}$ 为自变量的花园口含沙量预报模型汇总(1974 年以后)

<table>
<tr><th rowspan="2">洪峰流量
(m^3/s)</th><th rowspan="2">k 值</th><th rowspan="2">计算公式</th><th rowspan="2">α</th><th rowspan="2">β</th><th rowspan="2">相关
系数</th><th colspan="2">通过率</th></tr>
<tr><th>1</th><th>2</th></tr>
<tr><td rowspan="4">≥4 000</td><td>$k \geq 0.9$</td><td>$y = 0.000\ 311\ 7x + 29.816$</td><td>0.895 3</td><td>0.948 4</td><td>0.973</td><td>9/16 = 56.3%</td><td rowspan="4">38/50 = 76%</td></tr>
<tr><td>$0.8 \leq k < 0.9$</td><td>$y = 3.816x + 4.090\ 5$</td><td>0.071 5</td><td>0.459 7</td><td>0.732</td><td>10/11 = 90.9%</td></tr>
<tr><td>$0.7 \leq k < 0.8$</td><td>$y = 0.032\ 1x - 11.246$</td><td>0.419 5</td><td>0.911 9</td><td>0.934</td><td>13/17 = 76.5%</td></tr>
<tr><td>$k < 0.7$</td><td>$y = 5.457\ 7x + 0.736\ 6$</td><td>-0.030 7</td><td>0.605 5</td><td>0.982</td><td>6/6 = 100%</td></tr>
</table>

注：$\rho_{花} = f(x) = f(Q_{m花}{}^{\alpha}\rho_{小}{}^{\beta}, k)$。

4.5.3.3　以 $Q_{m花}{}^{\alpha}\rho_{合}{}^{\beta}$ 为自变量，用小花洪峰比分类

(1) $Q_{m花} \geq 4\ 000\ m^3/s$ 且 $k \geq 0.9$。

数据点 16 个，相关系数为 0.977，计算值的通过率为 10/16 = 62.5%，二者均略高于模型 6。

(2) $Q_{m花} \geq 4\ 000\ m^3/s$ 且 $0.8 \leq k < 0.9$。

数据点 11 个，相关系数为 0.752，计算值的通过率为 10/11 = 90.9%，相关系数低于模型 6，通过率高于模型 6。

(3) $Q_{m花} \geq 4\ 000\ m^3/s$ 且 $0.7 \leq k < 0.8$。

数据点 17 个，相关系数为 0.929，计算值的通过率为 14/17 = 82.4%，相关系数低于模型 6，通过率高于模型 6。

(4) $Q_{m花} \geq 4\ 000\ m^3/s$ 且 $k < 0.7$。

数据点 6 个，相关系数为 0.994，计算值的通过率为 100%。

由以上 4 种分类汇总(见表 4-15)可知，总通过点数为 40(10 + 10 + 14 + 6)，总数据点为 50 个，总通过率为 40/50 = 80%，高于模型 6 的结果。

表 4-15　以 $Q_{m花}{}^{\alpha}\rho_{合}{}^{\beta}$ 为自变量的花园口含沙量预报模型汇总(1974 年以后)

<table>
<tr><th rowspan="2">洪峰流量
(m^3/s)</th><th rowspan="2">k 值</th><th rowspan="2">计算公式</th><th rowspan="2">α</th><th rowspan="2">β</th><th rowspan="2">相关
系数</th><th colspan="2">通过率</th></tr>
<tr><th>1</th><th>2</th></tr>
<tr><td rowspan="4">≥4 000</td><td>$k \geq 0.9$</td><td>$y = 0.000\ 835\ 7x + 26.028$</td><td>0.788 3</td><td>0.954 8</td><td>0.977</td><td>10/16 = 62.5%</td><td rowspan="4">40/50 = 80%</td></tr>
<tr><td>$0.8 \leq k < 0.9$</td><td>$y = 2.454\ 3x + 3.499\ 4$</td><td>0.117 9</td><td>0.481 8</td><td>0.752</td><td>10/11 = 90.9%</td></tr>
<tr><td>$0.7 \leq k < 0.8$</td><td>$y = 0.048x - 8.417\ 9$</td><td>0.417 8</td><td>0.855 2</td><td>0.929</td><td>14/17 = 82.4%</td></tr>
<tr><td>$k < 0.7$</td><td>$y = 7.604\ 4x + 2.729\ 9$</td><td>-0.058 2</td><td>0.652 6</td><td>0.994</td><td>6/6 = 100%</td></tr>
</table>

注：$\rho_{花} = f(x) = f(Q_{m花}{}^{\alpha}\rho_{合}{}^{\beta}, k)$。

由于在考虑三门峡水库滞洪拦沙后，方案 2、6 的模型通过率分别为 78.0% 和 80.0%，明显高于原来的 68.9% 和 73.0%，因此最终推荐采用 1974 年以后的方案。

4.6　预报模型拟合检验

模型 2 的小浪底—花园口沙峰相关成果见表 4-16。

表 4-16 模型 2 的小浪底—花园口沙峰相关成果

序号	年份	小浪底		花园口		小浪底		花园口			预报误差	许可误差	通过否	
		时间（月-日T时:分）	$Q_{m小}$ (m^3/s)	时间（月-日T时:分）	$Q_{m花}$ (m^3/s)	时间（月-日T时:分）	$\rho_{小}$ (kg/m^3)	时间（月-日T时:分）	$\rho_{花实}$ (kg/m^3)	$\rho_{花预}$ (kg/m^3)			指标一	指标二
1	1957	07-18T18:00	6 990	07-19T13:00	13 000	07-15T15:00	122	07-16T11:00	94.3	68.5	25.8	20	否	
2	1958	07-17T10:00	17 000	07-18T00:00	22 300	07-17T02:00	240	07-17T16:35	146	139	4.5	20		
3	1961	10-18T16:11	4 990	10-19T24:00	6 300	10-18T00:00	1.87	10-19T12:00	15.5	6	9.2	20		
4	1961	10-24T00:00	4 940	10-25T04:00	5 630	10-24T08:00	0.88	10-25T08:00	5.47	8	2.5	20		
5	1962	08-15T21:00	4 530	08-16T14:50	6 080	08-16T18:00	20.8	08-17T00:00	19.4	19	0.8	20		
6	1963	09-23T18:00	3 980	09-24T12:00	5 620	09-23T18:00	2.9	09-24T16:00	15.8	7	8.9	20		
7	1964	07-17T04:00	4 860	07-18T12:00	5 040	07-17T18:00	39.1	07-18T08:00	44.4	17	26.9	20	否	
8	1964	07-27T13:00	6 920	07-28T09:00	9 430	07-27T14:10	28.9	07-28T14:00	50.5	21	29.6	20	否	
9	1964	日平均	4 980	09-24T18:00	8 130	日平均	15.6	09-24T08:00	14.8	28.6	13.8	20		
10	1964	日平均	4 790	10-05T23:00	7 690	日平均	8.35	10-05T18:00	12.1	24.9	12.8	20		
11	1965	07-23T16:00	3 520	07-22T22:00	6 440	07-22T00:00	49.8	07-23T08:00	57.8	40.6	17.2	20		
12	1966	07-31T00:00	6 830	07-31T24:00	8 480	07-30T12:00	250	07-31T08:00	247	209	15.3	20		
13	1966	09-18T08:00	4 970	09-18T19:00	5 130	09-18T08:00	30.1	09-18T08:00	67.3	16	51.4	20	否	否
14	1967	08-05T20:00	4 570	08-05T19:00	5 100	08-06T08:00	29.4	08-06T08:30	48.2	31	17.1	20		
15	1967	08-13T13:00	5 970	08-14T00:00	6 260	08-13T12:00	130	08-14T09:00	105	98	6.8	20		
16	1967	08-24T13:00	5 170	08-25T11:00	5 700	08-24T20:00	167	08-25T11:00	103	123	19.2	20		
17	1967	09-03T17:20	5 000	09-04T08:00	5 520	09-03T12:00	94.3	09-04T16:00	92.9	69	23.5	20	否	
18	1968	07-21T18:30	4 920	07-22T18:00	5 450	07-21T20:00	43.4	07-22T09:00	63.2	17	46.3	20	否	否
19	1968	09-15T18:00	5 880	09-16T04:00	7 150	09-14T08:00	32.9	09-15T08:30	65.7	32	33.7	20	否	
20	1968	10-13T08:00	5 580	10-14T00:00	7 340	10-14T08:00	15.2	日平均	29.9	17	13.4	20		
21	1970	08-30T12:00	4 960	08-31T02:00	5 830	08-30T16:00	132	08-31T08:00	126	115	8.8	20		
22	1971	07-27T17:20	4 640	07-28T19:40	5 040	07-27T11:38	700	07-28T19:40	192	606	215.7	20	否	否
23	1973	08-30T00:00	3 630	08-30T22:00	5 020	08-28T19:00	512	08-29T18:00	449	436	2.8	20		

续表 4-16

序号	年份	小浪底		花园口		小浪底		花园口			预报误差	许可误差	通过否	
		时间（月-日T时:分）	$Q_{m小}$ (m^3/s)	时间（月-日T时:分）	$Q_{m花}$ (m^3/s)	时间（月-日T时:分）	$\rho_{小}$ (kg/m^3)	时间（月-日T时:分）	$\rho_{花实}$ (kg/m^3)	$\rho_{花预}$ (kg/m^3)			指标一	指标二
24	1973	09-02T12:00	4 400	09-03T10:00	5 890	09-02T08:00	338	09-03T12:00	348	299	13.9	20		
25	1975	08-09T04:00	2 860	08-10T04:00	5 660	08-09T08:00	35.3	08-09T16:40	32.5	33.8	1.3	20		
26	1975	08-14T08:00	4 270	08-15T05:30	5 580	08-14T20:00	64.1	08-15T17:00	35.8	51	14.8	20		
27	1975	09-22T08:00	4 820	09-23T05:00	5 970	09-22T16:00	100	09-23T17:30	69.1	82	12.9	20		
28	1975	10-02T02:00	5 480	10-02T08:00	7 580	10-02T08:00	48.2	10-02T12:00	42.7	38	4.3	20		
29	1976	07-31T14:00	4 370	08-01T00:00	5 020	08-01T10:15	105	08-02T18:00	52.3	83	30.3	20	否	
30	1976	08-05T00:21	4 660	08-05T15:40	5 120	08-05T00:21	73.4	08-05T16:00	41.6	51	9.1	20		
31	1976	08-21T00:36	6 180	08-21T17:00	5 510	08-21T12:00	82.8	08-22T17:00	53	55	1.7	20		
32	1976	08-28T00:00	7 360	08-27T07:00	9 210	08-26T00:00	61.6	08-26T09:30	51.9	52	0.3	20		
33	1976	08-31T18:00	7 970	09-01T07:00	9 090	08-31T18:00	42.6	09-01T10:00	47.8	38	9.7	20		
34	1976	09-09T08:00	5 940	09-09T20:00	6 550	09-09T14:00	55.7	09-10T08:30	53.7	37	16.9	20		
35	1977	07-08T15:30	8 100	07-09T19:00	8 100	07-09T08:00	535	07-10T06:00	546	463	15.2	20		
36	1977	08-04T15:00	6 960	08-04T23:00	7 320	08-04T13:00	146	08-05T10:30	98.7	109	10.6	20		
37	1977	08-07T21:00	10 100	08-08T12:48	10 800	08-07T19:00	941	08-08T13:00	809	803	0.7	20		
38	1978	07-29T14:40	3 990	07-30T04:00	5 260	07-29T10:00	156	07-30T05:30	81.9	127	45.2	20	否	否
39	1978	09-19T17:30	5 610	09-20T12:00	5 640	09-19T17:30	62.5	09-20T12:00	33.3	45	11.7	20		
40	1979	08-13T15:00	7 240	08-14T11:00	6 600	08-13T11:30	107	08-14T11:40	108	85	21.6	20	否	
41	1979	08-15T16:00	6 210	08-16T04:00	5 900	08-15T08:00	208	08-16T06:50	132	171	29.4	20	否	
42	1981	07-16T20:00	4 190	07-17T07:30	5 350	07-16T20:00	65.6	07-17T08:18	49	58	8.6	20		
43	1981	08-25T04:00	4 520	08-25T08:30	5 720	08-25T08:00	72.3	08-25T17:30	71.9	65	7.0	20		
44	1981	08-27T00:00	4 570	08-27T06:00	5 470	08-26T18:00	59.1	08-27T02:00	77.7	55	23.1	20	否	
45	1981	09-10T03:00	6 200	09-10T00:40	8 060	09-10T00:00	45.1	09-10T09:00	41.7	40	1.9	20		
46	1981	09-29T18:00	5 840	09-30T07:00	7 050	09-29T18:00	19.6	09-30T07:00	21.5	23	1.9	20		

续表 4-16

序号	年份	小浪底		花园口		小浪底		花园口			预报误差	许可误差	通过否	
		时间（月-日T时:分）	$Q_{m小}$ (m^3/s)	时间（月-日T时:分）	$Q_{m花}$ (m^3/s)	时间（月-日T时:分）	$\rho_{小}$ (kg/m^3)	时间（月-日T时:分）	$\rho_{花实}$ (kg/m^3)	$\rho_{花预}$ (kg/m^3)			指标一	指标二
47	1982	08-02T04:30	9 340	08-02T19:00	15 300	08-03T14:54	120	08-04T07:00	66.6	67.6	1.0	20		
48	1982	08-14T15:16	5 340	08-15T06:24	6 850	08-14T15:16	70	08-15T06:24	49.9	52	2.0	20		
49	1983	08-02T04:00	5 920	08-02T20:00	8 180	08-01T19:00	61.7	08-02T06:00	42.1	48	5.9	20		
50	1983	10-07T16:00	4 600	10-08T04:00	6 960	10-07T18:00	24.1	10-08T13:30	31.3	33.5	2.2	20		
51	1984	07-08T19:37	3 860	07-08T16:00	5 160	07-08T05:30	60.8	07-08T18:00	24.4	45	20.5	20	否	
52	1984	08-02T23:00	5 010	08-03T12:00	5 570	08-03T00:00	41.4	08-03T16:12	36	40	4.4	20		
53	1984	08-05T23:00	6 100	08-06T18:00	6 990	08-06T08:00	97.1	08-06T18:00	59.7	85	25.7	20	否	
54	1984	09-08T22:00	4 080	09-09T24:00	5 150	09-08T17:30	32.5	09-09T08:00	35	29	5.6	20		
55	1984	09-11T19:30	4 110	09-12T04:00	5 300	09-12T00:00	52.6	09-12T08:00	28.4	40	11.4	20		
56	1984	09-25T20:00	4 180	09-26T00:00	6 460	09-25T20:00	21.2	09-26T10:18	22.8	31.1	8.3	20		
57	1985	09-16T20:00	5 450	09-17T17:00	8 260	09-17T00:00	41.3	09-17T15:54	52.2	43.5	8.7	20		
58	1985	09-26T20:00	4 800	09-26T12:00	5 600	09-26T08:48	18.2	09-26T18:00	34.7	22	13.1	20		
59	1987	08-28T13:30	4 370	08-29T03:00	4 600	08-28T15:00	221	08-29T08:18	90.8	185	94.6	20	否	否
60	1988	07-09T12:00	3 210	07-10T16:00	3 590	07-09T20:15	335	07-10T24:00	78.2	108.3	30.1	20	否	
61	1988	07-25T18:00	3 630	07-26T16:00	3 790	07-26T00:00	129	07-27T02:00	79.5	79.5	0.0	20		
62	1988	08-08T08:00	5 750	08-09T01:30	6 160	08-08T10:24	202	08-08T23:30	144	161	11.6	20		
63	1988	08-11T20:00	4 810	08-12T10:00	6 640	08-11T20:00	310	08-12T15:12	194	256	31.7	20	否	否
64	1988	08-15T23:00	5 140	08-16T20:00	6 800	08-16T00:00	91.5	08-16T21:00	76.5	65	11.4	20		
65	1988	08-20T10:24	5 750	08-21T02:00	7 000	08-20T10:24	63.9	08-21T14:00	56	53	2.9	20		
66	1989	07-19T15:00	2 830	07-20T04:00	3 270	07-20T00:00	138	07-20T18:18	65.5	84.8	19.3	20		
67	1989	07-24T17:00	5 720	07-25T08:00	6 100	07-24T20:00	255	07-25T08:00	188	210	11.7	20		
68	1989	08-20T22:00	4 290	08-21T11:00	5 140	08-21T03:00	96.2	08-22T08:30	43	76	33.4	20	否	
69	1990	07-09T07:30	3 750	07-09T20:00	4 440	07-09T08:24	136	07-10T02:00	78.5	116	37.1	20	否	
70	1990	08-31T04:00	2 770	08-31T12:00	3 590	08-31T00:00	128	09-01T07:00	70.9	84.3	13.4	20		

续表 4-16

序号	年份	小浪底		花园口		小浪底		花园口			预报误差	许可误差	通过否	
		时间（月-日 T 时:分）	$Q_{m小}$ (m³/s)	时间（月-日 T 时:分）	$Q_{m花}$ (m³/s)	时间（月-日 T 时:分）	$\rho_{小}$ (kg/m³)	时间（月-日 T 时:分）	$\rho_{花实}$ (kg/m³)	$\rho_{花预}$ (kg/m³)			指标一	指标二
71	1991	06-13T20:00	2 560	06-14T12:30	3 190	06-14T02:00	93.1	06-15T02:00	101	80.3	20.5	20	否	
72	1992	08-15T15:42	4 550	08-16T19:00	6 430	08-15T15:42	525	08-16T02:00	454	456	0.4	20		
73	1992	08-23T16:00	3 180	08-23T22:00	3 340	08-24T08:00	70.8	08-24T09:36	63.4	46.6	16.8	20		
74	1992	09-02T16:54	3 400	09-03T04:00	3 640	09-03T08:00	143	09-03T24:00	107	88.7	17.1	20		
75	1993	07-24T02:42	3 070	07-24T18:36	3 620	07-24T06:00	376	07-24T12:00	82.9	111.6	28.7	20	否	
76	1993	08-07T01:00	3 380	08-07T08:36	4 300	08-07T04:00	182	08-07T16:00	154	142	8.0	20		
77	1994	07-10T11:00	3 840	07-10T20:00	5 170	07-11T04:48	378	07-11T16:42	144	334	132.2	20	否	否
78	1994	07-27T23:00	3 390	07-28T07:36	3 640	07-27T18:00	140	07-28T07:36	104	86.7	16.6	20		
79	1994	08-07T12:00	6 040	08-08T11:20	6 300	08-06T23:00	364	08-08T06:30	241	187	22.4	20	否	
80	1994	08-14T15:00	3 680	08-15T02:00	3 800	08-14T12:00	441	08-15T08:54	355	265.9	25.1	20	否	否
81	1994	09-02T10:30	3 870	09-03T07:48	3 860	09-03T08:30	460	09-04T16:00	263	282.5	7.4	20		
82	1995	07-20T06:12	2 580	07-20T21:00	3 230	07-20T06:12	514	07-21T06:18	144	128.5	10.7	20		
83	1995	08-01T00:42	3 630	08-01T17:00	3 630	08-01T04:00	176	08-01T22:00	78.1	110.0	31.9	20	否	
84	1995	08-07T19:24	2 980	08-08T12:00	3 080	08-07T19:24	209	08-08T10:00	136	130.1	4.4	20		
85	1995	09-04T00:00	3 390	09-04T17:42	3 400	09-04T04:00	315	09-04T12:18	121	189.5	56.6	20	否	否
86	1995	09-06T06:00	2 900	09-06T16:30	3 130	09-05T17:00	231	09-06T08:36	172	137.5	20.0	20	否	
87	1996	07-18T04:00	2 880	07-18T13:36	3 400	07-18T06:00	420	07-18T19:24	124	115.5	6.9	20		
88	1996	07-31T20:06	5 030	08-02T04:00	4 040	07-31T20:06	280	08-02T06:12	143	197	37.7	20	否	否
89	1996	08-04T00:00	5 020	08-05T15:30	7 860	08-03T20:00	269	08-04T20:00	126	138.2	9.7	20		
90	1996	08-12T04:00	5 090	08-13T02:00	5 560	08-13T16:00	319	08-13T07:00	131	129	1.4	20		
91	1997	08-03T01:36	4 030	08-04T03:04	3 860	08-03T02:00	539	08-04T05:00	296	313.8	6.0	20		
92	1998	07-10T19:00	2 580	07-11T00:00	3 000	07-10T13:00	262	07-11T12:00	145	98.1	32.3	20	否	
93	1998	07-15T17:00	4 390	07-16T16:00	4 660	07-15T12:00	286	07-16T12:00	161	222	38.2	20	否	否
94	1998	08-25T22:00	2 930	08-26T14:00	3 000	08-26T08:30	216	08-27T16:00	81.1	125.3	44.2	20	否	

注:花园口沙峰小于临界值 100 kg/m³ 的预报误差和许可误差的单位为 kg/m³，其余单位为%（下同）。

第 5 章　夹河滩及以下各站次洪最大含沙量预报方法研究

5.1　河段概况

花园口至黄河入海口为下游，流域面积 22 000 km^2，占全河面积 3%，河道长 768 km，平均比降 1.2‰。沙质河床，河道宽浅多变，水位流量关系极不稳定。

黄河下游河道，北岸自孟县以下，南岸自郑州铁桥以下，除东平湖陈山口到济南玉符河地段傍依山麓外，两岸建有全长为 1 370 km 的临黄大堤。由于泥沙大量淤积，下游河道逐年抬高，目前河槽一般高出堤外地面 3 ~ 5 km，是世界上著名的“地上悬河”。

花园口至高村河段，河长 189 km，两岸堤距 5 ~ 10 km，最宽达 20 km，河槽宽度为 1 ~ 3.5 km，河道中沙洲密布，串沟众多，主流多变，河势摆动频繁，摆动幅度可达 5 ~ 7 km，水流宽、浅、散、乱，属游荡性河段。

高村至陶城铺河段，河长 165 km，两岸堤距 1.5 ~ 8.0 km，河槽宽 0.5 ~ 1.6 km，属过渡性河段。陶城铺至利津河段，河长 310 km，两岸堤距 0.4 ~ 5 km，河槽宽 0.4 ~ 1.2 km，受制于险工、护岸工程，属弯曲性河道。

黄河下游由于河床高悬，汇入支流很少，流域面积大于 1 000 km^2 的支流仅有天然文岩渠、金堤河和大汶河三条。前二者由于地势低洼，入黄困难，故对黄河水沙影响不大；后者实测最大 12 天洪量可达 10 亿 ~ 14 亿 m^3，对东平湖分洪量有一定影响。

5.2　资料选用

本次选用了 1960 ~ 2000 年夹河滩 86 场、高村 94 场、孙口 74 场、艾山 74 场、泺口 88 场和利津 84 场洪峰流量大于等于 3 000 m^3/s 的实测洪水资料，其中 1960 ~ 1986 年是按花园口洪峰流量大于等于 5 000 m^3/s 来摘取夹河滩及以下各站资料的。另外“54 · 8”、“57 · 7”和“58 · 7”三场洪水也参加模型研制。以花园口为标准，对于选定的一场洪水，按照洪水传播时间来同时摘录下游 7 站的洪峰和沙峰以及相应的峰现时间。

5.3　精度控制

夹河滩及以下各站含沙量预报精度控制研究见表 5-1。以高村为例，来解释表 5-1。由于高村摘录的 97 场洪水的沙峰平均值为 75.5 kg/m^3，所以本文以 80 kg/m^3 作为高村含沙量预报的界限，含沙量大于该值的许可误差取相对误差小于等于 20% 为通过；小于该值的许可误差取绝对误差小于等于 16 kg/m^3（80 kg/m^3 × 20%）为通过。

表 5-1　夹河滩及以下各站含沙量预报精度控制研究

水文站	洪水次数	平均含沙量 (kg/m³)	含沙量精度		
			临界值(kg/m³)	>平均值	<平均值
夹河滩	89	95.5	100	20%	20 kg/m³
高村	97	75.5	80	20%	16 kg/m³
孙口	77	73.0	80	20%	16 kg/m³
艾山	77	72.3	80	20%	16 kg/m³
泺口	91	64.4	70	20%	14 kg/m³
利津	87	67.3	70	20%	14 kg/m³

5.4　预报模型研制

花园口至孙口河段,为黄河下游宽河道,沙峰远比洪峰传播快,或属于沙峰追赶洪峰的情况[20]。因此对摘录的各场洪水没有从上下游站沙峰传播时间快慢的角度剔除任何一场洪水,而是全部参加模型研制。

这里简单解释一下洪峰、沙峰出现时间的问题。从理论上讲,河道洪水的流动属于不稳定流,洪峰是以波的形式传播,而泥沙运动则与水流平均流速有关。

从水力学理论可知

$$\frac{\partial Q}{\partial A}=V+A\frac{\partial V}{\partial A} \tag{5-1}$$

式中:A 为断面面积;V 为断面平均流速;$\frac{\partial Q}{\partial A}$为洪峰波速。在一般情况下,$\frac{\partial V}{\partial A}>0$,所以波速大于平均流速,故常出现沙峰落后于洪峰的现象。

但在复式河槽内洪水漫滩时,$\frac{\partial V}{\partial A}<0$,即波速反而小于平均流速,则沙峰反而比洪峰传播快,因此出现沙峰追赶洪峰或洪峰落后于沙峰的现象。

在某些河段,由于水深的增加,糙率也随之增大,致使流速变化不大,$\frac{\partial V}{\partial A}\approx 0$,这种情况就可使沙峰与洪峰基本同时出现。

花园口至利津河段,区间加水加沙很少,洪水含沙量的大小,主要受上游来水含沙量、来沙系数和洪水流量的影响。因此,分别以上游站含沙量、上游站来沙系数、$Q_{m下游站}{}^{\alpha}\rho_{上游站}{}^{\beta}$或$Q_{m下游站}{}^{\alpha}\psi_{上游站}{}^{\beta}$为自变量 x,添加趋势线时根据图形关系采用线性、多项式、指数、对数和乘幂中相关最好的线形来拟合。

5.4.1　夹河滩预报模型研制

5.4.1.1　以花园口含沙量为自变量

$\rho_{夹}\sim\rho_{花}$相关关系见图 5-1,相关系数为 0.910,计算值通过率分别为 73/89 = 82.0%、82/89 = 92.1%。其中花园口和夹河滩"77·8"洪峰流量和相应沙峰过程线分别见图 5-2 和图 5-3,"73·8"洪峰流量和相应沙峰过程线分别见图 5-4 和图 5-5。从图 5-2 ~ 图 5-5 看出,资料摘录正确,尽管通过率不是太高,但由于是两场高含沙洪水[20,21],所以两个数据点均保留。

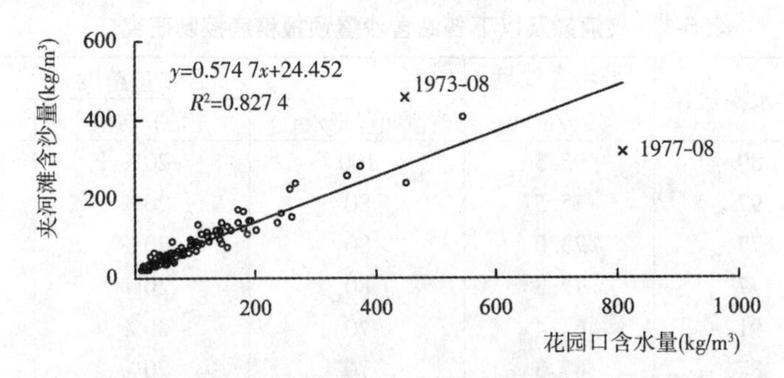

图 5-1　$\rho_{夹}$ ~$\rho_{花}$ 相关关系

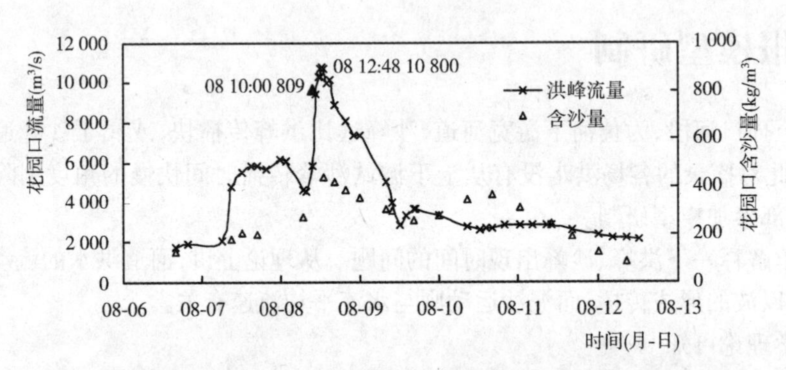

图 5-2　花园口 1977 年 8 月 8 日 10:00 时洪峰流量和相应沙峰过程线

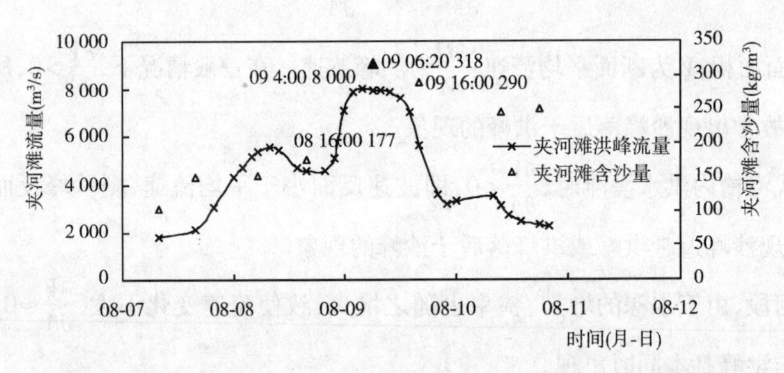

图 5-3　夹河滩 1977 年 8 月 9 日 4:00 时洪峰流量和相应沙峰过程线

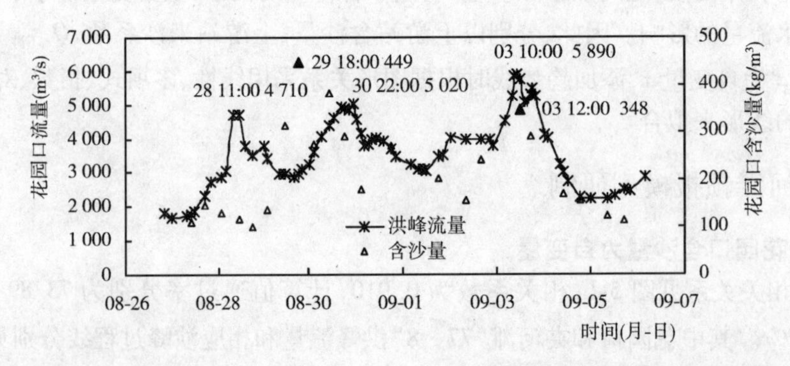

图 5-4　花园口 1973 年 8 月 30 日 22:00 时洪峰流量和相应沙峰过程线

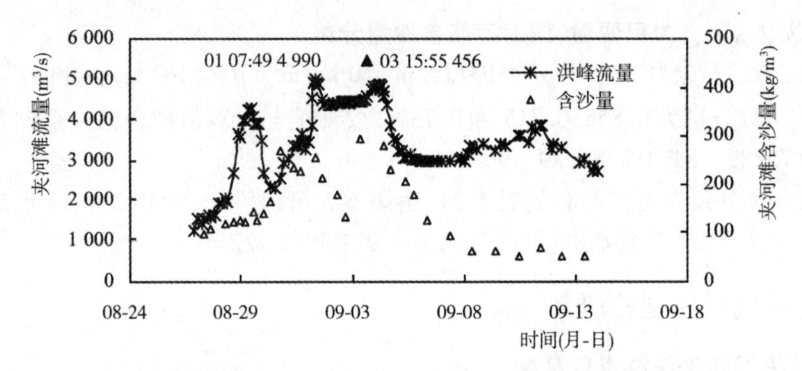

图 5-5　夹河滩 1973 年 9 月 1 日洪水流量和含沙量过程线

5.4.1.2　以花园口来沙系数为自变量

$\rho_{夹} \sim \psi_{花}$相关关系如图 5-6 所示，相关系数为 0.807，计算值的通过率两个指标分别为 51/89 = 57.3%、59/89 = 66.3%。

5.4.1.3　以 $Q_{m夹}{}^{\alpha}\rho_{花}{}^{\beta}$ 为自变量

$\rho_{夹} \sim Q_{m夹}{}^{\alpha}\rho_{花}{}^{\beta}$相关关系如图 5-7 所示，相关系数为 0.921，计算值的通过率分别为 75/89 = 84.3%、83/89 = 93.3%。

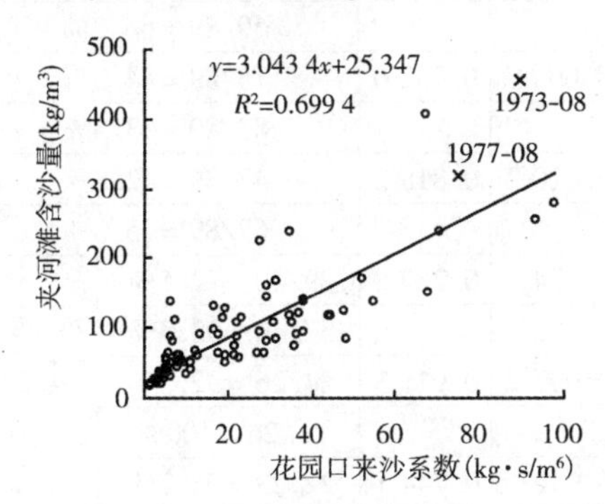

图 5-6　$\rho_{夹} \sim \psi_{花}$ 相关关系

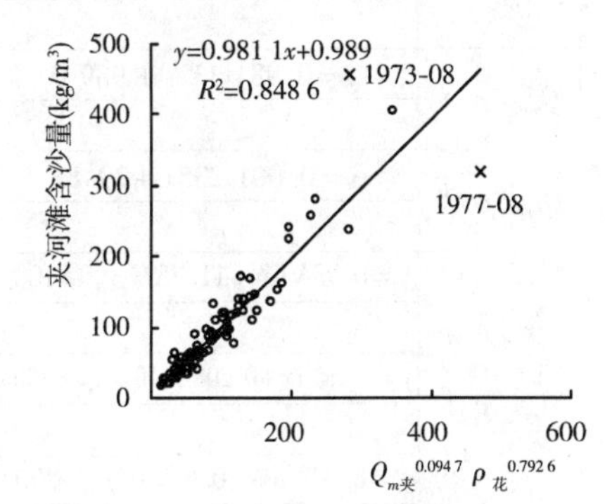

图 5-7　$\rho_{夹} \sim Q_{m夹}{}^{0.0947}\rho_{花}{}^{0.7926}$ 相关关系

5.4.1.4　以 $Q_{m夹}{}^{\alpha}\psi_{花}{}^{\beta}$ 为自变量

$\rho_{夹} \sim Q_{m夹}{}^{\alpha}\psi_{花}{}^{\beta}$相关关系如图 5-8 所示，相关系数为 0.809，计算值通过率分别为 47/89 = 52.8%、67/89 = 75.3%。

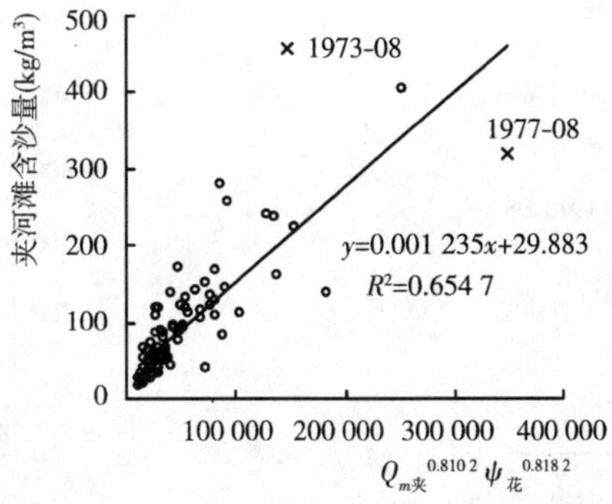

图 5-8　$\rho_{夹} \sim Q_{m夹}{}^{0.8102}\psi_{花}{}^{0.8182}$ 相关关系

5.4.1.5 以 $Q_{m夹}{}^{\alpha}\rho_{花}{}^{\beta}$ 为自变量，按上游站含沙量分类

将花园口含沙量分为3组，即 $\rho_{花} \geqslant 100\ kg/m^3$、$50\ kg/m^3 \leqslant \rho_{花} < 100\ kg/m^3$ 和 $\rho_{花} < 50\ kg/m^3$。$\rho_{夹} \sim \rho_{花}$ 相关系数分别为0.858、0.715和0.730。实测值与计算值拟合相关系数为0.922，通过率分别为75/89 = 84.3%、86/89 = 96.6%。

夹河滩含沙量预报模型汇总见表5-2。由表5-2可以看出，模型3和模型5通过率最高，均为84.3%。相关系数基本接近，分别为0.921和0.922。

5.4.2 高村预报模型的研制

5.4.2.1 以夹河滩含沙量为自变量

$\rho_{高} \sim \rho_{夹}$ 相关关系如图5-9所示，相关系数为0.975，计算值的通过率分别为90/97 = 92.8%、91/97 = 93.8%。

表5-2 夹河滩含沙量预报模型汇总

模型	自变量	计算公式	相关系数	α	β	通过率	
1	$\rho_{花}$	$y = 0.5747x + 24.452$	0.910	无	无	73/89 = 82.0%	
						82/89 = 92.1%	
2	$\psi_{花}$	$y = 3.0434x + 25.347$	0.807	无	无	51/89 = 57.3%	
						59/89 = 66.3%	
3	$Q_{m夹}{}^{\alpha}\rho_{花}{}^{\beta}$	$y = 0.9811x + 0.9890$	0.921	0.0947	0.7926	75/89 = 84.3%	
						83/89 = 93.3%	
4	$Q_{m夹}{}^{\alpha}\psi_{花}{}^{\beta}$	$y = 0.001235x + 29.88$	0.809	0.8102	0.8182	47/89 = 52.8%	
						67/89 = 75.3%	
5	$Q_{m夹}{}^{\alpha}\rho_{花}{}^{\beta}$	$y = 0.7348x + 11.757(\rho_{花} \geqslant 100)$	0.922	0.1241	0.7898	29/40 = 72.5%	75/89 = 84.3%
						37/40 = 92.5%	
		$y = 0.4161x + 0.2085(50 \leqslant \rho_{花} < 100)$		0.0972	0.9713	24/26 = 92.3%	
						26/26 = 100%	86/89 = 96.6%
		$y = 8.4738x - 0.8196(\rho_{花} < 50)$		-0.1238	0.7441	22/23 = 95.7%	
						23/23 = 100%	

注：通过率第1行为指标一，第2行为指标二（下同）。

5.4.2.2 以夹河滩来沙系数为自变量

$\rho_{高} \sim \psi_{夹}$ 相关关系如图5-10所示，相关系数为0.835，计算值的通过率分别为72/97 = 74.2%、82/97 = 84.5%。

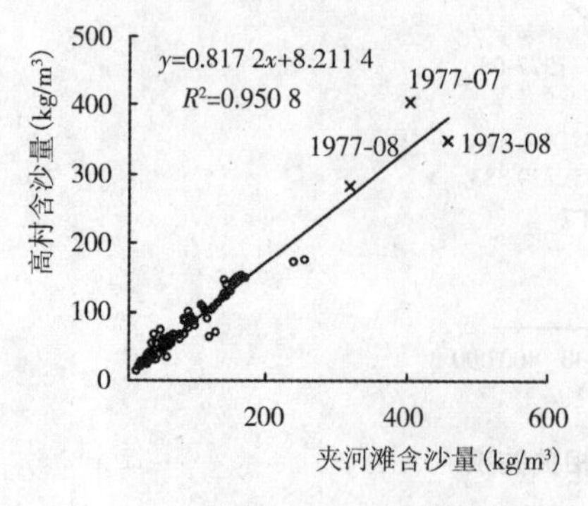

图5-9 $\rho_{高} \sim \rho_{夹}$ 相关关系

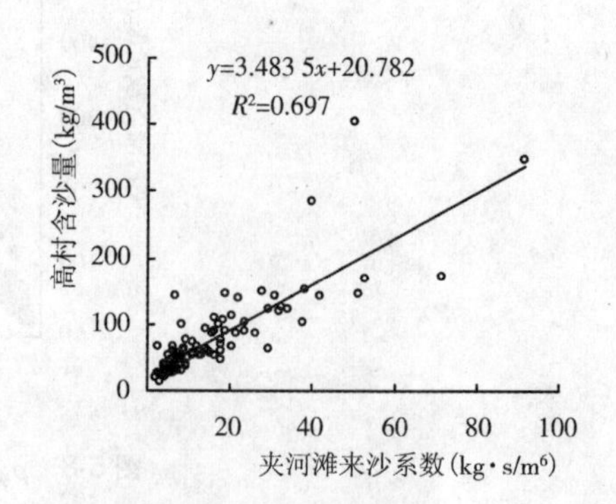

图5-10 $\rho_{高} \sim \psi_{夹}$ 相关关系

5.4.2.3 以 $Q_{m高}{}^{\alpha}\rho_{夹}{}^{\beta}$ 为自变量

$\rho_{高} \sim Q_{m高}{}^{\alpha}\rho_{夹}{}^{\beta}$ 相关关系如图 5-11 所示，相关系数为 0.975，计算值的通过率分别为 88/97 = 90.7%、91/97 = 93.8%。

5.4.2.4 以 $Q_{m高}{}^{\alpha}\psi_{夹}{}^{\beta}$ 为自变量

$\rho_{高} \sim Q_{m高}{}^{\alpha}\psi_{夹}{}^{\beta}$ 相关关系如图 5-12 所示，相关系数为 0.838，计算值的通过率分别为 69/97 = 71.1%、76/97 = 78.4%。

5.4.2.5 以 $Q_{m高}{}^{\alpha}\rho_{夹}{}^{\beta}$ 为自变量，按上游站含沙量分类

将夹河滩含沙量分为 3 组，即 $\rho_{夹} \geqslant 100\ \mathrm{kg/m^3}$、$50\ \mathrm{kg/m^3} \leqslant \rho_{夹} < 100\ \mathrm{kg/m^3}$ 和 $\rho_{夹} < 50\ \mathrm{kg/m^3}$。$\rho_{高} \sim \rho_{夹}$ 相关系数分别为 0.965、0.870 和 0.834。实测值与计算值拟合相关系数为 0.981，计算值的通过率分别为 92/97 = 94.8%、94/97 = 96.9%。

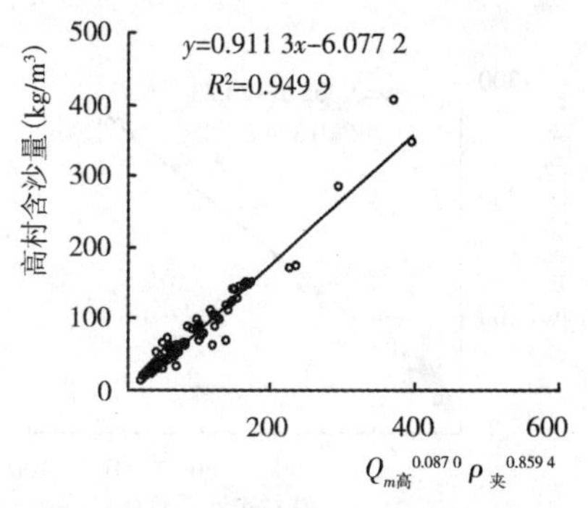

图 5-11　$\rho_{夹} \sim Q_{m高}{}^{0.087\,0}\rho_{夹}{}^{0.859\,4}$ 相关关系

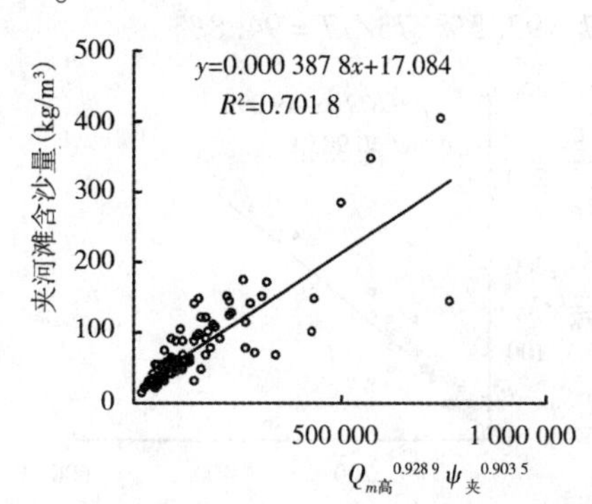

图 5-12　$\rho_{夹} \sim Q_{m高}{}^{0.928\,9}\psi_{夹}{}^{0.903\,5}$ 相关关系

高村含沙量预报模型汇总见表 5-3。可以看出，模型 5 相关系数和通过率均最高，分别为 0.981 和 94.8%。

表 5-3　高村含沙量预报模型汇总

<table>
<tr><th>模型</th><th>自变量</th><th>计算公式</th><th>相关系数</th><th>α</th><th>β</th><th colspan="2">通过率</th></tr>
<tr><td rowspan="2">1</td><td rowspan="2">$\rho_{夹}$</td><td>$y = 0.916\,5x + 8.247\,8$</td><td>0.975</td><td>无</td><td>无</td><td colspan="2">90/97 = 92.8%</td></tr>
<tr><td></td><td></td><td></td><td></td><td colspan="2">91/97 = 93.8%</td></tr>
<tr><td rowspan="2">2</td><td rowspan="2">$\psi_{夹}$</td><td>$y = 3.483\,5x + 20.782$</td><td>0.835</td><td>无</td><td>无</td><td colspan="2">72/97 = 74.2%</td></tr>
<tr><td></td><td></td><td></td><td></td><td colspan="2">82/97 = 84.5%</td></tr>
<tr><td rowspan="2">3</td><td rowspan="2">$Q_{m高}{}^{\alpha}\rho_{夹}{}^{\beta}$</td><td>$y = 0.911\,3x - 6.077\,2$</td><td>0.975</td><td>0.087 0</td><td>0.859 4</td><td colspan="2">88/97 = 90.7%</td></tr>
<tr><td></td><td></td><td></td><td></td><td colspan="2">91/97 = 93.8%</td></tr>
<tr><td rowspan="2">4</td><td rowspan="2">$Q_{m高}{}^{\alpha}\psi_{夹}{}^{\beta}$</td><td>$y = 0.000\,387\,8x + 17.084$</td><td>0.838</td><td>0.928 9</td><td>0.903 5</td><td colspan="2">69/97 = 71.1%</td></tr>
<tr><td></td><td></td><td></td><td></td><td colspan="2">76/97 = 78.4%</td></tr>
<tr><td rowspan="6">5</td><td rowspan="6">$Q_{m高}{}^{\alpha}\rho_{夹}{}^{\beta}$</td><td>$y = 0.292\,8x + 1.294\,5(\rho_{夹} \geqslant 100)$</td><td rowspan="6">0.981</td><td>0.117 7</td><td>1.011 6</td><td>24/26 = 92.3%</td><td rowspan="6">92/97 =
94.8%
94/97 =
96.9%</td></tr>
<tr><td></td><td></td><td></td><td>24/26 = 92.3%</td></tr>
<tr><td>$y = 1.949\,6x - 0.620\,9(50 \leqslant \rho_{夹} < 100)$</td><td>−0.059 0</td><td>0.949 3</td><td>36/37 = 97.3%</td></tr>
<tr><td></td><td></td><td></td><td>36/37 = 97.3%</td></tr>
<tr><td>$y = 0.145x - 2.621\,7(\rho_{夹} < 50)$</td><td>0.276 1</td><td>0.933 0</td><td>32/34 = 94.1%</td></tr>
<tr><td></td><td></td><td></td><td>34/34 = 100%</td></tr>
</table>

5.4.3 孙口预报模型的研制

5.4.3.1 以高村含沙量为自变量

$\rho_{孙} \sim \rho_{高}$相关关系如图5-13所示，相关系数为0.951，计算值的通过率分别为70/77 = 90.9%、71/77 = 92.2%。

5.4.3.2 以高村来沙系数为自变量

$\rho_{孙} \sim \psi_{高}$相关关系如图5-14所示，相关系数为0.910，计算值的通过率分别为59/77 = 76.6%、61/77 = 79.2%。

5.4.3.3 以 $Q_{m孙}{}^{\alpha}\rho_{高}{}^{\beta}$ 为自变量

$\rho_{孙} \sim Q_{m孙}{}^{\alpha}\rho_{高}{}^{\beta}$相关关系如图5-15所示，相关系数为0.967，计算值的通过率分别为72/77 = 93.5%、73/77 = 94.8%。

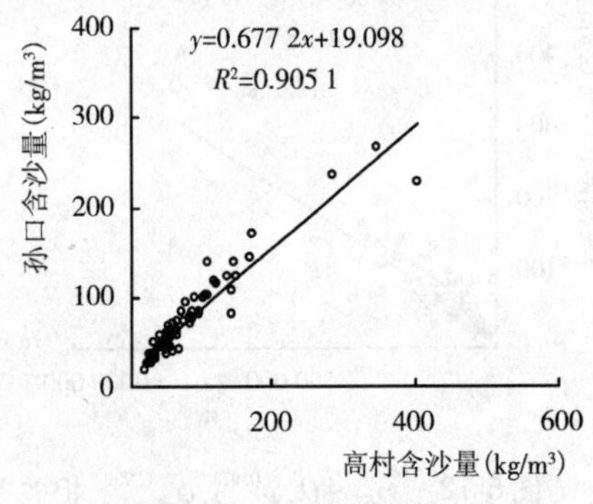

图5-13 $\rho_{孙} \sim \rho_{高}$相关关系

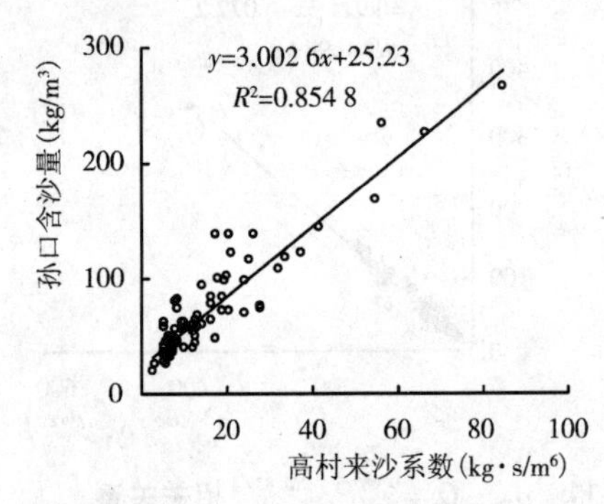

图5-14 $\rho_{孙} \sim \psi_{高}$相关关系

5.4.3.4 以 $Q_{m孙}{}^{\alpha}\psi_{高}{}^{\beta}$ 为自变量

$\rho_{孙} \sim Q_{m孙}{}^{\alpha}\psi_{高}{}^{\beta}$相关关系如图5-16所示，相关系数为0.819，计算值的通过率分别为50/77 = 64.9%、57/77 = 74.0%。

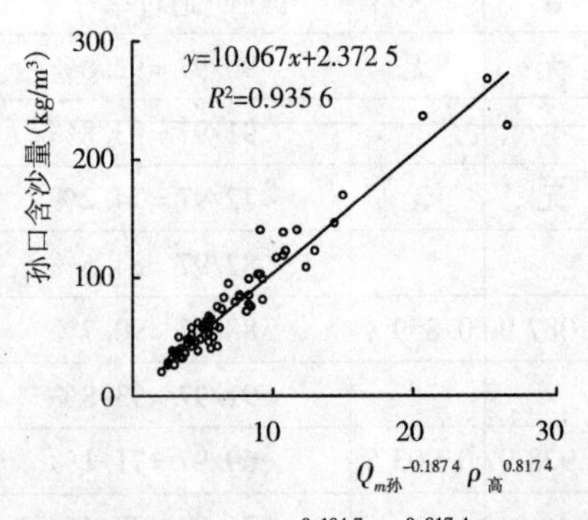

图5-15 $\rho_{孙} \sim Q_{m孙}{}^{-0.1847}\rho_{高}{}^{0.8174}$相关关系

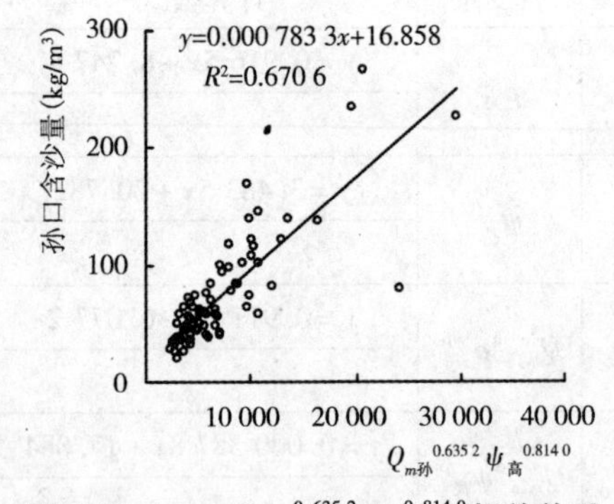

图5-16 $\rho_{孙} \sim Q_{m孙}{}^{0.6352}\psi_{高}{}^{0.8140}$相关关系

5.4.3.5 以 $Q_{m孙}{}^{\alpha}\rho_{高}{}^{\beta}$ 为自变量，按上游站含沙量分类

将高村含沙量分为3组，即$\rho_{高} \geq 100$ kg/m³、50 kg/m³ $\leq \rho_{高} < 100$ kg/m³和$\rho_{高} < 50$ kg/m³。$\rho_{孙} \sim \rho_{高}$相关系数分别为0.937、0.759和0.834。孙口含沙量实测值与计算值拟合相关系数为0.972，计算值的通过率分别为71/77 = 92.2%、73/77 = 94.8%。

孙口含沙量预报模型汇总见表5-4。由表5-4可以看出，模型3通过率最高，为93.5%；

模型 5 相关系数最高,为 0.972。

表 5-4 孙口含沙量预报模型汇总

模型	自变量	计算公式	相关系数	α	β	通过率	
1	$\rho_{高}$	$y=0.6772x+19.098$	0.951	无	无	70/77 = 90.9%	
						71/77 = 92.2%	
2	$\psi_{高}$	$y=3.0026x+25.23$	0.910	无	无	59/77 = 76.6%	
						61/77 = 79.2%	
3	$Q_{m孙}{}^{\alpha}\rho_{高}{}^{\beta}$	$y=10.067x+0.3725$	0.967	−0.1874	0.8174	72/77 = 93.5%	
						73/77 = 94.8%	
4	$Q_{m孙}{}^{\alpha}\psi_{高}{}^{\beta}$	$y=0.007833x+16.858$	0.819	0.6255	0.8140	50/77 = 64.9%	
						57/77 = 74.0%	
5	$Q_{m孙}{}^{\alpha}\rho_{高}{}^{\beta}$	$y=28.528x+0.0346(\rho_{高}\geqslant 100)$	0.972	−0.2269	0.6912	14/17 = 82.4%	71/77 = 92.2%
						15/17 = 88.2%	
		$y=5.4083x+1.9118(50\leqslant\rho_{高}<100)$		−0.1279	0.8396	32/35 = 91.4%	73/77 = 94.8%
						33/35 = 94.3%	
		$y=43.9x+0.3668(\rho_{高}<50)$		−0.3815	0.8819	25/25 = 100%	
						25/25 = 100%	

5.4.4 艾山预报模型的研制

5.4.4.1 以孙口含沙量为自变量

$\rho_{艾}\sim\rho_{孙}$ 相关关系如图 5-17 所示,相关系数为 0.989,计算值的通过率均为 76/77 = 98.7%。

5.4.4.2 以孙口来沙系数为自变量

$\rho_{艾}\sim\psi_{孙}$ 相关关系如图 5-18 所示,相关系数为 0.893,计算值的通过率分别为 51/77 = 66.2%、56/77 = 72.7%。

5.4.4.3 以 $Q_{m艾}{}^{\alpha}\rho_{孙}{}^{\beta}$ 为自变量

$\rho_{艾}\sim Q_{m艾}{}^{\alpha}\rho_{孙}{}^{\beta}$ 相关关系如图 5-19,相关系数为 0.989,计算值的通过率均为 76/77 = 98.7%。

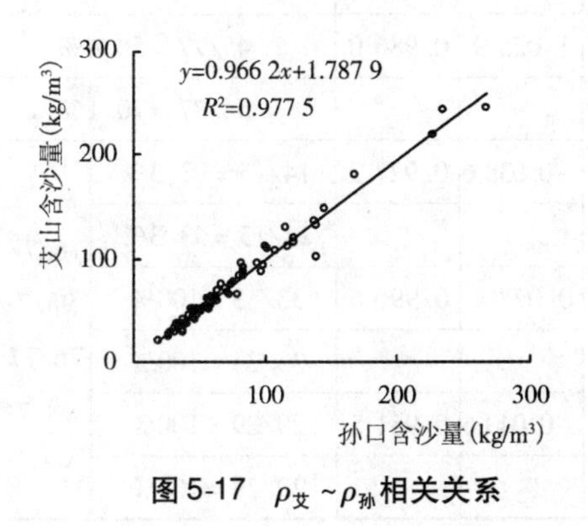

图 5-17 $\rho_{艾}\sim\rho_{孙}$ 相关关系

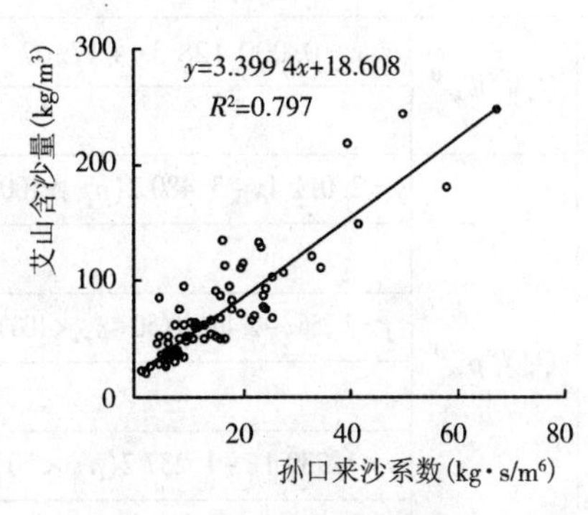

图 5-18 $\rho_{艾}\sim\psi_{孙}$ 相关关系

5.4.4.4 以 $Q_{m艾}{}^{\alpha}\psi_{孙}{}^{\beta}$ 为自变量

$\rho_{艾} \sim Q_{m艾}{}^{\alpha}\psi_{孙}{}^{\beta}$ 相关关系如图5-20所示，相关系数为0.816，计算值的通过率分别为45/77 = 58.4%、54/77 = 70.1%。

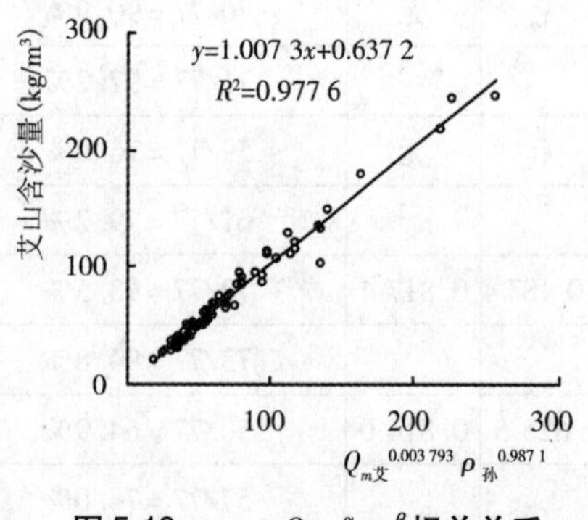

图5-19 $\rho_{艾} \sim Q_{m艾}{}^{\alpha}\rho_{孙}{}^{\beta}$ 相关关系

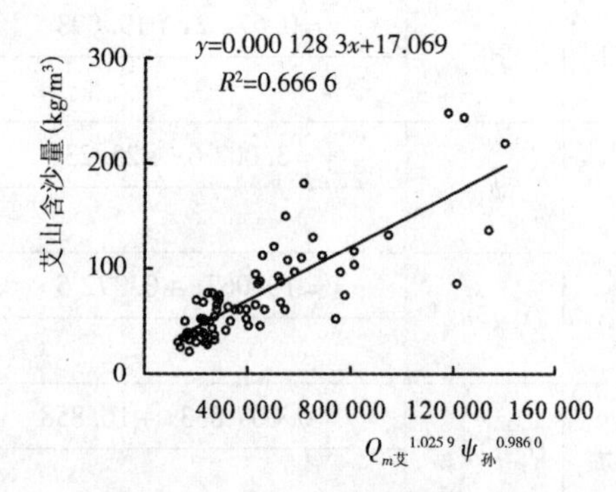

图5-20 $\rho_{艾} \sim Q_{m艾}{}^{\alpha}\psi_{孙}{}^{\beta}$ 相关关系

5.4.4.5 以 $Q_{m艾}{}^{\alpha}\rho_{孙}{}^{\beta}$ 为自变量，按上游站含沙量分类

将孙口含沙量分为3组，即 $\rho_{孙} \geq 100$ kg/m³、50 kg/m³ $\leq \rho_{孙} < 100$ kg/m³ 和 $\rho_{孙} < 50$ kg/m³。$\rho_{艾} \sim \rho_{孙}$ 相关系数分别为0.970、0.930和0.907。实测值与计算值拟合相关关系为0.989，计算值的通过率均为76/77 = 98.7%。

艾山含沙量预报模型汇总见表5-5。由表5-5可以看出，模型1、模型3和模型5相关系数和通过率均最高，为0.989和98.7%。

表5-5 艾山含沙量预报模型汇总

<table>
<tr><th>模型</th><th>自变量</th><th>计算公式</th><th>相关系数</th><th>α</th><th>β</th><th colspan="2">通过率</th></tr>
<tr><td rowspan="2">1</td><td rowspan="2">$\rho_{孙}$</td><td>$y = 0.966\ 2x + 1.787\ 9$</td><td>0.989</td><td>无</td><td>无</td><td colspan="2">76/77 = 98.7%</td></tr>
<tr><td></td><td></td><td></td><td></td><td colspan="2">76/77 = 98.7%</td></tr>
<tr><td rowspan="2">2</td><td rowspan="2">$\psi_{孙}$</td><td>$y = 3.399\ 4x + 18.608$</td><td>0.893</td><td>无</td><td>无</td><td colspan="2">51/77 = 66.2%</td></tr>
<tr><td></td><td></td><td></td><td></td><td colspan="2">56/77 = 72.7%</td></tr>
<tr><td rowspan="2">3</td><td rowspan="2">$Q_{m艾}{}^{\alpha}\rho_{孙}{}^{\beta}$</td><td>$y = 1.007\ 3x + 0.637\ 2$</td><td>0.989</td><td>0.003 8</td><td>0.987 1</td><td colspan="2">76/77 = 98.7%</td></tr>
<tr><td></td><td></td><td></td><td></td><td colspan="2">76/77 = 98.7%</td></tr>
<tr><td rowspan="2">4</td><td rowspan="2">$Q_{m艾}{}^{\alpha}\psi_{孙}{}^{\beta}$</td><td>$y = 0.000\ 128\ 3x + 17.07$</td><td>0.816</td><td>1.025 9</td><td>0.986 0</td><td colspan="2">45/77 = 58.4%</td></tr>
<tr><td></td><td></td><td></td><td></td><td colspan="2">54/77 = 70.1%</td></tr>
<tr><td rowspan="6">5</td><td rowspan="6">$Q_{m艾}{}^{\alpha}\rho_{孙}{}^{\beta}$</td><td>$y = 2.011\ 4x - 3.480\ 2(\rho_{孙} \geq 100)$</td><td rowspan="6">0.989</td><td rowspan="2">-0.038 6</td><td rowspan="2">0.927 2</td><td>14/15 = 93.3%</td><td rowspan="3">76/77 = 98.7%</td></tr>
<tr><td></td><td>14/15 = 93.3%</td></tr>
<tr><td>$y = 2\ 256x - 2\ 464.1(50 \leq \rho_{孙} < 100)$</td><td rowspan="2">0.027 4</td><td rowspan="2">0.996 6</td><td>33/33 = 100%</td></tr>
<tr><td></td><td>33/33 = 100%</td><td rowspan="3">76/77 = 98.7%</td></tr>
<tr><td>$y = 1.739\ 1x - 1.237\ 2(\rho_{孙} < 50)$</td><td rowspan="2">-0.040 6</td><td rowspan="2">0.951 5</td><td>29/29 = 100%</td></tr>
<tr><td></td><td>29/29 = 100%</td></tr>
</table>

5.4.5 泺口预报模型的研制

5.4.5.1 以艾山含沙量为自变量

$\rho_{泺} \sim \rho_{艾}$相关关系如图5-21所示，相关系数为0.987，计算值的通过率均为91/91＝100%。

5.4.5.2 以艾山来沙系数为自变量

$\rho_{泺} \sim \psi_{艾}$相关关系如图5-22所示，相关系数为0.883，计算值的通过率分别为61/91＝67.0%、68/91＝74.7%。

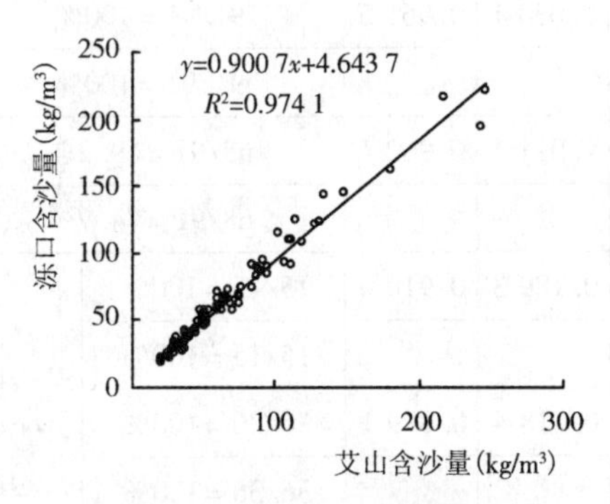

图5-21 $\rho_{泺} \sim \rho_{艾}$相关关系

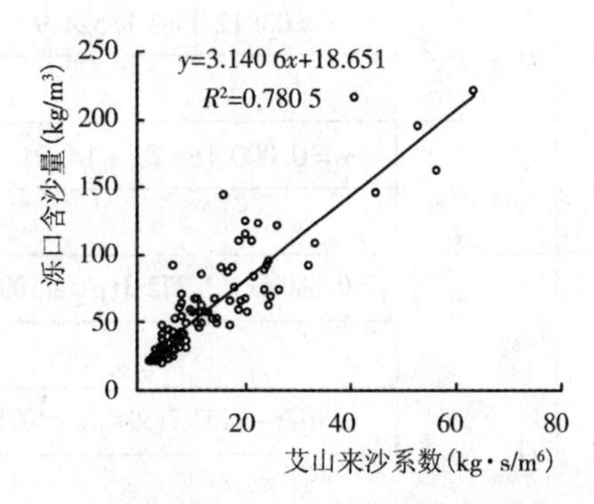

图5-22 $\rho_{泺} \sim \psi_{艾}$相关关系

5.4.5.3 以$Q_{m泺}{}^{\alpha}\rho_{艾}{}^{\beta}$为自变量

$\rho_{泺} \sim Q_{m泺}{}^{\alpha}\rho_{艾}{}^{\beta}$相关关系如图5-23所示，相关系数为0.988，计算值的通过率均为91/91＝100%。

5.4.5.4 以$Q_{m泺}{}^{\alpha}\psi_{艾}{}^{\beta}$为自变量

$\rho_{泺} \sim Q_{m泺}{}^{\alpha}\psi_{艾}{}^{\beta}$相关关系如图5-24所示，相关系数为0.855，计算值的通过率分别为63/91＝69.2%、68/91＝74.7%。

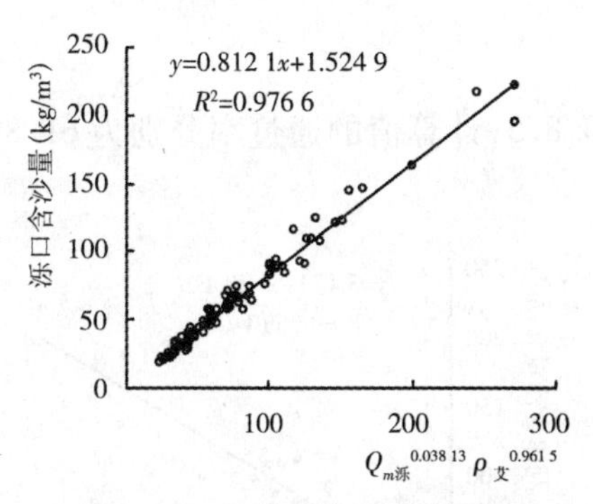

图5-23 $\rho_{泺} \sim Q_{m泺}{}^{\alpha}\rho_{艾}{}^{\beta}$相关关系

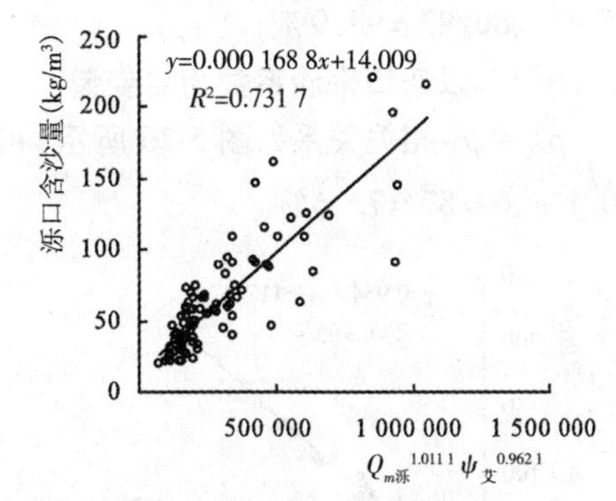

图5-24 $\rho_{泺} \sim Q_{m泺}{}^{\alpha}\psi_{艾}{}^{\beta}$相关关系

5.4.5.5 以$Q_{m泺}{}^{\alpha}\rho_{艾}{}^{\beta}$为自变量，按上游站含沙量分类

将艾山含沙量分为3组，即$\rho_{艾} \geqslant 100\ kg/m^3$、$50\ kg/m^3 \leqslant \rho_{艾} < 100\ kg/m^3$和$\rho_{艾} < 50\ kg/m^3$。$\rho_{泺} \sim \rho_{艾}$相关系数分别为0.967、0.918和0.932。实测值与计算值拟合相关关系为0.990，计算值的通过率均为91/91＝100%。

泺口含沙量预报模型汇总见表5-6。由表5-6可以看出，模型1、模型3和模型5通过率最高，为100%。三者相关系数基本接近。

表 5-6　泺口含沙量预报模型汇总

模型	自变量	计算公式	相关系数	α	β	通过率	
1	$\rho_{支}$	$y=0.900\,7x+4.643\,7$	0.987	无	无	91/91 = 100%	
						91/91 = 100%	
2	$\psi_{支}$	$y=3.140\,6x+18.651$	0.883	无	无	61/91 = 67.0%	
						68/91 = 74.7%	
3	$Q_{m泺}{}^{\alpha}\rho_{支}{}^{\beta}$	$y=0.812\,1x+1.524\,9$	0.988	0.038 1	0.961 5	91/91 = 100%	
						91/91 = 100%	
4	$Q_{m泺}{}^{\alpha}\psi_{支}{}^{\beta}$	$y=0.000\,168\,8x+14.01$	0.855	1.011 1	0.962 1	63/91 = 69.2%	
						68/91 = 74.7%	
5	$Q_{m泺}{}^{\alpha}\rho_{支}{}^{\beta}$	$y=0.280\,6x+3.372\,3(\rho_{支}\geqslant 100)$	0.990	0.189 3	0.918 0	15/15 = 100%	91/91 = 100%
						15/15 = 100%	
		$y=3\,077x-3\,257.7(50\leqslant\rho_{支}<100)$		0.018 4	0.899 1	36/36 = 100%	91/91 = 100%
						36/36 = 100%	
		$y=0.914x-1.594\,8(\rho_{支}<50)$		0.026 5	0.976 1	40/40 = 100%	
						40/40 = 100%	

5.4.6　利津预报模型的研制

5.4.6.1　以泺口含沙量为自变量

$\rho_{利}\sim\rho_{泺}$ 相关关系如图 5-25 所示，相关系数为 0.982，计算值的通过率分别为 83/87 = 95.4%、86/87 = 98.9%。

5.4.6.2　以泺口来沙系数为自变量

$\rho_{利}\sim\psi_{泺}$ 相关关系如图 5-26 所示，相关系数为 0.875，计算值的通过率分别为 61/87 = 70.1%、64/87 = 73.6%。

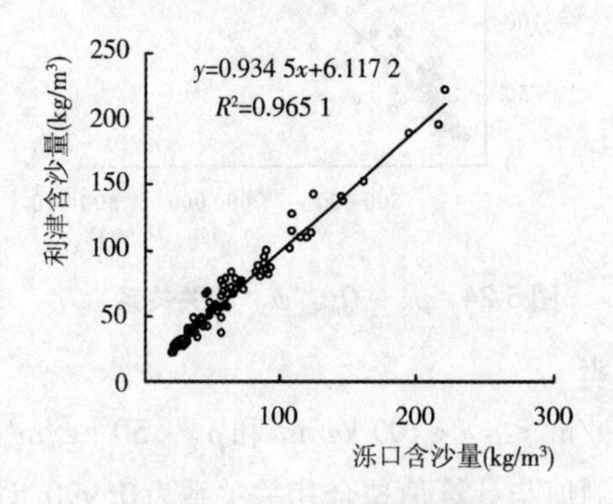

图 5-25　$\rho_{利}\sim\rho_{泺}$ 相关关系

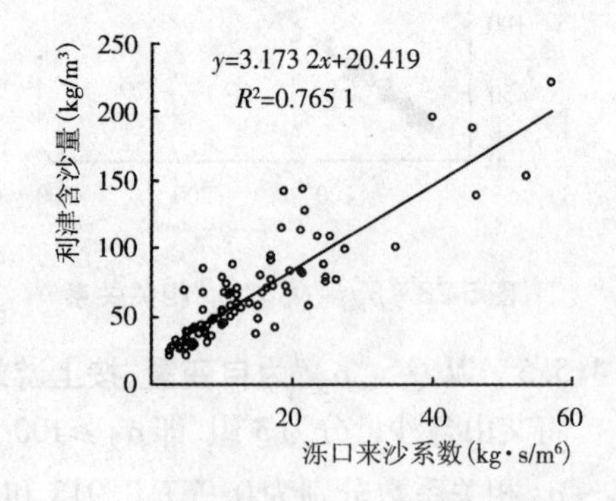

图 5-26　$\rho_{利}\sim\psi_{泺}$ 相关关系

5.4.6.3　以 $Q_{m利}{}^{\alpha}\rho_{泺}{}^{\beta}$ 为自变量

$\rho_{利}\sim Q_{m利}{}^{\alpha}\rho_{泺}{}^{\beta}$ 相关关系如图 5-27 所示，相关系数为 0.983，计算值的通过率分别为

83/87 =95. 4% 、86/87 =98. 9% 。

5. 4. 6. 4 以 $Q_{m利}{}^{\alpha}\psi_{泺}{}^{\beta}$ 为自变量

$\rho_{利} \sim Q_{m利}{}^{\alpha}\psi_{泺}{}^{\beta}$ 相关关系如图 5-28 所示,相关系数为 0. 871,计算值的通过率分别为 54/87 =62. 1% 、61/87 =70. 1% 。

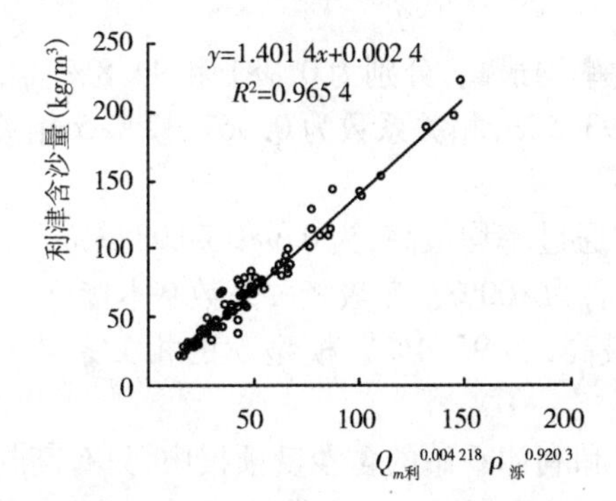

图 5-27 $\rho_{利} \sim Q_{m利}{}^{0.004\,218}\rho_{泺}{}^{0.920\,3}$ 相关关系

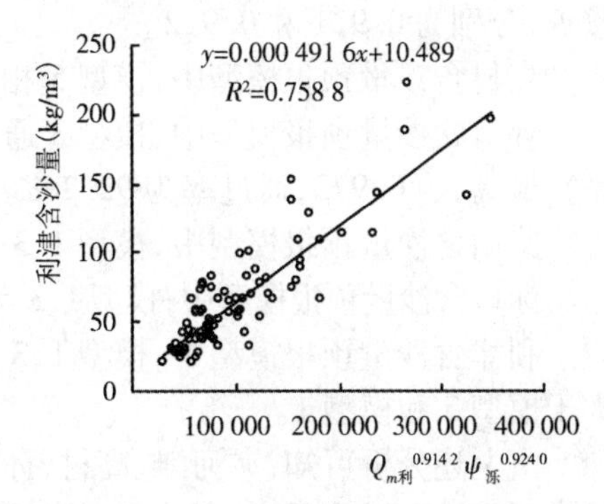

图 5-28 $\rho_{利} \sim Q_{m利}{}^{0.914\,2}\psi_{泺}{}^{0.924\,0}$ 相关关系

5. 4. 6. 5 以 $Q_{m利}{}^{\alpha}\rho_{泺}{}^{\beta}$ 为自变量,按上游站含沙量分类

将泺口含沙量分为 3 组,即 $\rho_{泺} \geqslant 100$ kg/m³、50 kg/m³ $\leqslant \rho_{泺} < 100$ kg/m³ 和 $\rho_{泺} < 50$ kg/m³。$\rho_{利} \sim \rho_{泺}$ 相关系数分别为 0. 961、0. 823 和 0. 884。实测值与计算值拟合相关关系为 0. 990,计算值的通过率分别为 83/87 =95. 4% 、86/87 =98. 9% 。

利津含沙量预报模型汇总见表 5-7。由表 5-7 可以看出,模型 1、模型 3 和模型 5 的通过率最高,为 95. 4% 。模型 5 的相关系数稍大于模型 3 和模型 1。

表 5-7 利津含沙量预报模型汇总

<table>
<tr><th>模型</th><th>自变量</th><th>计算公式</th><th>相关系数</th><th>α</th><th>β</th><th colspan="2">通过率</th></tr>
<tr><td rowspan="2">1</td><td rowspan="2">$\rho_{泺}$</td><td>$y = 0.934\,5x + 6.117\,2$</td><td>0. 982</td><td>无</td><td>无</td><td colspan="2">83/87 =95. 4%</td></tr>
<tr><td></td><td></td><td></td><td></td><td colspan="2">86/87 =98. 9%</td></tr>
<tr><td rowspan="2">2</td><td rowspan="2">$\psi_{泺}$</td><td>$y = 3.173\,2x + 20.419$</td><td>0. 875</td><td>无</td><td>无</td><td colspan="2">61/87 =70. 1%</td></tr>
<tr><td></td><td></td><td></td><td></td><td colspan="2">64/87 =73. 6%</td></tr>
<tr><td rowspan="2">3</td><td rowspan="2">$Q_{m利}{}^{\alpha}\rho_{泺}{}^{\beta}$</td><td>$y = 1.401\,4x + 0.002\,4$</td><td>0. 983</td><td>0. 004 2</td><td>0. 920 3</td><td colspan="2">83/87 =95. 4%</td></tr>
<tr><td></td><td></td><td></td><td></td><td colspan="2">86/87 =98. 9%</td></tr>
<tr><td rowspan="2">4</td><td rowspan="2">$Q_{m利}{}^{\alpha}\psi_{泺}{}^{\beta}$</td><td>$y = 0.000\,491\,6x + 10.49$</td><td>0. 871</td><td>0. 914 2</td><td>0. 924 0</td><td colspan="2">54/87 =62. 1%</td></tr>
<tr><td></td><td></td><td></td><td></td><td colspan="2">61/87 =70. 1%</td></tr>
<tr><td rowspan="6">5</td><td rowspan="6">$Q_{m利}{}^{\alpha}\rho_{泺}{}^{\beta}$</td><td>$y = 0.894\,5x + 12.372(\rho_{泺} \geqslant 100)$</td><td rowspan="6">0. 990</td><td>0. 070 1</td><td>0. 920 8</td><td>13/13 =100%</td><td rowspan="6">83/87 =
95. 4%
86/87 =
98. 9%</td></tr>
<tr><td></td><td></td><td></td><td>13/13 =100%</td></tr>
<tr><td>$y = 0.860\,2x + 11.339(50 \leqslant \rho_{泺} < 100)$</td><td>-0. 020 9</td><td>0. 893 5</td><td>34/36 =94. 4%</td></tr>
<tr><td></td><td></td><td></td><td>35/36 =97. 2%</td></tr>
<tr><td>$y = 1.098\,4x + 0.208\,9(\rho_{泺} < 50)$</td><td>0. 020 0</td><td>0. 965 8</td><td>36/38 =94. 7%</td></tr>
<tr><td></td><td></td><td></td><td>38/38 =100%</td></tr>
</table>

5.5 模型的推荐

夹河滩含沙量预报模型中,模型 3 和模型 5 通过率最高,均为 84.3%。相关系数基本接近,分别为 0.921 和 0.922。

高村含沙量预报模型中,模型 5 相关系数和通过率均最高,分别为 0.981 和 94.8%。

孙口含沙量预报模型中,模型 3 通过率最高,为 93.5%,相关系数为 0.967;模型 5 相关系数最高,为 0.972,通过率为 92.2%。

艾山含沙量预报模型中,模型 1、3、5 相关系数和通过率均最高,为 0.989 和 98.7%。

泺口含沙量预报模型中,模型 1、3、5 通过率均最高,为 100%。三者相关系数基本接近。

利津含沙量预报模型中,模型 1、3、5 通过率均最高,为 95.4%。模型 5 的相关系数稍大于模型 3 和模型 1。

由上述分析可知,夹河滩、高村、孙口、艾山、泺口和利津 6 站的含沙量预报中,只有高村是模型 5 的通过率最高;其余 5 站都是模型 3,即以 ${Q_{m本站}}^{\alpha}{\rho_{上站}}^{\beta}$ 为自变量的情况,通过率最高。具体参数及最优相关系数见表 5-8。

表 5-8　夹河滩及以下各站含沙量预报最优模型的相关系数及通过率

水文站	自变量	计算公式	相关系数	α	β	通过率
夹河滩	${Q_{m夹}}^{\alpha}{\rho_{花}}^{\beta}$	$y = 0.981\ 1x + 0.989\ 0$	0.921	0.094 7	0.792 6	75/89 = 84.3%
						83/89 = 93.3%
高　村	${Q_{m高}}^{\alpha}{\rho_{夹}}^{\beta}$	$y = 0.292\ 8x + 1.294\ 5(\rho_{夹} \geqslant 100)$	0.981	0.117 7	1.011 6	92/97 = 94.8%
		$y = 1.949\ 6x - 0.620\ 9(50 \leqslant \rho_{夹} < 100)$		-0.059 0	0.949 3	94/97 = 96.9%
		$y = 0.145x - 2.621\ 7(\rho_{夹} < 50)$		0.276 1	0.933 0	
孙　口	${Q_{m孙}}^{\alpha}{\rho_{高}}^{\beta}$	$y = 10.067x + 0.372\ 5$	0.967	-0.187 4	0.817 4	72/77 = 93.5%
						73/77 = 94.8%
艾　山	${Q_{m艾}}^{\alpha}{\rho_{孙}}^{\beta}$	$y = 1.007\ 3x + 0.637\ 2$	0.989	0.003 8	0.987 1	76/77 = 98.7%
						76/77 = 98.7%
泺　口	${Q_{m泺}}^{\alpha}{\rho_{艾}}^{\beta}$	$y = 0.812\ 1x + 1.524\ 9$	0.988	0.038 1	0.961 5	91/91 = 100%
						91/91 = 100%
利　津	${Q_{m利}}^{\alpha}{\rho_{泺}}^{\beta}$	$y = 1.401\ 4x + 0.002\ 4$	0.983	0.004 2	0.920 3	83/87 = 95.4%
						86/87 = 98.9%

注:通过率第 1 行为指标一,第 2 行为指标二。

具体作业预报时,首先考虑模型 3,即以 ${Q_{m本站}}^{\alpha}{\rho_{上站}}^{\beta}$ 为自变量的情况,由于模型 3 要利用预报的洪峰流量,洪峰流量预报也有误差,所以也应考虑综合模型 1 的结果。

5.6 预报模型拟合检验

夹河滩、高村、孙口、艾山、泺口和利津最大含沙量预报结果分别见表 5-9 ~ 表 5-14。其中,高村是模型 5 的结果,其余 5 站都是模型 3 的结果。

表 5-9　夹河滩站最大含沙量预报结果拟合检验

序号	年份	花园口		夹河滩		花园口		夹河滩			预报误差	许可误差	通过否	
		时间（月-日T时:分）	$Q_{m花}$ (m^3/s)	时间（月-日T时:分）	$Q_{m夹}$ (m^3/s)	时间（月-日T时:分）	$\rho_{花}$ (kg/m^3)	时间（月-日T时:分）	$\rho_{实测}$ (kg/m^3)	$\rho_{计算}$ (kg/m^3)			指标一	指标二
1	1954	08-05T06:00	15 000	08-05T20:00	13 300	日平均	111	日平均	111	101.7	8.3	20		
2	1957	07-19T14:00	13 000	07-19T22:00	12 700	07-16T11:00	94.3	07-19T09:00	82.2	89.1	6.9	20		
3	1958	07-18T00:00	22 300	07-18T14:00	20 500	07-17T16:35	146	07-18T06:00	139	131.4	5.5	20		
4	1959	08-08T17:00	7 680	08-09T04:00	7 200	08-08T07:00	269	08-09T00:00	239	192.7	19.4	20		
5	1959	08-23T00:00	9 480	08-23T12:00	9 190	08-23T05:00	261	08-23T20:25	225	192.6	14.4	20		
6	1959	07-24T02:00	6 330	07-24T22:00	5 690	07-24T15:00	122	07-26T14:00	113	101.2	10.5	20		
7	1961	10-20T00:00	6 300	10-20T02:00	6 250	10-19T12:00	21.8	10-20T14:00	20	26.8	6.8	20		
8	1962	08-16T14:50	6 080	08-17T12:00	5 720	08-17T00:00	19.4	08-17T12:00	25	24.3	0.7	20		
9	1963	05-27T18:00	5 250	05-28T00:00	5 300	05-27T08:00	24.2	05-27T02:00	21.1	28.6	7.5	20		
10	1963	09-24T12:00	5 620	09-25T11:00	5 610	09-24T16:00	15.8	09-25T08:00	26.9	20.8	6.1	20		
11	1964	07-28T09:00	9 430	07-28T23:00	9 360	07-28T02:00	62.7	07-28T14:00	88.6	63.0	25.6	20	否	
12	1964	09-24T18:00	8 130	09-25T12:00	7 900	09-24T08:00	14.8	09-26T08:00	19.7	20.4	0.7	20		
13	1964	10-05T23:00	7 690	10-06T08:00	7 840	10-05T18:00	12.1	10-06T14:00	17.5	17.5	0.0	20		
14	1965	07-22T22:00	6 440	07-23T15:00	6 180	07-23T08:00	57.8	07-24T08:00	53.2	56.9	3.7	20		
15	1966	08-01T00:00	8 480	08-01T14:00	8 490	07-31T08:00	247	08-01T10:00	160	183.0	14.4	20		
16	1966	07-23T10:00	5 020	07-24T08:00	5 100	07-23T17:35	112	07-24T02:00	87	93.7	6.7	20		
17	1966	09-18T19:00	5 130	09-18T04:00	4 860	09-18T08:00	67.3	09-19T13:45	60.4	62.6	2.2	20		
18	1967	08-14T00:00	6 260	08-15T04:00	6 410	08-14T09:00	105	08-14T16:10	131	91.0	30.6	20	否	否
19	1967	08-25T11:00	5 700	08-25T20:00	5 590	08-25T11:00	103	08-25T08:43	90.4	88.5	1.9	20		
20	1967	09-04T08:00	5 520	09-05T00:00	5 460	09-04T16:00	92.9	09-05T09:00	96.7	81.4	15.3	20		
21	1968	07-22T18:00	5 450	07-23T18:00	5 100	07-22T09:00	63.2	07-22T18:00	41.8	59.9	18.1	20		
22	1968	09-16T04:00	7 150	09-16T02:00	7 100	09-16T09:00	59.2	09-16T12:00	53.3	58.7	5.4	20		
23	1968	10-14T00:00	7 340	10-14T14:00	7 380	日平均	29.9	10-14T14:42	37.9	34.7	3.2	20		
24	1970	08-31T02:00	5 830	08-31T22:00	6 050	09-02T12:00	183	09-04T11:17	167	140.0	16.2	20		
25	1971	07-28T19:40	5 040	07-29T13:00	4 190	07-28T19:40	192	07-29T08:00	142	140.4	1.1	20		
26	1973	08-30T22:00	5 020	09-01T07:49	4 990	08-29T18:00	449	09-03T15:55	456	279.0	38.8	20	否	否
27	1975	08-01T02:00	5 490	08-02T01:00	5 080	08-01T07:40	203	08-03T07:54	121	149.4	23.5	20	否	
28	1975	09-23T05:00	5 970	09-23T20:00	5 740	09-23T17:30	69.1	09-24T18:00	50.5	64.9	14.4	20		
29	1975	10-02T08:00	7 580	10-03T10:00	7 720	10-02T12:00	42.7	10-03T15:38	56.6	45.9	10.7	20		
30	1975	08-10T04:00	5 660	08-11T08:00	5 250	08-10T05:40	31.7	08-12T17:25	34.4	35.2	0.8	20		

续表 5-9

序号	年份	花园口		夹河滩		花园口		夹河滩			预报误差	许可误差	通过否	
		时间（月-日 T 时:分）	$Q_{m花}$ (m^3/s)	时间（月-日 T 时:分）	$Q_{m夹}$ (m^3/s)	时间（月-日 T 时:分）	$\rho_{花}$ (kg/m^3)	时间（月-日 T 时:分）	$\rho_{实测}$ (kg/m^3)	$\rho_{计算}$ (kg/m^3)			指标一	指标二
31	1976	09-09T20:00	6 550	09-10T18:00	6 600	09-10T08:30	53.7	09-11T08:00	50.6	54.0	3.4	20		
32	1976	08-21T17:00	5 510	08-22T12:00	5 440	08-22T17:00	53	08-23T20:00	50.1	52.5	2.4	20		
33	1976	08-01T00:00	5 020	08-01T14:30	4 700	08-02T18:00	52.3	08-02T09:24	34.1	51.3	17.2	20		
34	1976	08-27T07:00	9 210	08-28T16:00	8 880	08-26T09:30	51.9	08-29T08:31	44.2	54.1	9.9	20		
35	1976	09-01T07:00	9 090	09-01T16:55	9 010	09-01T10:00	47.8	09-01T16:55	53.8	50.8	3.0	20		
36	1976	08-05T15:40	5 120	08-06T01:00	4 700	08-05T16:00	41.6	08-05T22:12	50.9	42.9	8.0	20		
37	1977	08-08T12:48	10 800	08-09T04:00	8 000	08-08T13:00	809	08-09T06:20	318	464.5	46.1	20	否	否
38	1977	07-09T19:00	8 100	07-10T16:00	8 040	07-10T06:00	546	07-10T14:48	405	340.6	15.9	20		
39	1977	08-04T23:00	7 320	08-05T10:00	6 570	08-05T10:30	98.7	08-05T07:50	91.2	86.9	4.3	20		
40	1978	09-20T12:00	5 640	09-20T20:00	5 640	09-20T12:00	33.3	09-21T14:50	62.7	36.8	25.9	20	否	
41	1979	08-16T04:00	5 900	08-16T19:15	6 500	08-16T06:50	132	08-16T18:00	106	109.0	2.8	20		
42	1981	08-25T08:30	5 720	08-25T22:00	5 550	08-25T17:30	71.9	08-26T08:29	66.6	66.7	0.1	20		
43	1981	07-17T07:30	5 350	07-18T00:00	5 040	07-17T02:00	55.1	07-17T08:00	33.5	53.7	20.2	20	否	
44	1981	09-10T00:40	8 060	09-10T22:00	7 730	09-10T09:00	41.7	09-11T10:00	40.9	45.0	4.1	20		
45	1981	09-30T07:00	7 050	10-05T04:00	6 650	10-08T08:00	32.4	10-10T08:00	30.9	36.5	5.6	20		
46	1982	08-02T19:00	15 300	08-03T04:00	14 500	08-04T07:00	66.6	08-02T18:20	38	68.7	30.7	20	否	否
47	1982	08-15T06:24	6 850	08-15T18:00	6 150	08-15T06:24	49.9	08-15T18:00	50.6	50.7	0.1	20		
48	1983	08-02T20:00	8 180	08-03T17:00	7 430	08-02T06:00	42.1	08-02T18:30	33	45.2	12.2	20		
49	1983	10-08T04:00	6 960	10-08T16:00	6 890	10-07T08:00	33.6	10-07T08:30	27.5	37.7	10.2	20		
50	1984	08-06T18:00	6 990	08-07T07:00	6 780	08-06T18:00	59.7	08-07T17:24	61.3	58.8	2.5	20		
51	1984	08-03T12:00	5 570	08-04T05:30	5 100	08-03T16:12	36	08-04T07:30	29.6	38.7	9.1	20		
52	1984	09-09T24:00	5 150	09-10T16:00	5 360	09-09T08:00	28.4	09-10T00:00	53.2	32.4	20.8	20	否	
53	1984	07-08T16:00	5 160	07-09T10:20	5 340	07-08T18:00	24.4	07-09T10:20	32.2	28.8	3.4	20		
54	1984	09-26T00:00	6 460	09-27T00:00	6 310	09-24T09:00	24.2	09-25T11:25	27.6	29.1	1.5	20		
55	1985	09-17T17:00	8 260	09-18T02:00	8 320	09-17T15:54	52.2	09-17T18:00	51.6	54.0	2.4	20		
56	1985	09-26T12:00	5 600	09-26T18:00	5 520	09-26T18:00	34.7	09-28T08:00	36.2	37.9	1.7	20		
57	1987	08-29T03:00	4 600	08-30T02:00	4 100	08-29T08:18	90.8	08-31T09:00	61.2	77.9	16.7	20		
58	1988	08-12T10:00	6 640	08-13T12:00	6 500	08-12T15:12	194	08-13T08:00	144	147.5	2.5	20		
59	1988	07-26T16:00	3 790	07-27T16:00	3 260	07-28T04:00	182	07-29T14:50	123	131.5	6.9	20		

续表 5-9

序号	年份	花园口		夹河滩		花园口		夹河滩			预报误差	许可误差	通过否	
		时间（月-日 T 时:分）	$Q_{m花}$ (m^3/s)	时间（月-日 T 时:分）	$Q_{m夹}$ (m^3/s)	时间（月-日 T 时:分）	$\rho_{花}$ (kg/m^3)	时间（月-日 T 时:分）	$\rho_{实测}$ (kg/m^3)	$\rho_{计算}$ (kg/m^3)			指标一	指标二
60	1988	08-09T01:30	6 160	08-10T05:33	6 040	08-08T23:30	144	08-09T23:00	115	115.9	0.8	20		
61	1988	07-23T08:00	3 750	07-24T00:00	3 560	07-22T12:00	142	07-22T08:00	93.6	109.1	15.5	20		
62	1988	07-10T16:00	3 590	07-11T18:00	3 350	07-10T24:00	78.2	07-12T18:00	58.9	68.0	9.1	20		
63	1988	08-21T02:00	7 000	08-22T06:00	6 480	08-21T14:00	56	08-22T07:20	59.2	55.7	3.5	20		
64	1989	07-25T08:00	6 100	07-26T04:00	5 910	07-25T08:00	188	07-26T08:10	109	142.7	30.9	20	否	
65	1989	08-21T11:00	5 140	08-22T07:30	4 820	08-22T08:30	43	08-22T06:30	44.7	44.1	0.6	20		
66	1990	07-09T20:00	4 440	07-10T08:00	4 720	07-10T02:00	78.5	07-10T10:00	62.7	70.4	7.7	20		
67	1990	08-31T12:00	3 590	09-01T05:00	3 300	09-01T07:00	70.9	09-01T16:35	50.1	62.9	12.8	20		
68	1991	06-14T12:00	3 190	06-15T08:40	2 900	06-15T02:00	101	06-17T08:30	85	81.9	3.1	20		
69	1992	08-16T19:00	6 430	08-18T04:00	4 510	08-16T02:00	454	08-16T19:30	238	278.7	17.1	20		
70	1992	09-03T04:00	3 640	09-03T20:00	3 370	09-03T24:00	107	09-03T17:30	79.3	86.9	7.6	20		
71	1993	08-07T08:36	4 300	08-08T11:00	3 660	08-07T16:00	154	08-08T00:00	74.5	116.6	42.1	20	否	否
72	1993	07-24T18:36	3 620	07-26T08:00	3 460	07-24T12:00	82.9	07-25T08:00	56.2	71.4	15.2	20		
73	1994	08-15T02:00	3 800	08-17T04:00	3 550	08-15T08:54	355	08-16T00:00	255	224.4	12.0	20		
74	1994	09-03T07:48	3 860	09-04T08:00	3 630	09-04T16:00	263	09-05T18:00	152	177.5	16.8	20		
75	1994	08-08T11:20	6 300	08-09T15:40	4 230	08-08T06:30	241	08-08T20:00	136	168.1	23.6	20	否	
76	1994	07-10T20:00	5 170	07-12T04:00	4 480	07-11T16:42	144	07-13T18:00	95.2	112.7	17.5	20		
77	1994	07-28T07:36	3 640	07-29T10:00	2 920	07-28T07:36	104	07-29T06:15	65.3	83.9	18.6	20		
78	1995	09-06T16:30	3 130	09-07T14:00	2 640	09-06T08:36	172	09-07T10:00	139	123.3	11.3	20		
79	1995	07-20T21:00	3 230	07-21T18:00	2 020	07-21T06:18	144	07-23T00:00	117	104.6	10.6	20		
80	1995	08-08T12:00	3 080	08-09T06:00	2 330	08-08T10:00	136	08-08T18:20	119	101.3	14.8	20		
81	1995	09-04T17:42	3 400	09-05T00:00	2 440	09-04T12:18	121	09-05T00:00	107	92.9	13.2	20		
82	1995	08-01T17:00	3 630	08-02T14:00	2 890	08-01T22:00	78.1	08-02T00:00	74	67.0	7.0	20		
83	1996	08-05T15:30	7 860	08-06T17:30	7 150	08-14T20:00	155	08-14T18:00	129	124.8	3.3	20		
84	1996	07-18T13:36	3 400	07-19T17:40	2 700	07-18T19:24	124	07-19T14:00	89.2	95.6	6.4	20		
85	1997	08-04T03:00	3 860	08-04T04:00	3 090	08-05T00:00	378	08-06T00:00	279	232.8	16.6	20		
86	1998	07-16T16:00	4 660	07-17T14:00	4 020	07-16T12:00	161	07-17T08:30	117	121.8	4.1	20		
87	1998	07-11T00:00	3 000	07-11T22:00	2 650	07-11T12:00	145	07-11T19:00	84.8	107.9	23.1	20	否	
88	1998	08-26T14:00	3 000	08-25T14:00	1 860	08-27T16:00	81.1	08-29T18:00	65.3	66.2	0.9	20		
89	1999	07-24T11:16	3 340	07-25T12:00	3 320	07-27T04:00	174	07-27T08:00	171	127.2	25.6	20	否	否

注：夹河滩沙峰小于临界值 100 kg/m^3 的预报误差和许可误差的单位为 kg/m^3，其余单位为%。

表 5-10　高村站最大含沙量预报结果

序号	年份	夹河滩		高村		夹河滩		高村			预报误差	许可误差	通过否	
		时间（月-日 T 时:分）	$Q_{m夹}$ (m^3/s)	时间（月-日 T 时:分）	$Q_{m高}$ (m^3/s)	时间（月-日 T 时:分）	$\rho_{夹}$ (kg/m^3)	时间（月-日 T 时:分）	$\rho_{实测}$ (kg/m^3)	$\rho_{计算}$ (kg/m^3)			指标一	指标二
1	1954	08-05T20:00	13 300	08-06T06:00	12 000	日平均	111	08-05T12:07	98.7	105	6.4	20		
2	1957	07-19T22:00	12 700	07-20T21:00	12 400	07-19T09:00	82.2	07-18T19:00	67.4	72.8	5.4	16		
3	1958	07-18T14:00	20 500	07-19T04:30	17 900	07-18T06:00	139	07-18T10:42	144	138	4.3	20		
4	1960	08-06T18:00	4 600	08-07T15:36	4 660	08-07T17:15	149	08-08T04:14	127	126	0.6	20		
5	1961	10-20T02:00	6 250	10-21T02:00	6 240	10-20T14:00	20	10-20T10:24	24.2	23.9	0.3	16		
6	1962	08-17T12:00	5 720	08-17T19:00	5 730	08-17T12:00	25	08-17T18:18	27.4	29.3	1.9	16		
7	1962	08-07T18:00	4 130	08-08T11:35	4 160	08-08T08:38	16.9	08-08T09:50	19.4	17.6	1.8	16		
8	1963	09-01T04:00	4 400	09-02T04:00	4 580	09-01T18:00	63.4	09-03T08:53	58.6	60.3	1.7	16		
9	1963	08-08T15:00	4 260	08-09T04:00	4 260	08-07T19:12	27.8	08-07T23:30	33.7	29.8	3.9	16		
10	1963	09-25T11:00	5 610	09-25T04:00	5 470	09-25T08:00	26.9	09-25T08:00	21.7	31.1	9.4	16		
11	1963	08-12T18:00	4 050	08-13T08:00	4 180	08-14T18:00	25	08-14T18:00	26.8	26.6	0.2	16		
12	1963	09-13T18:00	4 220	09-14T09:48	4 210	09-13T10:55	23.9	09-13T18:00	28.8	25.4	3.4	16		
13	1963	05-28T00:00	5 300	05-28T12:00	5 180	05-27T02:00	21.1	05-28T18:00	26.4	23.8	2.6	16		
14	1963	10-21T08:00	4 080	10-21T18:00	4 120	10-21T08:00	12.6	10-21T18:00	13.1	12.7	0.4	16		
15	1964	07-28T23:00	9 360	07-29T06:00	9 050	07-28T14:00	88.6	07-28T22:00	76.6	79.7	3.1	16		
16	1964	07-18T20:00	5 170	07-19T18:00	5 260	07-22T08:00	80.6	07-23T00:00	86	75.2	12.5	20		
17	1964	09-25T12:00	7 900	09-25T22:00	7 950	09-26T08:00	19.7	09-26T18:00	24.9	25.3	0.4	16		
18	1964	05-25T20:00	4 600	05-26T12:00	4 480	05-25T14:00	18.8	05-26T08:20	22.9	20.2	2.7	16		
19	1964	10-06T08:00	7 840	10-06T18:00	7 940	10-06T14:00	17.5	10-06T18:00	19.6	22.4	2.8	16		
20	1965	07-23T15:00	6 180	07-23T20:00	6 110	07-24T08:00	53.2	07-24T03:00	45.5	50.1	4.6	16		
21	1966	08-01T14:00	8 490	08-02T09:00	8 440	08-01T10:00	160	08-01T18:00	147	145	1.1	20		
22	1966	08-19T08:00	4 790	08-20T08:00	4 910	08-21T08:00	141	08-21T17:00	124	120	3.0	20		
23	1966	07-24T08:00	5 100	07-24T16:45	5 130	07-24T02:00	87	07-24T16:45	97.9	81.1	17.2	20		
24	1966	09-18T04:00	4 860	09-20T08:30	5 010	09-19T13:45	60.4	09-20T18:00	59.4	57.2	2.2	16		

续表 5-10

序号	年份	夹河滩		高村		夹河滩		高村			预报误差	许可误差	通过否	
		时间（月-日T时:分）	$Q_{m夹}$ (m^3/s)	时间（月-日T时:分）	$Q_{m高}$ (m^3/s)	时间（月-日T时:分）	$\rho_{夹}$ (kg/m^3)	时间（月-日T时:分）	$\rho_{实测}$ (kg/m^3)	$\rho_{计算}$ (kg/m^3)			指标一	指标二
25	1967	08-15T04:00	6 410	08-15T14:00	6 210	08-14T16:10	131	08-15T12:00	112	115	2.5	20		
26	1967	09-05T00:00	5 460	09-05T18:00	5 540	09-05T09:00	96.7	09-05T09:00	77.7	89.3	11.6	16		
27	1967	08-25T20:00	5 590	08-26T16:00	5 590	08-25T08:43	90.4	08-25T17:10	89.8	83.7	6.8	20		
28	1968	09-16T02:00	7 100	09-16T18:00	7 070	09-16T12:00	53.3	09-16T18:00	55.2	49.7	5.5	16		
29	1968	08-18T12:00	4 610	08-18T20:00	4 370	08-19T08:00	50.1	08-19T08:00	55.9	48.2	7.7	16		
30	1968	07-23T18:00	5 100	07-24T01:30	4 680	07-22T18:00	41.8	07-24T04:30	30.7	46.1	15.4	16		
31	1968	10-14T14:00	7 380	10-15T12:00	7 210	10-14T14:42	37.9	10-15T07:00	43.9	47.4	3.5	16		
32	1969	08-02T21:00	4 320	08-03T12:00	4 040	08-02T20:00	166	08-03T08:00	151	138	8.3	20		
33	1970	08-31T22:00	6 050	09-01T04:00	5 660	09-04T11:17	167	09-04T08:00	149	145	2.8	20		
34	1970	08-06T13:00	5 040	08-07T10:00	4 460	08-06T14:56	155	08-09T08:45	144	131	9.2	20		
35	1970	09-29T16:00	4 360	09-30T16:30	4 450	09-29T11:00	47.2	09-29T17:46	71.9	51.2	20.7	16	否	
36	1971	07-29T13:00	4 190	07-29T17:45	3 630	07-29T08:00	142	07-29T17:45	121	117	3.4	20		
37	1972	09-03T14:00	4 160	09-04T10:00	4 330	09-03T12:00	59.3	09-03T18:20	61.4	56.7	4.7	16		
38	1973	09-01T07:49	4 990	09-02T10:00	4 100	09-03T15:55	456	09-04T10:44	348	383	10.1	20		
39	1974	10-06T20:00	4 020	10-07T12:00	4 000	10-06T15:00	32.9	10-05T09:00	39.5	34.7	4.8	16		
40	1975	08-02T01:00	5 080	08-02T11:00	4 330	08-03T07:54	121	08-03T12:00	101	102	0.7	20		
41	1975	10-03T10:00	7 720	10-04T14:00	7 200	10-03T15:38	56.6	10-04T17:10	31.6	52.6	21.0	16	否	否
42	1975	09-23T20:00	5 740	09-24T18:00	4 950	09-24T18:00	50.5	09-24T09:20	60.6	48.2	12.4	16		
43	1975	08-11T08:00	5 250	08-12T22:00	4 690	08-12T17:25	34.4	08-14T08:00	35.6	38.0	2.4	16		
44	1976	09-01T16:55	9 010	09-03T08:00	8 690	09-01T16:55	53.8	09-02T08:30	45.3	49.6	4.3	16		
45	1976	08-06T01:00	4 700	08-06T12:00	4 420	08-05T22:12	50.9	08-06T07:04	54.1	48.9	5.2	16		
46	1976	09-10T18:00	6 600	09-10T20:00	6 640	09-11T08:00	50.6	09-11T07:35	49	47.5	1.5	16		
47	1976	08-22T12:00	5 440	08-23T04:00	4 900	08-23T20:00	50.1	08-22T13:00	41.3	47.9	6.6	16		
48	1976	08-01T14:30	4 700	08-02T03:00	4 240	08-02T09:24	34.1	08-02T05:23	30.6	36.6	6.0	16		

续表 5-10

序号	年份	夹河滩		高村		夹河滩		高村			预报误差	许可误差	通过否	
		时间（月-日T时:分）	$Q_{m夹}$ (m^3/s)	时间（月-日T时:分）	$Q_{m高}$ (m^3/s)	时间（月-日T时:分）	$\rho_{夹}$ (kg/m^3)	时间（月-日T时:分）	$\rho_{实测}$ (kg/m^3)	$\rho_{计算}$ (kg/m^3)			指标一	指标二
49	1977	07-10T16:00	8 040	07-09T10:00	6 100	07-10T14:48	405	07-11T00:00	405	356	12.1	20		否
50	1977	08-09T04:00	8 000	08-10T05:00	5 060	08-09T06:20	318	08-09T12:55	284	273	3.9	20		
51	1977	08-05T10:00	6 570	08-06T02:00	4 710	08-05T07:50	91.2	08-05T16:45	92.3	85.2	7.7	20		
52	1978	09-20T20:00	5 640	09-22T06:35	4 970	09-21T14:50	62.7	09-22T08:07	52.5	59.3	6.8	16		
53	1979	08-16T19:15	6 500	08-17T06:00	5 340	08-16T18:00	106	08-17T08:00	110	91	17.0	20		
54	1980	07-06T22:00	4 240	07-07T04:00	3 690	07-06T18:30	74.4	07-07T02:00	60.7	71.2	10.5	16		
55	1981	08-25T22:00	5 550	08-26T11:00	5 060	08-26T08:29	66.6	08-28T08:00	66.3	62.8	3.5	16		
56	1981	07-11T07:00	4 970	07-12T03:00	4 160	07-12T08:42	61.4	07-12T18:25	54.1	58.8	4.7	16		
57	1981	09-10T22:00	7 730	09-12T03:00	7 390	09-11T10:06	40.9	09-14T02:00	51.4	51.5	0.1	16		
58	1981	07-18T00:00	5 040	07-18T15:15	4 070	07-17T08:00	33.5	07-17T18:00	51.8	35.5	16.3	16	否	
59	1981	10-05T04:00	6 650	10-06T08:00	5 860	10-10T08:00	30.9	10-10T17:00	38.9	36.5	2.4	16		
60	1982	08-15T18:00	6 150	08-16T01:00	6 000	08-15T18:00	50.6	08-16T01:30	47.6	47.8	0.2	16		
61	1982	08-03T04:00	14 500	08-05T02:00	13 000	08-02T18:20	38	08-01T21:18	66.9	56.4	10.5	16		
62	1983	09-11T12:00	4 870	09-11T19:00	4 600	09-11T08:40	34	09-11T21:30	31.9	37.3	5.4	16		
63	1983	08-03T17:00	7 430	08-04T04:00	7 020	08-02T18:30	33	08-03T04:00	40.2	41.1	0.9	16		
64	1983	07-24T12:00	4 880	07-24T18:30	4 600	07-24T05:40	28.9	07-24T08:00	27.5	31.7	4.2	16		
65	1983	10-08T16:00	6 890	10-09T12:00	6 720	10-07T08:30	27.5	10-08T08:00	36.3	33.8	2.5	16		
66	1983	10-01T12:00	4 930	10-02T02:00	4 600	10-01T09:50	23.9	10-01T18:00	26.9	26.1	0.8	16		
67	1984	08-07T07:00	6 780	08-07T21:00	6 230	08-07T17:24	61.3	08-08T14:00	63.4	57.3	6.1	16		
68	1984	08-31T04:00	4 310	08-31T21:00	4 280	09-01T09:00	56.6	09-01T18:00	54.5	54.3	0.2	16		
69	1984	09-10T16:00	5 360	09-11T16:10	5 400	09-10T00:00	53.2	09-10T10:06	50.2	50.4	0.2	16		
70	1984	07-09T10:20	5 340	07-09T22:00	5 220	07-09T10:20	32.2	07-10T08:00	29.8	36.7	6.9	16		
71	1984	09-27T00:00	6 310	09-27T17:00	6 530	09-25T11:25	27.6	09-27T02:00	34.9	33.6	1.3	16		
72	1984	07-29T18:00	4 770	07-29T20:00	4 800	07-29T18:00	27.5	07-30T08:03	26.3	30.6	4.3	16		

续表 5-10

序号	年份	夹河滩		高村		夹河滩		高村			预报误差	许可误差	通过否	
		时间（月-日T时:分）	$Q_{m夹}$ (m^3/s)	时间（月-日T时:分）	$Q_{m高}$ (m^3/s)	时间（月-日T时:分）	$\rho_{夹}$ (kg/m^3)	时间（月-日T时:分）	$\rho_{实测}$ (kg/m^3)	$\rho_{计算}$ (kg/m^3)			指标一	指标二
73	1984	07-07T12:00	4 150	07-07T16:00	4 180	07-07T08:30	22.4	07-07T18:30	27.2	23.7	3.5	16		
74	1985	09-18T02:00	8 320	09-18T20:00	7 500	09-17T18:00	51.6	09-17T20:00	58.2	48.0	10.2	16		
75	1985	09-26T18:00	5 520	09-27T20:00	5 330	09-28T08:00	36.2	09-28T08:36	36.1	41.5	5.4	16		
76	1985	10-17T08:00	4 600	10-18T01:00	4 830	10-16T15:30	22.7	10-18T17:00	27	25.2	1.8	16		
77	1987	08-30T02:00	4 100	08-30T18:50	3 200	08-31T09:00	61.2	08-31T24:00	55	59.5	4.5	16		
78	1988	08-13T12:00	6 500	08-14T05:00	5 840	08-13T08:00	144	08-15T04:00	139	125	9.9	20		
79	1988	07-27T16:00	3 260	07-28T06:00	2 600	07-29T14:50	123	07-29T22:30	104	97	6.3	20		
80	1988	08-10T05:33	6 040	08-10T18:00	5 310	08-09T23:00	115	08-10T13:41	89.1	99	11.1	20		
81	1988	07-24T00:00	3 560	07-24T16:00	3 090	07-22T08:00	93.6	07-22T12:00	86.3	89.6	3.8	20		
82	1988	08-22T06:00	6 480	08-22T21:00	6 400	08-22T07:20	59.2	08-23T11:10	60.7	55.3	5.4	16		
83	1988	07-11T18:00	3 350	07-11T23:00	3 300	07-12T18:00	58.9	07-12T18:00	47.7	57.3	9.6	16		
84	1989	07-26T04:00	5 910	07-26T20:00	5 270	07-26T08:10	109	07-27T22:00	106	94	11.6	20		
85	1989	08-22T07:30	4 820	08-23T12:00	4 610	08-22T06:30	44.7	08-22T18:06	37.7	49.0	11.3	16		
86	1990	07-10T08:06	4 720	07-10T22:00	4 150	07-10T10:06	62.7	07-10T19:00	53.2	60.0	6.8	16		
87	1992	08-18T04:00	4 510	08-19T02:00	4 100	08-16T19:30	238	08-17T07:45	170	199	17.1	20		
88	1992	09-03T20:00	3 370	09-04T18:00	3 200	09-03T17:30	79.3	09-04T16:00	88.6	76.3	13.9	20		
89	1993	08-08T11:00	3 660	08-08T23:00	3 450	08-08T00:00	74.5	08-08T14:00	64.9	71.5	6.6	16		
90	1993	07-26T08:00	3 460	07-27T03:00	2 800	07-25T08:00	56.2	07-25T16:06	52.9	55.3	2.4	16		
91	1994	08-17T04:00	3 550	08-17T16:00	3 170	08-16T00:00	255	08-16T16:00	173	207	19.7	20		
92	1994	09-04T08:00	3 630	09-05T00:00	2 760	09-05T18:00	152	09-06T00:00	141	121	14.0	20		
93	1994	08-09T15:40	4 230	08-10T08:45	3 510	08-08T20:00	136	08-09T09:44	119	112	6.3	20		
94	1994	07-12T04:00	4 480	07-13T05:00	3 600	07-13T18:00	95.2	07-14T08:00	86.5	90.2	4.3	20		
95	1996	08-06T17:30	7 150	08-09T23:00	6 810	08-14T18:00	129	08-16T16:30	69.1	114	45.2	16	否	否
96	1998	07-17T14:00	4 020	07-18T19:00	3 030	07-17T08:30	117	07-19T08:00	61.5	94	32.8	16	否	否
97	1999	07-25T12:00	3 320	07-26T02:00	2 700	07-27T08:00	171	07-27T08:00	147	136	7.5	20		

注：高村沙峰小于临界值 80 kg/m^3 的预报误差和许可误差的单位为 kg/m^3，其余单位为%。

表 5-11　孙口站最大含沙量预报结果

序号	年份	高村		孙口		高村		孙口			预报误差	许可误差	通过否	
		时间（月-日T时:分）	$Q_{m高}$ (m^3/s)	时间（月-日T时:分）	$Q_{m孙}$ (m^3/s)	时间（月-日T时:分）	$\rho_{高}$ (kg/m^3)	时间（月-日T时:分）	$\rho_{实测}$ (kg/m^3)	$\rho_{计算}$ (kg/m^3)			指标一	指标二
1	1954	08-06T06:00	12 000	08-09T24:00	8 620	08-05T12:07	98.7	08-05T21:08	82	81.0	1.2	20		
2	1957	07-20T21:00	12 400	07-22T04:00	11 600	07-18T19:00	67.4	07-18T08:00	57.8	56.8	1.0	16		
3	1958	07-19T04:30	17 900	07-20T12:00	15 900	07-18T10:42	144	07-18T18:25	80.3	97.8	21.8	20	否	
4	1964	05-26T12:00	4 480	05-27T02:00	4 430	05-26T08:20	22.9	05-26T16:00	27.4	29.4	2.0	16		
5	1964	07-19T18:00	5 260	07-21T08:00	5 410	07-23T00:00	86	07-24T02:00	78.2	79.0	0.8	16		
6	1964	07-29T06:00	9 050	07-30T04:00	8 780	07-28T22:00	76.6	07-29T08:00	74.3	66.1	8.2	16		
7	1964	09-25T22:00	7 950	09-26T16:00	7 590	09-26T18:00	24.9	09-25T14:00	25.9	28.5	2.6	16		
8	1964	10-06T18:00	7 940	10-07T10:00	7 650	10-06T18:00	19.6	10-07T10:00	19.3	23.8	4.5	16		
9	1965	07-23T20:00	6 110	07-24T11:45	5 940	07-24T03:00	45.5	07-24T11:45	50.4	47.1	3.3	16		
10	1966	07-24T16:45	5 130	07-25T17:00	5 230	07-24T16:45	97.9	07-25T02:00	83.7	88.1	5.3	20		
11	1966	08-02T09:00	8 440	08-03T04:00	8 300	08-01T18:00	147	08-02T10:00	138	112.0	18.8	20		
12	1966	08-20T08:00	4 910	08-20T23:00	4 960	08-21T17:00	124	08-22T02:00	116	107.4	7.4	20		
13	1966	09-20T08:30	5 010	09-19T20:00	5 000	09-20T18:00	59.4	09-20T18:00	60.2	59.9	0.3	16		
14	1967	08-15T14:00	6 210	08-16T08:00	5 960	08-15T12:00	112	08-16T02:00	101	95.8	5.2	20		
15	1967	08-26T16:00	5 590	08-27T02:00	5 570	08-25T17:10	89.8	08-27T08:00	83.9	81.4	3.0	20		
16	1967	09-05T18:00	5 540	09-06T08:00	5 340	09-05T09:00	77.7	09-06T08:00	94.1	73.1	22.3	20	否	
17	1968	07-24T01:30	4 680	07-24T18:00	4 410	07-24T04:30	30.7	07-24T08:00	49.9	36.7	13.2	16		
18	1968	08-18T20:00	4 370	08-19T04:00	4 290	08-19T08:00	55.9	08-18T18:00	45	58.7	13.7	16		
19	1968	09-16T18:00	7 070	09-17T23:00	7 120	09-16T18:00	55.2	09-17T14:00	47.6	53.0	5.4	16		
20	1968	10-15T12:00	7 210	10-15T21:00	7 200	10-15T07:00	43.9	10-15T00:00	47.7	44.3	3.4	16		
21	1969	08-03T12:00	4 040	08-04T04:00	3 680	08-03T08:00	151	08-04T06:41	122	132.9	8.9	20		
22	1970	08-07T10:00	4 460	08-08T12:00	3 900	08-09T08:45	144	08-08T07:00	108	126.6	17.2	20		
23	1970	09-01T04:00	5 660	09-02T19:00	6 000	09-04T08:00	149	09-05T08:00	139	120.2	13.5	20		
24	1970	09-30T16:30	4 450	10-01T08:00	4 550	09-29T17:46	71.9	09-30T08:00	83.2	70.8	14.9	20		
25	1972	09-04T10:00	4 330	09-05T16:00	4 160	09-03T18:20	61.4	09-04T14:00	59.5	63.5	4.0	16		

续表 5-11

序号	年份	高村		孙口		高村		孙口			预报误差	许可误差	通过否	
		时间（月-日T时:分）	$Q_{m高}$（m^3/s）	时间（月-日T时:分）	$Q_{m孙}$（m^3/s）	时间（月-日T时:分）	$\rho_{高}$（kg/m^3）	时间（月-日T时:分）	$\rho_{实测}$（kg/m^3）	$\rho_{计算}$（kg/m^3）			指标一	指标二
26	1973	09-02T10:00	4 100	09-04T06:00	3 950	09-04T10:44	348	09-05T08:00	267	257.3	3.6	20		
27	1974	10-07T12:00	4 000	10-09T08:00	3 520	10-05T09:00	39.5	10-06T02:00	56.9	46.4	10.5	16		
28	1975	08-02T11:00	4 330	08-03T06:00	4 100	08-03T12:00	104	08-03T18:00	98.1	96.7	1.4	20		
29	1975	08-12T22:00	4 690	08-13T21:00	4 300	08-14T08:00	35.6	08-16T08:00	35.3	41.3	6.0	16		
30	1975	09-24T18:00	4 950	09-27T20:00	5 080	09-24T09:20	60.6	09-26T18:00	39.5	60.6	21.1	16	否	否
31	1976	08-02T03:00	4 240	08-02T15:00	4 040	08-02T05:23	30.6	08-02T14:00	37.7	37.2	0.5	16		
32	1976	08-06T12:00	4 420	08-07T04:00	3 520	08-06T07:04	54.1	08-06T18:07	53.9	59.3	5.4	16		
33	1976	08-23T04:00	4 900	08-24T04:00	4 480	08-22T13:00	41.3	08-24T08:00	45.2	46.0	0.8	16		
34	1976	09-03T08:00	8 690	09-03T12:00	9 100	09-02T08:30	45.3	09-11T18:00	41.7	46.3	4.6	16		
35	1977	07-09T10:00	6 100	07-10T22:00	5 720	07-11T00:00	405	07-12T08:00	227	271.6	19.6	20		否
36	1977	08-06T02:00	4 710	08-06T13:00	4 100	08-05T16:45	92.3	08-06T14:00	99	87.9	11.2	20		
37	1977	08-10T05:00	5 060	08-10T17:03	4 700	08-09T12:55	284	08-10T08:00	235	211.3	10.1	20		
38	1978	09-22T06:35	4 970	09-22T22:00	5 000	09-22T08:07	52.5	09-22T18:00	58.3	54.3	4.0	16		
39	1979	08-17T06:00	5 340	08-17T21:00	5 400	08-17T08:00	110	08-17T14:00	139	96.1	30.8	20	否	否
40	1981	07-12T03:00	4 160	07-12T13:00	3 700	07-12T18:25	54.1	07-13T10:00	67.1	58.7	8.4	16		
41	1981	07-18T15:15	4 070	07-19T07:00	3 640	07-17T18:00	51.8	07-18T08:10	56.1	56.9	0.8	16		
42	1981	08-26T11:00	5 060	08-27T05:45	4 290	08-28T08:00	66.3	08-27T14:00	57.5	66.8	9.3	16		
43	1981	09-12T03:00	7 390	09-14T13:00	6 500	09-14T02:00	51.4	09-16T18:00	37	51.0	14.0	16		
44	1981	10-06T08:00	5 860	10-07T00:00	6 200	10-10T17:00	35.6	10-12T15:30	36.1	38.7	2.6	16		
45	1982	08-05T02:00	13 000	08-07T02:00	10 100	08-01T21:18	66.9	08-02T02:05	62.7	57.9	4.8	16		
46	1982	08-16T01:00	6 000	08-17T10:00	5 170	08-16T01:30	47.6	08-16T18:00	44.2	50.0	5.8	16		
47	1983	07-24T18:30	4 600	07-25T02:00	4 300	07-24T08:00	27.5	07-25T06:18	35.9	33.9	2.0	16		
48	1983	08-04T04:00	7 020	08-05T12:00	5 550	08-03T04:00	40.2	08-04T08:36	46.7	43.3	3.4	16		
49	1983	09-11T19:00	4 600	09-12T07:00	4 570	09-11T21:30	31.9	09-12T18:00	36.5	37.5	1.0	16		
50	1983	10-02T02:00	4 600	10-02T08:12	4 730	10-01T18:00	26.9	10-02T17:06	31.3	32.8	1.5	16		
51	1983	10-09T12:00	6 720	10-10T06:00	6 200	10-08T08:00	36.3	10-08T16:24	39.4	39.3	0.1	16		

续表 5-11

序号	年份	高村		孙口		高村		孙口			预报误差	许可误差	通过否	
		时间（月-日T时:分）	$Q_{m高}$（m^3/s）	时间（月-日T时:分）	$Q_{m孙}$（m^3/s）	时间（月-日T时:分）	$\rho_{高}$（kg/m^3）	时间（月-日T时:分）	$\rho_{实测}$（kg/m^3）	$\rho_{计算}$（kg/m^3）			指标一	指标二
52	1984	07-07T16:00	4 180	07-08T06:30	4 090	07-07T18:30	27.2	07-08T08:00	34.6	33.9	0.7	16		
53	1984	07-09T22:00	5 220	07-10T18:00	4 940	07-10T08:00	29.8	07-10T14:00	36.7	35.2	1.5	16		
54	1984	07-29T20:00	4 800	07-30T00:00	4 550	07-30T08:03	26.3	07-31T18:00	36.5	32.4	4.1	16		
55	1984	08-07T21:00	6 230	08-08T10:00	5 940	08-08T14:00	63.4	08-09T10:15	62.5	61.1	1.4	16		
56	1984	08-31T21:00	4 280	09-01T08:00	3 880	09-01T18:00	54.5	09-02T08:24	50.6	58.6	8.0	16		
57	1984	09-11T16:10	5 400	09-12T07:00	5 220	09-10T10:06	50.2	09-11T02:00	61.2	52.1	9.1	16		
58	1984	09-27T17:00	6 530	09-27T21:00	6 440	09-27T02:00	34.9	09-27T02:00	34.8	37.9	3.1	16		
59	1985	09-18T20:00	7 500	09-19T05:24	7 100	09-17T20:00	58.2	09-18T08:00	56	55.3	0.7	16		
60	1985	09-27T20:00	5 330	09-28T04:00	5 230	09-28T08:36	36.1	09-28T18:00	31.9	40.3	8.4	16		
61	1985	10-18T01:00	4 830	10-18T12:00	4 230	10-18T17:00	27	10-20T08:00	25.6	33.5	7.9	16		
62	1987	08-30T18:50	3 200	08-31T06:00	2 880	08-31T24:00	55	08-31T08:58	48.3	62.2	13.9	16		
63	1988	07-11T23:00	3 300	07-13T02:00	2 880	07-12T18:00	47.7	07-13T02:00	46.9	61.4	14.5	16		
64	1988	07-24T16:00	3 090	07-25T10:00	3 190	07-22T12:00	86.3	07-23T14:00	75.9	87.2	11.3	16		
65	1988	08-14T05:00	5 840	08-14T14:50	5 660	08-15T04:00	139	08-15T19:06	122	113.3	7.1	20		
66	1988	08-22T21:00	6 400	08-23T07:00	6 120	08-23T11:10	60.7	08-23T02:00	56.8	58.7	1.9	16		
67	1989	07-26T20:00	5 270	07-26T22:00	5 200	07-27T22:00	106	07-26T01:15	102	94.0	7.9	20		
68	1989	08-23T12:00	4 610	08-23T19:10	4 520	08-22T18:06	37.7	08-22T18:00	43.9	42.8	1.1	16		
69	1990	07-10T22:00	4 150	07-11T05:25	3 950	07-10T19:00	53.2	07-11T18:55	63.2	57.3	5.9	16		
70	1992	08-19T02:00	4 100	08-20T06:00	3 480	08-17T07:45	170	08-18T00:00	145	147.7	1.9	20		
71	1992	09-04T18:00	3 200	09-05T06:00	3 100	09-04T16:00	88.6	09-05T00:00	74.8	89.6	14.8	16		
72	1993	08-08T23:00	3 450	08-10T02:00	3 340	08-08T14:00	64.9	08-11T00:00	72.9	69.0	3.9	16		
73	1994	07-13T05:00	3 600	07-13T22:24	3 530	07-14T08:00	86.5	07-15T07:00	70.3	85.8	15.5	16		
74	1994	08-10T08:45	3 510	08-10T23:00	3 420	08-09T09:44	119	08-10T14:00	118	111.5	5.5	20		
75	1994	08-17T16:00	3 170	08-18T05:00	2 900	08-16T16:00	173	08-17T08:00	169	154.9	8.3	20		
76	1996	08-09T23:00	6 810	08-15T00:00	5 800	08-16T16:30	69.1	08-19T00:00	40.7	65.6	24.9	16	否	否
77	1998	07-18T19:00	3 030	07-20T03:50	2 800	07-19T08:00	61.5	07-20T14:00	71.8	68.3	3.5	16		

注:孙口沙峰小于临界值 80 kg/m^3 的预报误差和许可误差的单位为 kg/m^3,其余单位为%。

表 5-12 艾山站最大含沙量预报结果

序号	年份	孙口		艾山		孙口		艾山			预报误差	许可误差	通过否	
		时间（月-日T时:分）	$Q_{m孙}$ (m^3/s)	时间（月-日T时:分）	$Q_{m艾}$ (m^3/s)	时间（月-日T时:分）	$\rho_{孙}$ (kg/m^3)	时间（月-日T时:分）	$\rho_{实测}$ (kg/m^3)	$\rho_{计算}$ (kg/m^3)			指标一	指标二
1	1954	08-09T24:00	8 620	08-13T05:00	7 900	08-05T21:08	82	08-06T00:00	94. 8	81. 4	14. 2	20		
2	1957	07-22T04:00	11 600	07-23T17:00	10 800	07-18T08:00	57. 8	07-19T04:00	51. 9	57. 9	6. 0	16		
3	1958	07-20T12:00	15 900	07-21T22:00	12 600	07-18T18:25	80. 3	07-19T18:00	84	79. 8	4. 9	20		
4	1964	05-27T02:00	4 430	05-27T16:00	4 200	05-26T16:00	27. 4	05-27T02:00	28. 4	27. 9	0. 5	16		
5	1964	07-21T08:00	5 410	07-19T22:00	5 800	07-24T02:00	78. 2	07-24T02:00	65. 6	77. 6	12. 0	16		
6	1964	07-30T04:00	8 780	07-30T06:00	8 810	07-29T08:00	74. 3	07-29T09:30	74. 3	73. 9	0. 4	16		
7	1964	09-26T16:00	7 590	09-26T18:00	7 970	09-25T14:00	25. 9	09-26T12:00	26	26. 5	0. 5	16		
8	1964	10-07T10:00	7 650	10-07T18:00	7 630	10-07T10:00	19. 3	10-07T14:00	20. 5	20. 0	0. 5	16		
9	1965	07-24T11:45	5 940	07-24T17:32	5 630	07-24T11:45	50. 4	07-24T17:32	48. 9	50. 5	1. 6	16		
10	1966	07-25T17:00	5 230	07-25T21:00	5 440	07-25T02:00	83. 7	07-25T19:00	86. 6	82. 9	4. 3	20		
11	1966	08-03T04:00	8 300	08-03T06:00	8 270	08-02T10:00	138	08-02T16:00	135	135. 6	0. 4	20		
12	1966	08-20T23:00	4 960	08-21T02:00	4 880	08-22T02:00	116	08-23T00:00	129	114. 1	11. 5	20		
13	1966	09-19T20:00	5 000	09-21T00:00	5 000	09-20T18:00	60. 2	09-21T00:00	60. 9	60. 0	0. 9	16		
14	1967	08-16T08:00	5 960	08-16T17:00	5 880	08-16T02:00	101	08-16T04:00	112	99. 7	11. 0	20		
15	1967	08-27T02:00	5 570	08-27T04:00	5 310	08-27T08:00	83. 9	08-27T15:30	90. 3	83. 1	8. 0	20		
16	1967	09-06T08:00	5 340	09-06T04:00	5 340	09-06T08:00	94. 1	09-06T16:00	95. 3	93. 0	2. 4	20		
17	1968	07-24T18:00	4 410	07-25T02:00	4 360	07-24T08:00	49. 9	07-24T14:00	48. 9	50. 0	1. 1	16		
18	1968	08-19T04:00	4 290	08-19T08:00	4 200	08-18T18:00	45	08-19T08:00	50. 7	45. 2	5. 5	16		
19	1968	09-17T23:00	7 120	09-18T02:00	7 080	09-17T14:00	47. 6	09-17T07:00	51. 5	47. 8	3. 7	16		
20	1968	10-15T21:00	7 200	10-16T16:00	7 190	10-15T00:00	47. 7	10-15T14:00	45	47. 9	2. 9	16		
21	1969	08-04T04:00	3 680	08-04T10:00	3 590	08-04T06:41	122	08-04T13:15	120	119. 8	0. 2	20		
22	1970	08-08T12:00	3 900	08-08T17:00	4 450	08-08T07:00	108	08-08T14:25	107	106. 3	0. 6	20		
23	1970	09-02T19:00	6 000	09-02T22:00	5 860	09-05T08:00	139	09-05T14:00	132	136. 4	3. 3	20		
24	1970	10-01T08:00	4 550	10-01T06:00	4 590	09-30T08:00	83. 2	09-30T16:00	83. 6	82. 4	1. 5	20		
25	1972	09-05T16:00	4 160	09-06T07:00	4 000	09-04T14:00	59. 5	09-05T07:05	54. 1	59. 3	5. 2	16		

续表 5-12

序号	年份	孙口		艾山		孙口		艾山			预报误差	许可误差	通过否	
		时间（月-日 T 时:分）	$Q_{m孙}$ (m^3/s)	时间（月-日 T 时:分）	$Q_{m艾}$ (m^3/s)	时间（月-日 T 时:分）	$\rho_{孙}$ (kg/m^3)	时间（月-日 T 时:分）	$\rho_{实测}$ (kg/m^3)	$\rho_{计算}$ (kg/m^3)			指标一	指标二
26	1973	09-04T06:00	3 950	09-04T20:00	3 880	09-05T08:00	267	09-05T16:00	246	258.8	5.2	20		
27	1974	10-09T08:00	3 520	10-10T02:00	3 480	10-06T02:00	56.9	10-06T02:00	49.9	56.7	6.8	16		
28	1975	08-03T06:00	4 100	08-03T20:00	4 000	08-03T18:00	98.1	08-03T12:00	87.5	96.7	10.6	20		
29	1975	08-13T21:00	4 300	08-14T06:00	4 160	08-16T08:00	35.3	08-16T08:00	37.5	35.7	1.8	16		
30	1975	09-27T20:00	5 080	09-28T04:00	4 940	09-26T18:00	39.5	09-29T14:00	37.4	39.8	2.4	16		
31	1976	08-02T15:00	4 040	08-02T19:00	3 630	08-02T14:00	37.7	08-03T02:00	34.1	38.0	3.9	16		
32	1976	08-07T04:00	3 520	08-07T07:40	3 510	08-06T18:07	53.9	08-08T08:00	52.1	53.8	1.7	16		
33	1976	08-24T04:00	4 480	08-24T14:00	4 500	08-24T08:00	45.2	08-24T18:00	47.8	45.4	2.4	16		
34	1976	09-03T12:00	9 100	09-05T02:00	9 100	09-11T18:00	41.7	09-12T07:05	44.6	42.1	2.5	16		
35	1977	07-10T22:00	5 720	07-10T14:00	5 340	07-12T08:00	227	07-12T13:08	218	220.9	1.3	20		
36	1977	08-06T13:00	4 100	08-06T17:48	3 770	08-06T14:00	99	08-06T19:09	92.4	97.6	5.6	20		
37	1977	08-10T17:03	4 700	08-11T00:00	4 600	08-10T08:00	235	08-10T16:00	243	228.4	6.0	20		
38	1978	09-22T22:00	5 000	09-22T21:00	4 770	09-22T18:00	58.3	09-23T14:00	62.3	58.2	4.1	16		
39	1979	08-17T21:00	5 400	08-18T03:00	5 060	08-17T14:00	139	08-17T18:46	102	136.3	33.6	20	否	否
40	1981	07-12T13:00	3 700	07-12T16:00	3 710	07-13T10:00	67.1	07-13T19:00	74.4	66.7	7.7	16		
41	1981	07-19T07:00	3 640	07-19T07:00	3 520	07-18T08:10	56.1	07-19T02:00	52	56.0	4.0	16		
42	1981	08-27T05:45	4 290	08-27T16:00	4 180	08-27T14:00	57.5	08-29T02:00	60.2	57.4	2.8	16		
43	1981	09-14T13:00	6 500	09-14T18:00	6 260	09-16T18:00	37	09-17T02:00	31.3	37.4	6.1	16		
44	1981	10-07T00:00	6 200	10-07T12:00	6 460	10-12T15:30	36.1	10-12T18:00	28.4	32.1	3.7	16		
45	1982	08-07T02:00	10 100	08-07T03:00	7 430	08-02T02:05	62.7	08-02T16:40	59.1	62.6	3.5	16		
46	1982	08-17T10:00	5 170	08-17T18:00	5 020	08-16T18:00	44.2	08-17T02:00	43.2	44.4	1.2	16		
47	1983	07-25T02:00	4 300	07-25T15:00	4 030	07-25T06:18	35.9	07-25T18:00	36.8	36.3	0.5	16		
48	1983	08-05T12:00	5 550	08-05T22:30	5 790	08-04T08:36	46.7	08-04T12:00	40	46.9	6.9	16		
49	1983	09-12T07:00	4 570	09-12T14:50	4 610	09-12T18:00	36.5	09-13T18:00	36.1	36.9	0.8	16		
50	1983	10-02T08:12	4 730	10-02T17:00	4 670	10-02T17:06	31.3	10-02T17:05	32.2	31.8	0.4	16		
51	1983	10-10T06:00	6 200	10-10T12:48	5 950	10-08T16:24	39.4	10-08T17:30	36.4	39.8	3.4	16		

续表 5-12

序号	年份	孙口		艾山		孙口		艾山			预报误差	许可误差	通过否	
		时间（月-日T时:分）	$Q_{m孙}$ (m^3/s)	时间（月-日T时:分）	$Q_{m艾}$ (m^3/s)	时间（月-日T时:分）	$\rho_{孙}$ (kg/m^3)	时间（月-日T时:分）	$\rho_{实测}$ (kg/m^3)	$\rho_{计算}$ (kg/m^3)			指标一	指标二
52	1984	07-08T06:30	4 090	07-08T10:00	4 070	07-08T08:00	34.6	07-08T12:00	36.2	35.0	1.2	16		
53	1984	07-10T18:00	4 940	07-10T14:30	4 960	07-10T14:00	36.7	07-11T09:10	40	37.1	2.9	16		
54	1984	07-30T00:00	4 550	07-30T12:00	4 700	07-31T18:00	36.5	07-31T08:00	29.2	36.9	7.7	16		
55	1984	08-08T10:00	5 940	08-08T14:00	5 920	08-09T10:15	62.5	08-09T14:40	63.6	62.3	1.3	16		
56	1984	09-01T08:00	3 880	09-01T10:00	4 060	09-02T08:24	50.6	09-02T18:00	50	50.6	0.6	16		
57	1984	09-12T07:00	5 220	09-12T12:00	5 180	09-11T02:00	61.2	09-11T12:00	60.1	61.0	0.9	16		
58	1984	09-27T21:00	6 440	09-29T18:00	6 530	09-27T02:00	34.8	09-27T00:00	35.3	35.3	0.0	16		
59	1985	09-19T05:24	7 100	09-19T16:45	7 040	09-18T08:00	56	09-18T08:00	60.2	56.0	4.2	16		
60	1985	09-28T04:00	5 230	09-28T08:30	5 220	09-28T18:00	31.9	09-29T00:00	36.9	32.4	4.5	16		
61	1985	10-18T12:00	4 230	10-18T19:00	4 640	10-20T08:00	25.6	10-21T21:00	25.3	26.2	0.9	16		
62	1987	08-31T06:00	2 880	08-31T15:23	2 870	08-31T08:58	48.3	08-31T12:00	49.4	48.3	1.1	16		
63	1988	07-13T02:00	2 880	07-13T07:00	2 810	07-13T02:00	46.9	07-13T19:16	69.1	63.4	5.7	16		
64	1988	07-25T10:00	3 190	07-25T10:00	2 880	07-23T14:00	75.9	07-24T12:00	76.6	75.1	1.5	16		
65	1988	08-14T14:50	5 660	08-14T20:00	5 520	08-15T19:06	122	08-16T08:00	115	120.0	4.3	20		
66	1988	08-23T07:00	6 120	08-23T13:00	5 940	08-23T02:00	56.8	08-23T08:00	60.2	56.8	3.4	16		
67	1989	07-26T22:00	5 200	07-27T01:00	5 120	07-26T01:15	102	07-26T08:00	110	100.6	8.5	20		
68	1989	08-23T19:10	4 520	08-23T23:30	4 260	08-22T18:00	43.9	08-23T18:40	50.4	44.1	6.3	16		
69	1990	07-11T05:25	3 950	07-11T13:33	3 940	07-11T18:55	63.2	07-11T18:00	68	62.9	5.1	16		
70	1992	08-20T06:00	3 480	08-20T08:00	3 310	08-18T00:00	145	08-19T00:00	148	141.9	4.1	20		
71	1992	09-05T06:00	3 100	09-05T01:30	3 030	09-05T00:00	74.8	09-05T08:00	75.3	74.1	1.2	16		
72	1993	08-10T02:00	3 340	08-10T13:10	3 310	08-11T00:00	72.9	08-11T18:14	64.7	72.3	7.6	16		
73	1994	07-13T22:24	3 530	07-14T13:10	3 450	07-15T07:00	70.3	07-15T08:00	71	69.8	1.2	16		
74	1994	08-10T23:00	3 420	08-11T01:12	3 420	08-10T14:00	118	08-10T18:00	111	115.9	4.4	20		
75	1994	08-18T05:00	2 900	08-18T04:00	3 190	08-17T08:00	169	08-18T00:00	180	164.9	8.4	20		
76	1996	08-15T00:00	5 800	08-17T04:30	5 030	08-19T00:00	40.7	08-19T12:00	36.2	41.0	4.8	16		
77	1998	07-20T03:50	2 800	07-20T11:00	2 830	07-20T14:00	71.8	07-21T08:00	67.7	71.2	3.5	16		

注: 艾山沙峰小于临界值 80 kg/m^3 的预报误差和许可误差的单位为 kg/m^3，其余单位为%。

表 5-13　泺口站最大含沙量预报结果

序号	年份	艾山		泺口		艾山		泺口			预报误差	许可误差	通过否	
		时间（月-日T时:分）	$Q_{m艾}$ (m^3/s)	时间（月-日T时:分）	$Q_{m泺}$ (m^3/s)	时间（月-日T时:分）	$\rho_{艾}$ (kg/m^3)	时间（月-日T时:分）	$\rho_{实测}$ (kg/m^3)	$\rho_{计算}$ (kg/m^3)			指标一	指标二
1	1954	08-13T05:00	7 900	08-15T10:00	7 290	08-06T00:00	94.8	08-06T00:00	84.7	92.5	9.2	20		
2	1957	07-23T17:00	10 800	07-25T16:00	9 630	07-19T04:00	51.9	07-19T08:00	46.8	53.1	6.3	14		
3	1958	07-21T22:00	12 600	07-23T12:00	11 900	07-19T18:00	84	07-20T02:00	90.8	84.0	7.5	20		
4	1960	08-08T13:00	3 710	08-08T20:00	3 520	08-09T10:00	88.6	08-10T04:00	88	84.3	4.2	20		
5	1961	10-22T05:00	5 980	10-22T14:30	5 480	10-20T17:14	22.1	10-22T16:00	21.2	23.7	2.5	14		
6	1962	08-09T02:00	4 240	08-10T06:00	4 500	08-09T09:00	25.4	08-10T06:00	22.3	26.6	4.3	14		
7	1962	08-18T18:00	6 120	08-20T02:00	5 820	08-19T06:00	28.5	08-19T12:00	33.1	29.9	3.2	14		
8	1963	05-29T16:00	5 240	05-30T08:00	5 180	06-01T08:00	34.9	06-02T02:00	26.7	35.8	9.1	14		
9	1963	08-10T00:00	4 930	08-10T16:00	5 030	08-09T17:00	24.3	08-10T08:00	26	25.7	0.3	14		
10	1963	08-14T00:00	5 050	08-14T12:00	5 140	08-15T20:00	19.6	08-16T08:00	21.5	21.2	0.3	14		
11	1963	09-03T08:00	4 810	09-03T16:00	4 840	09-04T14:00	45.2	09-05T20:00	49.1	45.3	3.8	14		
12	1963	09-14T20:00	3 870	09-16T00:00	3 910	09-14T08:00	30.6	09-15T04:00	31.4	31.4	0.0	14		
13	1963	09-26T22:00	5 420	09-28T00:00	5 420	09-26T09:00	19.5	09-27T18:00	22.6	21.1	1.5	14		
14	1963	10-22T18:00	3 970	10-22T18:00	3 830	10-23T08:00	19.4	10-23T08:00	19.1	20.8	1.7	14		
15	1964	05-27T16:00	4 200	05-27T17:00	4 270	05-27T02:00	28.4	05-27T17:00	25.1	29.4	4.3	14		
16	1964	07-19T22:00	5 800	07-22T08:00	5 820	07-24T02:00	65.6	07-24T14:00	66.5	64.6	1.9	14		
17	1964	07-30T06:00	8 810	07-31T16:00	8 400	07-29T09:30	74.3	07-30T02:00	63	73.8	10.8	14		
18	1964	09-05T03:00	7 860	09-05T16:00	8 260	09-05T08:20	27.1	09-06T02:00	29.1	28.8	0.3	14		
19	1964	09-14T15:00	8 010	09-14T18:00	8 060	09-15T14:20	19.6	09-15T20:00	22	21.5	0.5	14		
20	1964	09-26T18:00	7 970	09-27T12:00	7 760	09-26T12:00	26	09-27T08:00	23.4	27.8	4.4	14		
21	1964	10-07T18:00	7 630	10-08T00:00	7 580	10-07T14:00	20.5	10-08T04:00	20.8	22.4	1.6	14		
22	1965	07-24T17:32	5 630	07-25T10:00	5 320	07-24T17:32	48.9	07-25T11:00	54.6	49.0	5.6	14		
23	1966	07-25T21:00	5 440	07-26T04:00	5 280	07-25T19:00	86.6	07-26T04:00	89.7	83.7	6.6	20		
24	1966	08-03T06:00	8 270	08-03T22:00	7 600	08-02T16:00	135	08-03T12:00	144	129.5	10.0	20		
25	1966	08-21T02:00	4 880	08-21T14:00	4 740	08-23T00:00	129	08-23T08:00	121	121.6	0.5	20		
26	1966	09-21T00:00	5 000	09-21T02:00	4 940	09-21T00:00	60.9	09-21T20:00	61.4	59.9	1.5	14		
27	1967	08-16T17:00	5 880	08-17T06:00	5 850	08-16T04:00	112	08-16T18:00	109	107.1	1.7	20		
28	1967	08-27T04:00	5 310	08-27T14:00	5 590	08-27T15:30	90.3	08-28T02:00	86.5	87.0	0.6	20		
29	1967	09-06T04:00	5 340	09-06T17:15	5 260	09-06T16:00	95.3	09-07T20:00	89.2	91.6	2.7	20		
30	1968	07-25T02:00	4 360	07-25T05:00	4 280	07-24T14:00	48.9	07-25T02:00	49.3	48.6	0.7	14		

续表 5-13

序号	年份	艾山		泺口		艾山		泺口			预报误差	许可误差	通过否	
		时间（月-日T时:分）	$Q_{m艾}$（m^3/s）	时间（月-日T时:分）	$Q_{m泺}$（m^3/s）	时间（月-日T时:分）	$\rho_{艾}$（kg/m^3）	时间（月-日T时:分）	$\rho_{实测}$（kg/m^3）	$\rho_{计算}$（kg/m^3）			指标一	指标二
31	1968	08-19T08:00	4 200	08-19T16:00	4 120	08-19T08:00	50.7	08-20T02:00	49.4	50.2	0.8	14		
32	1968	09-18T02:00	7 080	09-18T10:00	6 980	09-17T07:00	51.5	09-18T08:35	52.1	51.9	0.2	14		
33	1968	10-16T16:00	7 190	10-16T18:00	7 140	10-15T14:00	45	10-16T02:00	44.5	45.8	1.3	14		
34	1969	08-04T10:00	3 590	08-04T20:00	3 100	08-04T13:15	120	08-05T02:00	108	112.3	3.9	20		
35	1970	08-08T17:00	4 450	08-09T04:00	4 250	08-08T14:25	107	08-09T08:00	92.3	101.5	10.0	20		
36	1970	09-02T22:00	5 860	09-03T10:00	5 750	09-05T14:00	132	09-05T20:00	123	125.2	1.8	20		
37	1970	10-01T06:00	4 590	10-01T16:00	4 530	09-30T16:00	83.6	10-01T08:51	74.8	80.5	7.6	20		
38	1972	09-06T07:00	4 000	09-06T15:00	3 790	09-05T07:05	54.1	09-06T02:00	57.3	53.2	4.1	14		
39	1973	09-04T20:00	3 880	09-05T00:00	3 880	09-05T16:00	246	09-06T08:00	221	223.0	0.9	20		
40	1974	10-10T02:00	3 480	10-10T04:00	3 400	10-06T02:00	49.9	10-07T09:30	52.4	49.1	3.3	14		
41	1975	08-03T20:00	4 000	08-04T08:00	3 890	08-03T12:00	87.5	08-04T20:00	83	83.6	0.7	20		
42	1975	08-14T06:00	4 160	08-14T22:20	4 020	08-16T08:00	37.5	08-17T08:00	40.7	37.9	2.8	14		
43	1975	09-28T04:00	4 940	09-28T14:00	4 550	09-29T14:00	37.4	09-30T20:00	35.8	38.1	2.3	14		
44	1976	08-02T19:00	3 630	08-03T05:00	3 590	08-03T02:00	34.1	08-03T08:00	31.3	34.6	3.3	14		
45	1976	08-07T07:40	3 510	08-07T18:00	3 480	08-08T08:00	52.1	08-07T20:00	52.9	51.1	1.8	14		
46	1976	08-24T14:00	4 500	08-25T04:00	4 440	08-24T18:00	47.8	08-25T14:00	57.5	47.6	9.9	14		
47	1976	09-05T02:00	9 100	09-05T20:00	8 000	09-12T07:05	44.6	09-12T18:00	40.1	45.8	5.7	14		
48	1977	07-10T14:00	5 340	07-10T23:00	5 400	07-12T13:08	218	07-13T02:00	216	201.1	6.9	20		
49	1977	08-06T17:48	3 770	08-07T02:00	3 820	08-06T19:09	92.4	08-07T09:32	94	87.8	6.6	20		
50	1977	08-11T00:00	4 600	08-11T10:00	4 270	08-10T16:00	243	08-11T14:00	195	221.8	13.8	20		
51	1978	09-22T21:00	4 770	09-23T11:30	4 660	09-23T14:00	62.3	09-23T18:00	57.9	61.1	3.2	14		
52	1979	08-18T03:00	5 060	08-18T10:05	4 870	08-17T18:46	102	08-18T14:00	115	97.5	15.2	20		
53	1981	07-12T16:00	3 710	07-13T07:20	3 450	07-13T19:00	74.4	07-14T14:00	67.1	71.5	4.4	14		
54	1981	07-19T07:00	3 520	07-19T19:50	3 420	07-19T02:00	52	07-19T17:40	48.3	51.0	2.7	14		
55	1981	08-27T16:00	4 180	08-27T21:50	4 100	08-29T02:00	60.2	08-29T08:00	66.4	58.9	7.5	14		
56	1981	09-14T18:00	6 260	09-15T05:30	5 440	09-17T02:00	31.3	09-17T18:00	37.4	32.6	4.8	14		
57	1981	10-07T12:00	6 460	10-08T01:30	5 750	10-12T18:00	43.6	10-14T18:00	35.5	29.9	5.6	14		
58	1982	08-07T03:00	7 430	08-08T22:45	6 010	08-02T16:40	59.1	08-03T02:00	60.9	59.1	1.8	14		
59	1982	08-17T18:00	5 020	08-18T14:00	4 730	08-17T02:00	43.2	08-17T09:36	42.8	43.5	0.7	14		
60	1983	07-25T15:00	4 030	07-25T22:00	3 760	07-25T18:00	36.8	07-26T08:00	36.1	37.2	1.1	14		

续表 5-13

序号	年份	艾山		泺口		艾山		泺口			预报误差	许可误差	通过否	
		时间（月-日T时:分）	$Q_{m艾}$ (m^3/s)	时间（月-日T时:分）	$Q_{m泺}$ (m^3/s)	时间（月-日T时:分）	$\rho_{艾}$ (kg/m^3)	时间（月-日T时:分）	$\rho_{实测}$ (kg/m^3)	$\rho_{计算}$ (kg/m^3)			指标一	指标二
61	1983	08-05T22:30	5 790	08-06T08:00	5 280	08-04T12:00	40	08-05T02:00	38.2	40.7	2.5	14		
62	1983	09-12T14:50	4 610	09-13T00:00	4 560	09-13T18:00	36.1	09-14T14:00	35	36.7	1.7	14		
63	1983	10-02T17:00	4 670	10-03T02:00	4 680	10-02T17:05	32.2	10-03T09:25	29.7	33.1	3.4	14		
64	1983	10-10T12:48	5 950	10-11T00:00	5 740	10-08T17:30	36.4	10-09T09:39	34.2	37.4	3.2	14		
65	1984	07-08T10:00	4 070	07-08T14:55	3 830	07-08T12:00	36.2	07-08T20:00	40.2	36.7	3.5	14		
66	1984	07-10T14:30	4 960	07-10T22:45	4 640	07-11T09:10	40	07-11T20:00	37.6	40.5	2.9	14		
67	1984	07-30T12:00	4 700	07-30T15:40	4 560	07-31T08:00	29.2	07-31T14:00	28.4	30.3	1.9	14		
68	1984	08-08T14:00	5 920	08-08T22:50	5 540	08-09T14:40	63.6	08-10T04:00	67.8	62.8	5.0	14		
69	1984	09-01T10:00	4 060	09-01T20:20	3 750	09-02T18:00	50	09-03T07:00	57.4	49.5	7.9	14		
70	1984	09-12T12:00	5 180	09-13T08:00	5 030	09-11T12:00	60.1	09-12T02:00	56.7	59.3	2.6	14		
71	1984	09-29T18:00	6 530	09-30T09:10	6 420	09-27T00:00	35.3	09-28T07:04	32.7	36.5	3.8	14		
72	1985	09-19T16:45	7 040	09-20T01:40	6 510	09-18T08:00	60.2	09-19T08:00	71	60.1	15.4	20		
73	1985	09-28T08:30	5 220	09-29T04:00	4 930	09-29T00:00	36.9	09-29T20:00	42.8	37.7	5.1	14		
74	1985	10-18T19:00	4 640	10-18T20:00	4 360	10-21T21:00	25.3	10-22T08:00	23.8	26.6	2.8	14		
75	1987	08-31T15:23	2 870	09-01T01:00	2 650	08-31T12:00	49.4	09-01T02:00	46.8	48.3	1.5	14		
76	1988	07-13T07:00	2 810	07-13T19:00	2 790	07-13T19:16	69.1	07-14T08:00	62.5	66.1	3.6	14		
77	1988	07-25T10:00	2 880	07-25T18:00	2 950	07-24T12:00	76.6	07-24T18:00	73.8	72.8	1.3	20		
78	1988	08-14T20:00	5 520	08-15T04:00	5 400	08-16T08:00	115	08-16T12:00	125	109.7	12.2	20		
79	1988	08-23T13:00	5 940	08-23T20:00	5 640	08-23T08:00	60.2	08-24T08:16	59.4	59.7	0.3	14		
80	1989	07-27T01:00	5 120	07-27T10:25	5 000	07-26T08:00	110	07-26T20:00	109	104.8	3.9	20		
81	1989	08-23T23:30	4 260	08-23T22:40	4 200	08-23T18:40	50.4	08-24T10:25	46.1	49.9	3.8	14		
82	1990	07-11T13:33	3 940	07-12T00:00	3 770	07-11T18:00	68	07-12T08:00	65.6	65.9	0.3	14		
83	1992	08-20T08:00	3 310	08-20T13:20	3 150	08-19T00:00	148	08-19T08:00	146	136.6	6.5	20		
84	1992	09-05T01:30	3 030	09-05T16:00	2 750	09-05T08:00	75.3	09-06T08:00	68.7	71.8	3.1	14		
85	1993	08-10T13:10	3 310	08-11T00:00	3 300	08-11T18:14	64.7	08-11T14:00	65.4	62.5	2.9	14		
86	1994	07-14T13:10	3 450	07-14T21:30	3 350	07-15T08:00	71	07-15T19:20	57.3	68.3	11.0	14		
87	1994	08-11T01:12	3 420	08-11T04:20	3 320	08-10T18:00	111	08-11T14:00	91.2	104.1	14.1	20		
88	1994	08-18T04:00	3 190	08-18T08:00	3 030	08-18T00:00	180	08-18T04:00	162	164.3	1.4	20		
89	1996	08-17T04:30	5 030	08-18T05:50	5 700	08-19T12:00	36.2	08-20T08:00	28.7	37.0	8.3	14		
90	1998	07-20T11:00	2 830	07-21T08:33	2 780	07-21T08:00	67.7	07-22T09:58	73.1	64.8	11.3	14		
91	1998	08-29T08:50	3 130	08-29T19:00	3 090	08-30T18:00	59.6	08-30T18:00	59.3	57.7	1.6	20		

注：泺口沙峰小于临界值 70 kg/m^3 的预报误差和许可误差的单位为 kg/m^3，其余单位为%。

表 5-14　利津站最大含沙量预报结果

序号	年份	泺口		利津		泺口		利津			预报误差	许可误差	通过否	
		时间（月-日T时:分）	$Q_{m泺}$（m^3/s）	时间（月-日T时:分）	$Q_{m利}$（m^3/s）	时间（月-日T时:分）	$\rho_{泺}$（kg/m^3）	时间（月-日T时:分）	$\rho_{实测}$（kg/m^3）	$\rho_{计算}$（kg/m^3）			指标一	指标二
1	1954	08-15T10:00	7 290	08-18T01:00	7 220	08-06T00:00	84. 7	08-08T00:00	88	86. 5	1. 7	20		
2	1957	07-25T16:00	9 630	07-27T04:00	8 500	07-19T08:00	46. 8	07-20T20:00	67. 9	50. 2	17. 7	14	否	
3	1958	07-23T12:00	11 900	07-25T09:00	10 400	07-20T02:00	90. 8	07-21T06:00	84. 3	92. 4	9. 7	20		
4	1963	05-30T08:00	5 180	05-31T18:00	5 040	06-02T02:00	26. 7	06-02T18:00	31	29. 9	1. 1	14		
5	1963	08-10T16:00	5 030	08-11T08:00	4 920	08-10T08:00	26	08-11T04:00	27	29. 1	2. 1	14		
6	1963	08-14T12:00	5 140	08-15T18:00	5 110	08-16T08:00	21. 5	08-17T12:00	27. 1	24. 5	2. 6	14		
7	1963	09-03T16:00	4 840	09-04T06:50	4 610	09-05T20:00	49. 1	09-06T16:00	52. 2	52. 3	0. 1	14		
8	1963	09-16T00:00	3 910	09-16T18:00	4 000	09-15T04:00	31. 4	09-15T18:00	30	34. 6	4. 6	14		
9	1963	09-28T00:00	5 420	09-28T09:00	5 590	09-27T18:00	22. 6	09-27T12:00	25. 1	25. 6	0. 5	14		
10	1963	10-22T18:00	3 830	10-20T14:00	3 860	10-23T08:00	19. 1	10-22T14:00	21. 3	21. 9	0. 6	14		
11	1964	05-27T17:00	4 270	05-28T08:00	4 100	05-27T17:00	25. 1	05-29T07:40	30	28. 2	1. 8	14		
12	1964	07-22T08:00	5 820	07-22T14:00	5 930	07-24T14:00	66. 5	07-26T08:50	66. 9	69. 2	2. 3	14		
13	1964	07-31T16:00	8 400	07-31T24:00	8 650	07-30T02:00	63	07-30T13:40	66. 6	65. 9	0. 7	14		
14	1964	09-05T16:00	8 260	09-06T16:00	7 940	09-06T02:00	29. 1	09-06T00:00	32. 2	32. 4	0. 2	14		
15	1964	09-14T18:00	8 060	09-15T12:00	7 610	09-15T20:00	22	09-16T06:00	24. 2	25. 0	0. 8	14		
16	1964	09-27T12:00	7 760	09-27T16:00	7 520	09-27T08:00	23. 4	09-27T16:00	27. 4	26. 5	0. 9	14		
17	1964	10-08T00:00	7 580	10-08T12:00	7 330	10-08T04:00	20. 8	10-09T06:00	21. 4	23. 8	2. 4	14		
18	1965	07-25T10:00	5 320	07-26T06:00	5 250	07-25T11:00	54. 6	07-26T06:00	53. 5	57. 7	4. 2	14		
19	1966	07-26T04:00	5 280	07-26T17:45	5 330	07-26T04:00	89. 7	07-26T17:45	94. 6	91. 1	3. 7	20		
20	1966	08-03T22:00	7 600	08-04T04:00	7 070	08-03T12:00	144	08-04T04:00	141	141. 0	0. 0	20		
21	1966	08-21T14:00	4 740	08-22T00:00	4 480	08-23T08:00	121	08-24T00:00	109	119. 9	10. 0	20		
22	1966	09-21T02:00	4 940	09-21T02:00	4 770	09-21T20:00	61. 4	09-22T08:00	58. 7	64. 2	5. 5	14		
23	1967	08-17T06:00	5 850	08-17T18:00	5 600	08-16T18:00	109	08-17T18:00	114	109. 0	4. 4	20		
24	1967	08-27T14:00	5 590	08-28T06:00	5 400	08-28T02:00	86. 5	08-27T18:00	79. 9	88. 1	10. 3	20		
25	1967	09-06T17:15	5 260	09-07T18:00	5 340	09-07T20:00	89. 2	09-09T00:00	90	90. 6	0. 7	20		
26	1968	07-25T05:00	4 280	07-25T19:00	4 260	07-25T02:00	49. 3	07-25T18:00	50	52. 5	2. 5	14		
27	1968	08-19T16:00	4 120	08-20T08:00	4 070	08-20T02:00	49. 4	08-20T08:00	51. 8	52. 6	0. 8	14		
28	1968	09-18T10:00	6 980	09-19T06:00	6 800	09-18T08:35	52. 1	09-18T18:00	54. 2	55. 3	1. 1	14		
29	1968	10-16T18:00	7 140	10-17T04:00	6 900	10-16T02:00	44. 5	10-17T07:00	41. 7	47. 8	6. 1	14		

续表 5-14

序号	年份	泺口		利津		泺口		利津			预报误差	许可误差	通过否	
		时间（月-日T时:分）	$Q_{m泺}$ (m^3/s)	时间（月-日T时:分）	$Q_{m利}$ (m^3/s)	时间（月-日T时:分）	$\rho_{泺}$ (kg/m^3)	时间（月-日T时:分）	$\rho_{实测}$ (kg/m^3)	$\rho_{计算}$ (kg/m^3)			指标一	指标二
30	1969	08-04T20:00	3 100	08-05T11:40	2 950	08-05T02:00	108	08-05T11:40	101	107.8	6.8	20		
31	1970	08-09T04:00	4 250	08-10T00:00	4 030	08-09T08:00	92.3	08-10T08:00	81.9	93.4	14.1	20		
32	1970	09-03T10:00	5 750	09-04T08:00	5 720	09-05T20:00	123	09-06T12:00	113	121.9	7.8	20		
33	1970	10-01T16:00	4 530	10-02T08:03	4 350	10-01T08:51	74.8	10-01T08:00	69.7	77.0	7.3	14		
34	1972	09-06T15:00	3 790	09-06T12:00	3 720	09-06T02:00	57.3	09-06T00:00	36.8	60.2	23.4	14	否	否
35	1973	09-05T00:00	3 880	09-05T21:00	3 670	09-06T08:00	221	09-07T16:00	222	208.6	6.0	20		
36	1974	10-10T04:00	3 400	10-11T01:00	3 180	10-07T09:30	52.4	10-08T12:00	56.6	55.4	1.2	14		
37	1975	08-04T08:00	3 890	08-05T06:00	3 760	08-04T20:00	83	08-06T18:00	82.1	84.7	3.2	20		
38	1975	08-14T22:20	4 020	08-18T13:00	4 000	08-17T08:00	40.7	08-18T18:00	42.3	44.0	1.7	14		
39	1975	09-28T14:00	4 550	09-30T12:00	4 700	09-30T20:00	35.8	10-02T10:30	37.8	39.1	1.3	14		
40	1976	08-03T05:00	3 590	08-03T19:00	3 620	08-03T08:00	31.3	08-04T18:00	34.9	34.5	0.4	14		
41	1976	08-07T18:00	3 480	08-08T12:40	3 450	08-07T20:00	52.9	08-08T00:00	57.7	55.9	1.8	14		
42	1976	08-25T04:00	4 440	08-25T14:00	4 560	08-25T14:00	57.5	08-26T18:00	56.3	60.5	4.2	14		
43	1976	09-05T20:00	8 000	09-08T10:50	8 020	09-12T18:00	40.1	09-13T18:00	32.8	43.5	10.7	14		
44	1977	07-10T23:00	5 400	07-11T20:00	5 060	07-13T02:00	216	07-13T18:00	196	204.5	4.4	20		
45	1977	08-07T02:00	3 820	08-07T18:00	3 620	08-07T09:32	94	08-08T09:00	86.9	95.0	9.3	20		
46	1977	08-11T10:00	4 270	08-12T04:50	4 130	08-11T14:00	195	08-12T00:00	188	186.0	1.1	20		
47	1978	09-23T11:30	4 660	09-24T02:00	4 550	09-23T18:00	57.9	09-25T06:00	65.1	60.9	4.2	14		
48	1979	08-18T10:05	4 870	08-19T01:00	4 090	08-18T14:00	115	08-19T00:00	109	114.5	5.0	20		
49	1981	07-13T07:20	3 450	07-13T23:00	3 440	07-14T14:00	67.1	07-14T08:00	66.7	69.6	2.9	14		
50	1981	07-19T19:50	3 420	07-20T15:00	3 450	07-19T17:40	48.3	07-20T06:00	58.8	51.4	7.4	14		
51	1981	08-27T21:50	4 100	08-29T20:00	4 240	08-29T08:00	66.4	08-29T18:00	67	69.0	2.0	14		
52	1981	09-15T05:30	5 440	09-16T02:10	5 000	09-17T18:00	37.4	09-18T06:00	36.9	40.7	3.8	14		
53	1981	10-08T01:30	5 750	10-11T15:06	5 560	10-14T18:00	35.5	10-11T17:06	38.9	35.1	3.8	14		
54	1982	08-08T22:45	6 010	08-09T23:30	5 810	08-03T02:00	60.9	08-04T00:00	78.1	63.8	18.3	20		
55	1982	08-18T14:00	4 730	08-19T08:00	4 670	08-17T09:36	42.8	08-18T12:00	47.6	46.1	1.5	14		
56	1983	07-25T22:00	3 760	07-26T05:00	3 830	07-26T08:00	36.1	07-27T06:00	48.4	39.4	9.0	14		
57	1983	08-06T08:00	5 280	08-06T22:00	5 320	08-05T02:00	38.2	08-05T18:00	42.6	41.5	1.1	14		
58	1983	09-13T00:00	4 560	09-13T12:00	4 180	09-14T14:00	35	09-13T12:00	36.9	38.3	1.4	14		

续表 5-14

序号	年份	泺口		利津		泺口		利津			预报误差	许可误差	通过否	
		时间(月-日T时:分)	$Q_{m泺}$ (m^3/s)	时间(月-日T时:分)	$Q_{m利}$ (m^3/s)	时间(月-日T时:分)	$\rho_{泺}$ (kg/m^3)	时间(月-日T时:分)	$\rho_{实测}$ (kg/m^3)	$\rho_{计算}$ (kg/m^3)			指标一	指标二
59	1983	10-03T02:00	4 680	10-03T20:00	4 460	10-03T09:25	29.7	10-04T06:00	28.8	32.9	4.1	14		
60	1983	10-11T00:00	5 740	10-11T10:00	5 760	10-09T09:39	34.2	10-10T06:00	40.1	37.5	2.6	14		
61	1984	07-08T14:55	3 830	07-09T06:00	3 710	07-08T20:00	40.2	07-09T12:00	43.8	43.5	0.3	14		
62	1984	07-10T22:45	4 640	07-11T16:00	4 690	07-11T20:00	37.6	07-12T10:00	42.8	40.9	1.9	14		
63	1984	07-30T15:40	4 560	07-31T06:00	4 590	07-31T14:00	28.4	07-31T24:00	28.4	31.6	3.2	14		
64	1984	08-08T22:50	5 540	08-09T10:00	5 590	08-10T04:00	67.8	08-11T00:00	69.3	70.4	1.1	14		
65	1984	09-01T20:20	3 750	09-02T08:00	3 790	09-03T07:00	57.4	09-04T17:30	47.4	60.3	12.9	14		
66	1984	09-13T08:00	5 030	09-13T18:00	5 050	09-12T02:00	56.7	09-13T00:00	57	59.7	2.7	14		
67	1984	09-30T09:10	6 420	09-30T06:00	6 400	09-28T07:04	32.7	09-28T12:00	39	36.0	3.0	14		
68	1985	09-20T01:40	6 510	09-21T10:00	6 380	09-19T08:00	71	09-19T18:00	73.9	73.5	0.5	20		
69	1985	09-29T04:00	4 930	09-28T18:00	4 770	09-29T20:00	42.8	09-31T24:00	46	46.1	0.1	14		
70	1985	10-18T20:00	4 360	10-19T20:00	4 040	10-22T08:00	23.8	10-23T08:00	30.6	26.8	3.8	14		
71	1987	09-01T01:00	2 650	09-01T18:00	2 730	09-01T02:00	46.8	09-02T06:00	41.9	49.9	8.0	14		
72	1988	07-13T19:00	2 790	07-14T08:00	2 800	07-14T08:00	50.8	07-13T18:00	57	65.2	8.2	14		
73	1988	07-25T18:00	2 950	07-26T13:00	2 820	07-24T18:00	73.8	07-25T12:00	74.3	75.9	2.2	20		
74	1988	08-15T04:00	5 400	08-15T17:33	5 060	08-16T12:00	125	08-17T08:00	143	123.7	13.5	20		
75	1988	08-23T20:00	5 640	08-24T08:00	5 090	08-24T08:16	59.4	08-24T11:50	67.3	62.4	4.9	14		
76	1989	07-27T10:25	5 000	07-28T05:00	4 620	07-26T20:00	109	07-27T13:50	128	109.0	14.9	20		
77	1989	08-23T22:40	4 200	08-24T14:00	3 360	08-24T10:25	46.1	08-25T08:00	65.9	49.3	16.6	14	否	
78	1990	07-12T00:00	3 770	07-12T14:00	3 750	07-12T08:00	65.6	07-13T12:00	71.3	68.2	4.3	20		
79	1992	08-20T13:20	3 150	08-20T16:00	3 080	08-19T08:00	146	08-20T19:00	138	142.3	3.1	20		
80	1992	09-05T16:00	2 750	09-06T10:00	2 700	09-06T08:00	68.7	09-06T20:00	78.2	71.1	9.1	20		
81	1993	08-11T00:00	3 300	08-11T18:30	3 210	08-11T14:00	65.4	08-11T08:00	83.3	68.0	18.4	20		
82	1994	07-14T21:30	3 350	07-15T16:00	3 200	07-15T19:20	57.3	07-16T15:00	76.3	60.2	21.1	20	否	
83	1994	08-11T04:20	3 320	08-11T11:00	3 180	08-11T14:00	91.2	08-11T20:00	99.3	92.3	7.0	20		
84	1994	08-18T08:00	3 030	08-19T06:00	2 780	08-18T04:00	162	08-19T04:00	153	156.6	2.3	20		
85	1996	08-18T05:50	5 700	08-20T22:45	4 130	08-20T08:00	28.7	08-22T20:00	27.2	31.9	4.7	14		
86	1998	07-21T08:33	2 780	07-21T20:00	2 530	07-22T09:58	73.1	07-23T14:00	76.5	75.3	1.6	20		
87	1998	08-29T19:00	3 090	08-29T23:33	3 020	08-30T18:00	59.3	09-01T08:00	72.4	62.1	14.2	20		

注: 利津沙峰小于临界值 70 kg/m^3 的预报误差和许可误差的单位为 kg/m^3,其余单位为%。

第6章 龙门站小洪水最大含沙量预报方法研究

为了满足小北干流放淤对含沙量预报的要求，选择接近近期河道条件的1990~2003年系列，统计龙门站洪峰流量在500~5 000 m^3/s的洪水，同时摘录吴堡以及吴龙区间三川河后大成、无定河白家川、清涧河延川、昕水河大宁、延水甘谷驿的洪峰流量、沙峰及出现时间等特征值。

6.1 资料选用

1990~2003年龙门站洪峰流量在500~5 000 m^3/s的洪水共129场，其中有21场吴堡及吴龙区间选用的5个站均无相应洪峰出现，且这21场洪水中最大洪峰不算太大，仅2 710 m^3/s，因此建立模型时仅考虑其余108场洪水。

6.2 精度控制

由于龙门选用的108场洪水的沙峰平均值为172 kg/m^3，所以本文以180 kg/m^3作为龙门含沙量预报的临界值，含沙量大于该值的许可误差取相对误差小于等于20%为通过；小于该值的许可误差取绝对误差小于等于36 kg/m^3（180 kg/m^3 ×20%）为通过。

6.3 预报模型研制

首先让所有点即108场洪水参加$\rho_{龙} \sim \rho_{吴}$关系，如图6-1所示，点子比较散乱，相关系数仅0.66。

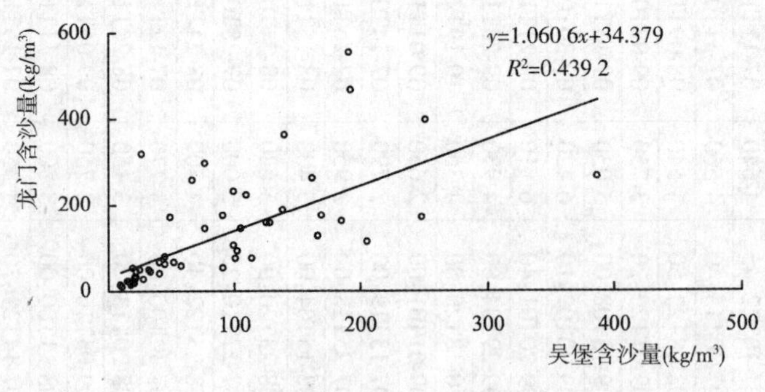

图6-1 $\rho_{龙} \sim \rho_{吴}$关系

参考龙门洪峰流量大于5 000 m^3/s时的预报模型，这里依然以吴堡含沙量、输入站合成含沙量、$Q_{m龙}{}^{\alpha}\rho_{吴}{}^{\beta}$、$Q_{m龙}{}^{\alpha}\rho_{合}{}^{\beta}$为自变量来建立相关关系。同时为了表征区间加入水量的情况，用吴龙洪峰比k将洪水进行分类：$k \geq 0.9$，$0.6 \leq k < 0.9$，$k < 0.6$。

6.3.1 以吴堡含沙量为自变量

6.3.1.1 吴龙洪峰比 $k \geqslant 0.9$

数据点 40 个，$\rho_{龙} \sim \rho_{吴}$ 相关关系如图 6-2 所示，相关系数为 0.682，计算值的通过率分别为 26/40 = 65%、30/40 = 75%。

6.3.1.2 吴龙洪峰比 $0.6 \leqslant k < 0.9$

数据点 13 个，$\rho_{龙} \sim \rho_{吴}$ 相关关系如图 6-3 所示，相关系数为 0.833，计算值的通过率分别为 6/13 = 46.2%、10/13 = 76.9%。

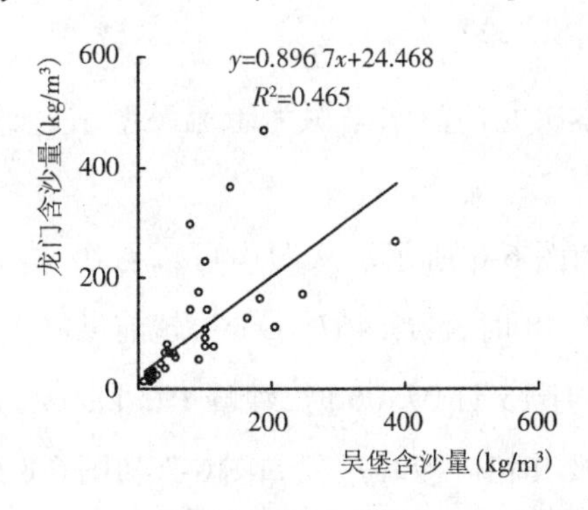

图 6-2 $k \geqslant 0.9$ 时 $\rho_{龙} \sim \rho_{吴}$ 相关关系

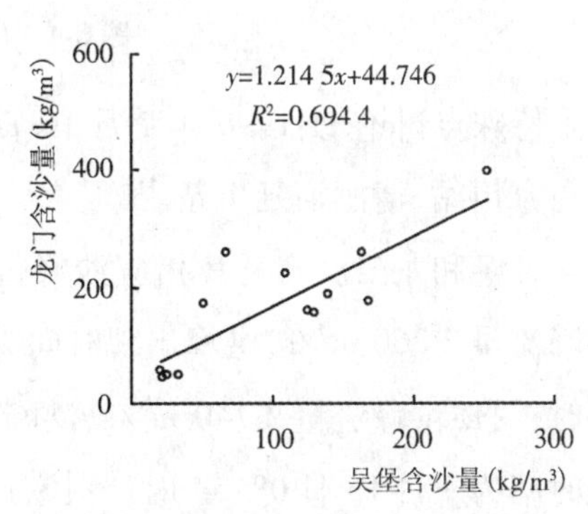

图 6-3 $0.6 \leqslant k < 0.9$ 时 $\rho_{龙} \sim \rho_{吴}$ 相关关系

6.3.1.3 吴龙洪峰比 $k < 0.6$

数据点 2 个。由于数据点仅 2 个，不具有代表性，故这里不作分析。

由以上 3 种分类汇总（见表 6-1）可知，总数据点为 55 个，总通过率分别为 32/55 = 58.2%、40/55 = 72.7%。

表 6-1 以吴堡含沙量为自变量的龙门含沙量预报模型汇总

<table>
<tr><th rowspan="2">k 值</th><th rowspan="2">计算公式</th><th rowspan="2">相关系数</th><th colspan="4">通过率</th></tr>
<tr><th>指标一</th><th>指标二</th><th>指标一</th><th>指标二</th></tr>
<tr><td>$k \geqslant 0.9$</td><td>$\rho_{龙} = 0.896\,7\rho_{吴} + 24.468$</td><td>0.682</td><td>26/40 = 65%</td><td>30/40 = 75%</td><td rowspan="3">32/55 = 58.2%</td><td rowspan="3">40/55 = 72.7%</td></tr>
<tr><td>$0.6 \leqslant k < 0.9$</td><td>$\rho_{龙} = 1.214\,5\rho_{吴} + 44.746$</td><td>0.833</td><td>6/13 = 46.2%</td><td>10/13 = 76.9%</td></tr>
<tr><td>$k < 0.6$</td><td></td><td></td><td></td><td></td></tr>
</table>

注：$\rho_{龙} = f(\rho_{吴}, k)$。

6.3.2 以输入站合成含沙量为自变量

6.3.2.1 吴龙洪峰比 $k \geqslant 0.9$

数据点 40 个，相关关系见图 6-4，相关系数为 0.957，计算值的通过率分别为 35/40 = 87.5%、37/40 = 92.5%，高于以吴堡含沙量为自变量的情况。可以看出，1996 年 7 月 16 日 0 时、1992 年 7 月 29 日 08:33 时龙门沙峰 467 kg/m³、362 kg/m³，明显高于其他点。

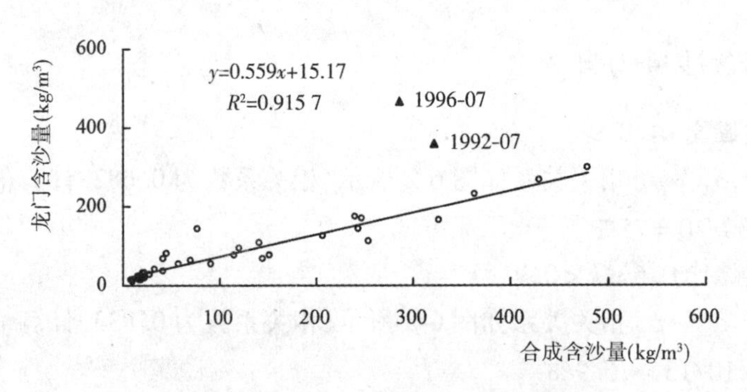

图6-4　$k \geqslant 0.9$ 时 $\rho_{龙} \sim \rho_{合}$ 相关关系

特殊点讨论①:1996 年 7 月 16 日龙门洪水。本次龙门洪水来源为干流吴堡站、无定河白家川站、清涧河延川站。

吴堡和龙门洪峰及其相应沙峰过程如图 6-5 和图 6-6 所示。从图中可以看出,龙门洪峰流量 2 260 m^3/s,洪峰出现时间为 7 月 16 日 01:48 时,沙峰 467 kg/m^3,超前洪峰 1.8 小时;吴堡洪峰流量 2 740 m^3/s,洪峰出现时间为 7 月 15 日 07:06 时,沙峰 192 kg/m^3,出现时间为 7 月 15 日 08:54 时。白家川和延川洪峰及其相应沙峰过程如图 6-7 和图 6-8 所示。可以看出,白家川洪峰流量 437 m^3/s,峰现时间为 7 月 15 日 02:00 时,沙峰 639 kg/m^3,与洪峰同步;延川洪峰流量仅 198 m^3/s,峰现时间为 7 月 15 日 03:54 时,但沙峰高达 799 kg/m^3,出现时间为 7 月 15 日 05:00 时。

从上看出,本次龙门洪峰是吴堡来水造成的,在吴堡沙峰较洪峰滞后 1.8 小时的情况下,龙门沙峰较洪峰超前 1.8 小时,说明龙门沙峰是支流无定河白家川和清涧河延川的小洪水造成的,吴堡洪水推波作用大于稀释作用。无定河、清涧河 2 条支流均在多沙粗沙区,若不考虑吴堡洪水的影响,合成含沙量为 689 kg/m^3,则该点基本在相关线上,但实际预报中很难把握,往往会导致预报值严重偏低。因此,认为该点是特殊点,不参加相关分析。

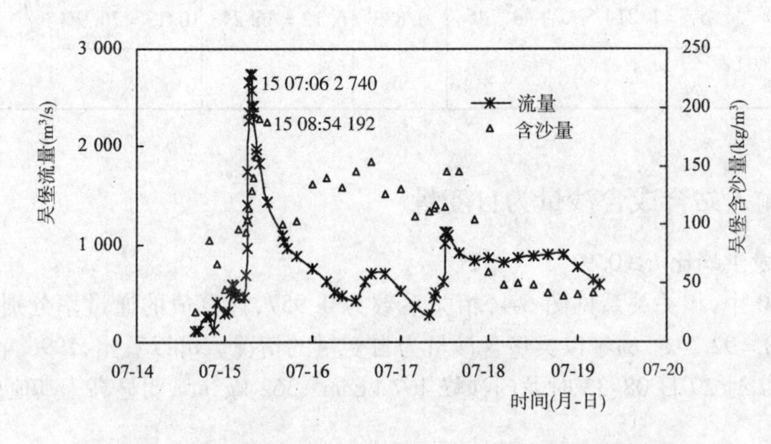

图6-5　吴堡 1996 年 7 月 15 日 07:06 时洪峰和相应沙峰过程

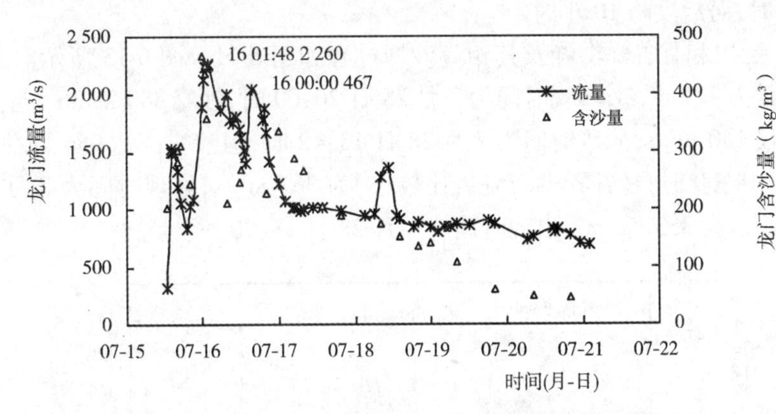

图 6-6　龙门 1996 年 7 月 16 日 01:48 时洪峰和相应沙峰过程

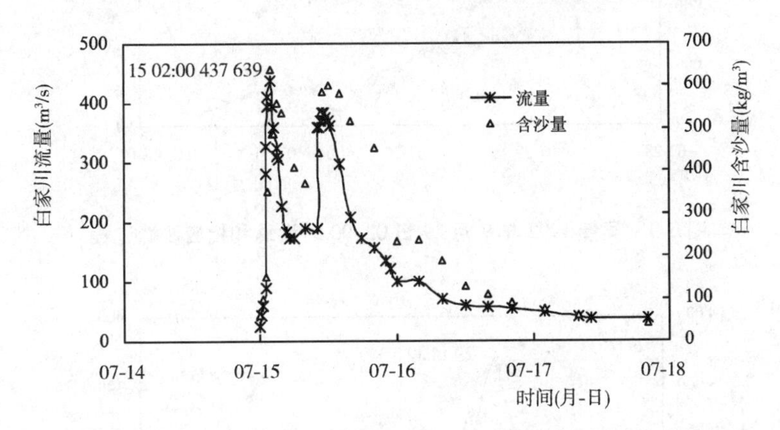

图 6-7　白家川 1996 年 7 月 15 日 02:00 时洪峰和相应沙峰过程

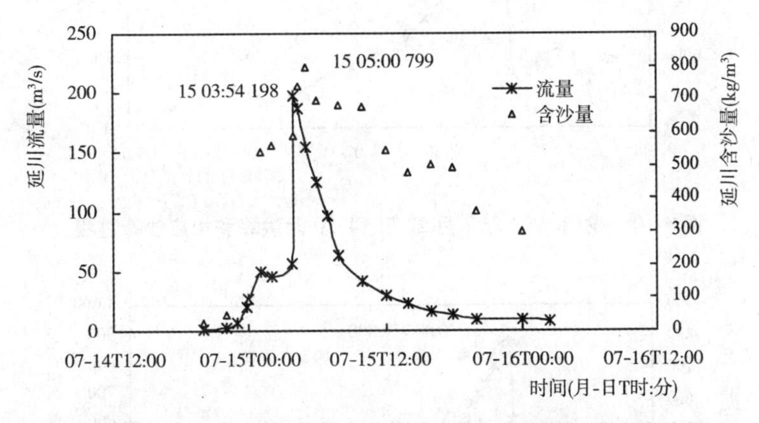

图 6-8　延川 1996 年 7 月 15 日 03:54 时洪峰和相应沙峰过程

特殊点讨论②:1992 年 7 月 29 日龙门洪水。本次龙门洪水来源为干流吴堡站、无定河白家川站、清涧河延川站、延河甘谷驿站。无定河、清涧河在多沙粗沙区,延河部分支流在多沙粗沙区,吴龙区间选用的山西境内的三川河、昕水河两条支流均无来水。

吴堡和龙门洪峰及其相应沙峰过程如图 6-9 和图 6-10 所示。从图中可以看出,龙门洪峰流量 3 360 m³/s,峰现时间为 7 月 29 日 14:30 时,沙峰 362 kg/m³,超前洪峰 5.95 小时;吴堡洪峰流量 3 960 m³/s,峰现时间为 7 月 29 日 02:00 时,沙峰 141 kg/m³,出现时间为 7 月

29 日 12:00 时,滞后洪峰 10 小时。

白家川、延川和甘谷驿洪峰及其相应沙峰过程如图 6-11 ~ 图 6-13 所示。可以看出,白家川洪峰流量为 777 m^3/s,峰现时间为 7 月 28 日 20:00 时,沙峰 880 kg/m^3,与洪峰同步;延川洪峰流量仅 130 m^3/s,峰现时间为 7 月 28 日 13:42 时,但沙峰高达 954 kg/m^3,出现时间为 7 月 28 日 14:00 时;甘谷驿洪峰流量比较小,为 367 m^3/s,峰现时间为 7 月 28 日 15:00 时,沙峰比较大,为 853 kg/m^3,出现时间为 7 月 28 日 18:00 时。

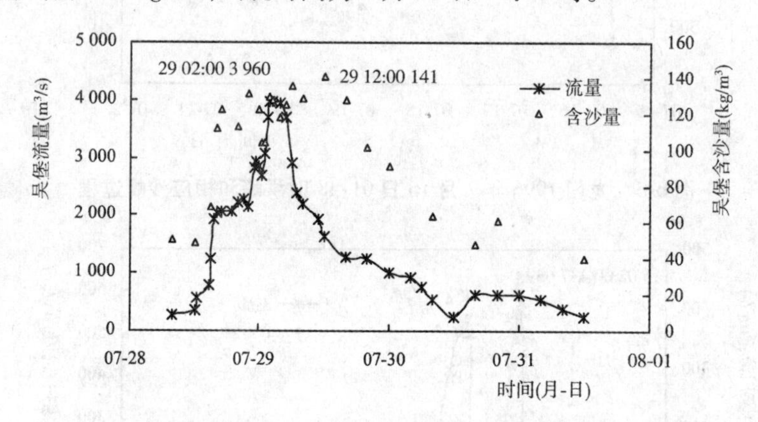

图 6-9 吴堡 1992 年 7 月 29 日 02:00 时洪峰和相应沙峰过程

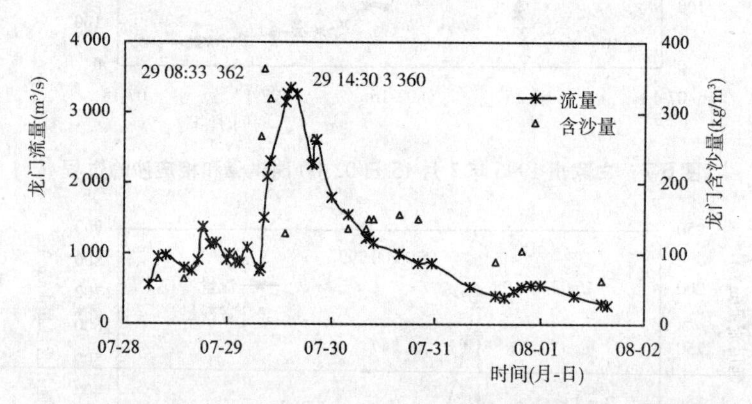

图 6-10 龙门 1992 年 7 月 29 日 14:30 时洪峰和相应沙峰过程

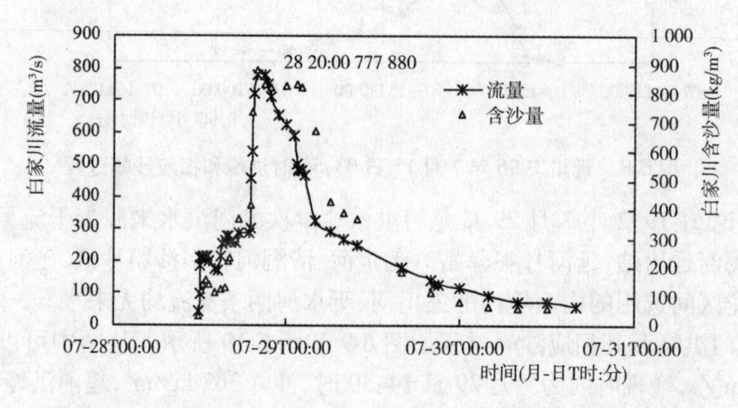

图 6-11 白家川 1992 年 7 月 28 日 20:00 时洪峰和相应沙峰过程

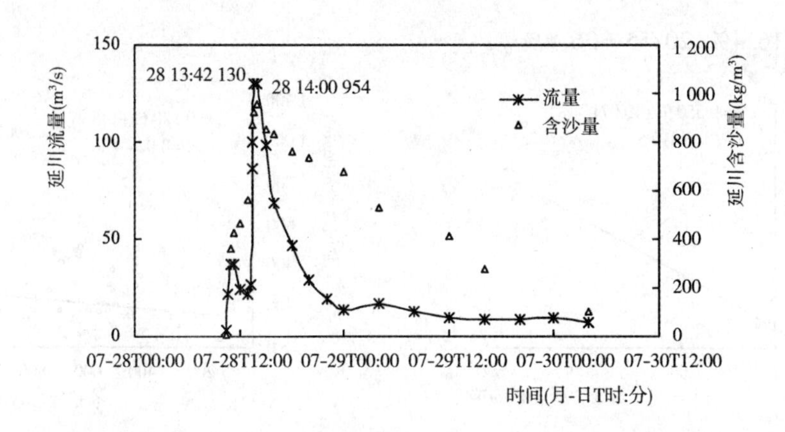

图 6-12 延川 1992 年 7 月 28 日 13:42 时洪峰和相应沙峰过程

本次洪水与 1996 年 7 月 16 日洪水类似,吴堡沙峰滞后洪峰 10 小时,而龙门沙峰超前洪峰 5.95 小时,吴龙区间的无定河、清涧河、延河把口站均在前一天 28 日的 20 时、13:42 时和 14 时出现沙峰。吴堡洪水对龙门洪水依然是推波作用大于稀释作用。

综上所述,本次洪水特殊性不仅表现在支流洪水来源不同的空间分布上,还表现在干流站洪峰沙峰出现时间有差异的时间分布上。而且 40 场洪水中,仅此 1 场洪水的区间来水为无定河、清涧河和延河 3 条支流,故认为该点是特殊点,不参加相关分析。

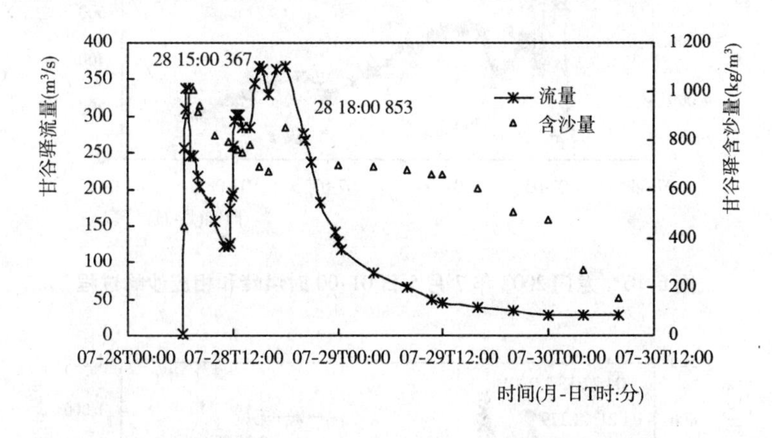

图 6-13 甘谷驿 1992 年 7 月 28 日 15:00 时洪峰和相应沙峰过程

6.3.2.2 吴龙洪峰比 $0.6 \leqslant k < 0.9$

数据点 13 个,$\rho_{龙} \sim \rho_{合}$ 相关关系如图 6-14 所示,相关系数为 0.905,计算值的通过率分别为 8/13 = 61.5%、11/13 = 84.6%,高于以含沙量为自变量的情况。

6.3.2.3 吴龙洪峰比 $k < 0.6$

数据点 55 个,$\rho_{龙} \sim \rho_{合}$ 相关关系如图 6-15 所示,相关系数为 0.156,计算值的通过率分别为 9/55 = 16.4% 、20/55 = 36.4% 。

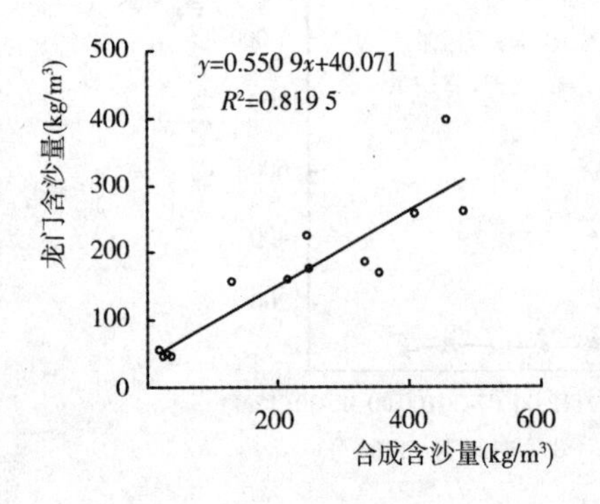

图 6-14　$0.6 \leqslant k < 0.9$ 时 $\rho_{龙} \sim \rho_{合}$ 相关关系

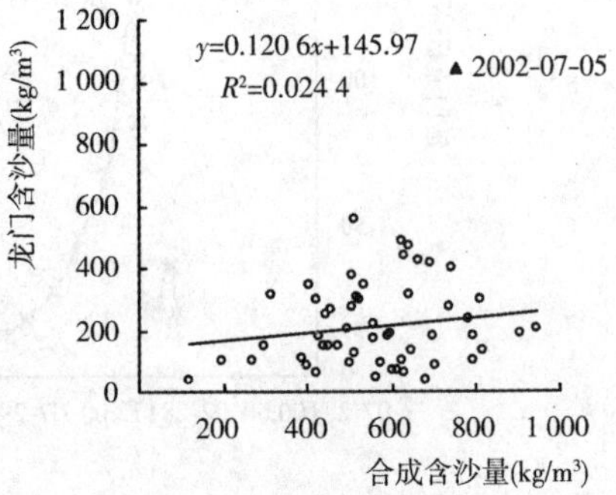

图 6-15　$k < 0.6$ 时 $\rho_{龙} \sim \rho_{合}$ 相关关系

特殊点讨论:2002 年 7 月 5 日龙门洪水。本次龙门洪水来源为山陕区间陕西境内无定河、清涧河、延河 3 条支流,发生"揭河底"现象。龙门、白家川、延川和甘谷驿洪峰及其相应沙峰过程如图 6-16 ~ 图 6-19 所示。

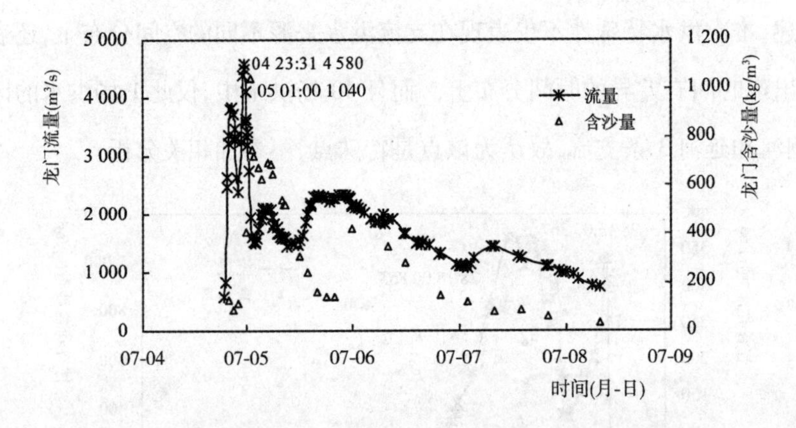

图 6-16　龙门 2002 年 7 月 5 日 01:00 时洪峰和相应沙峰过程

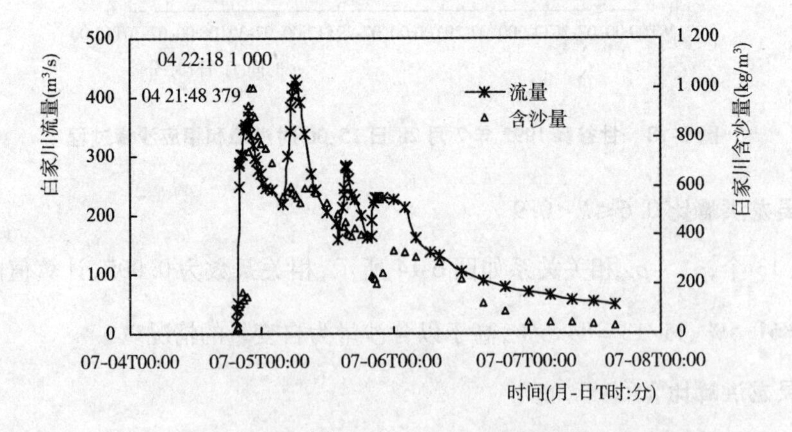

图 6-17　白家川 2002 年 7 月 4 日 21:48 时洪峰和相应沙峰过程

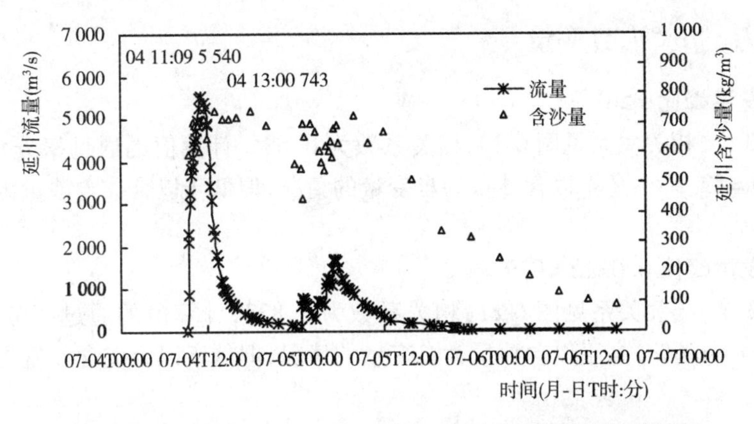

图 6-18　延川 2002 年 7 月 4 日 11:09 时洪峰和相应沙峰过程

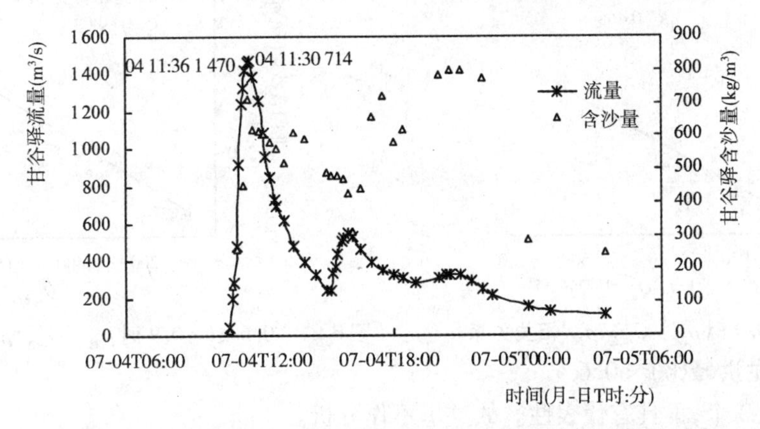

图 6-19　甘谷驿 2002 年 7 月 4 日 11:36 时洪峰和相应沙峰过程

从图 6-16 ~ 图 6-19 可以看出,龙门洪峰流量 4 580 m^3/s,峰现时间为 7 月 5 日 01:00 时,沙峰高达 1 040 kg/m^3,是选用的 108 场洪水中沙峰的最大值,出现时间为 4 日 23:31 时;白家川洪峰流量 379 m^3/s,峰现时间为 7 月 4 日 21:48 时,沙峰 1 000 kg/m^3,滞后洪峰 0.5 小时;延川洪峰流量 5 540 m^3/s,峰现时间为 7 月 4 日 11:09 时,沙峰 743 kg/m^3,出现时间为 7 月 4 日 13:00 时;甘谷驿洪峰流量 1 470 m^3/s,峰现时间为 7 月 4 日 11:36 时,沙峰 714 kg/m^3,超前洪峰 6 分钟。

2002 年 7 月 5 日龙门发生“揭河底”现象,导致出现有实测资料以来最大的沙峰 1 040 kg/m^3,本次对“揭河底”现象不作研究,故视为特殊点,不参与建模型。

由以上 3 种分类汇总(见表 6-2)可知,总数据点为 108 个,总通过率分别为 52/108 = 48.1%、68/108 = 63.0%。

表 6-2　以输入站合成含沙量为自变量的龙门含沙量预报模型汇总

k 值	计算公式	相关系数	通过率			
			指标一	指标二	指标一	指标二
$k \geq 0.9$	$\rho_{龙} = 0.559\rho_{合} + 15.17$	0.957	35/40 = 87.5%	37/40 = 92.5%	52/108 = 48.1%	68/108 = 63.0%
$0.6 \leq k < 0.9$	$\rho_{龙} = 0.5509\rho_{合} + 40.071$	0.905	8/13 = 61.5%	11/13 = 84.6%		
$k < 0.6$	$\rho_{龙} = 0.2177\rho_{合} + 105.7$	0.156	9/55 = 16.4%	20/55 = 36.4%		

注:$\rho_{龙} = f(\rho_{合}, k)$。

6.3.3 以 $Q_{m龙}{}^{\alpha}\rho_{吴}{}^{\beta}$ 为自变量

6.3.3.1 吴龙洪峰比 $k\geqslant0.9$

数据点40个,相关关系见图6-20,相关系数为0.684,计算值的通过率分别为27/40=67.5%、33/40=82.5%,高于以含沙量为自变量的情况,但低于以合成含沙量为自变量的情况。

6.3.3.2 吴龙洪峰比 $0.6\leqslant k<0.9$

数据点13个,相关关系见图6-21,相关系数为0.833,计算值的通过率分别为7/13=53.8%、11/13=84.6%,高于以含沙量为自变量的情况,但低于以合成含沙量为自变量的情况。

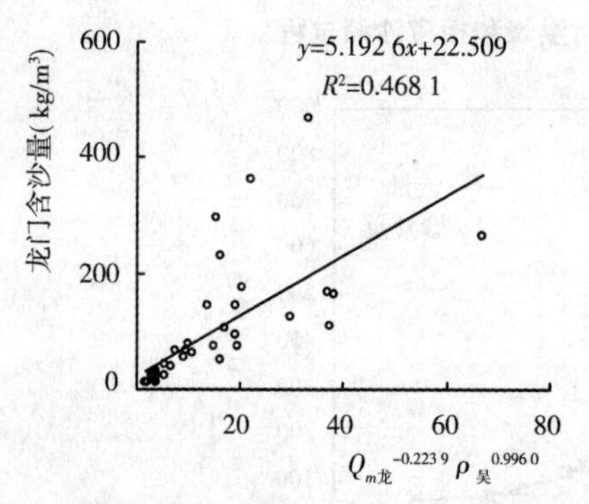

图6-20 $k\geqslant0.9$ 时 $\rho_{龙}\sim Q_{m龙}{}^{\alpha}\rho_{吴}{}^{\beta}$ 相关关系

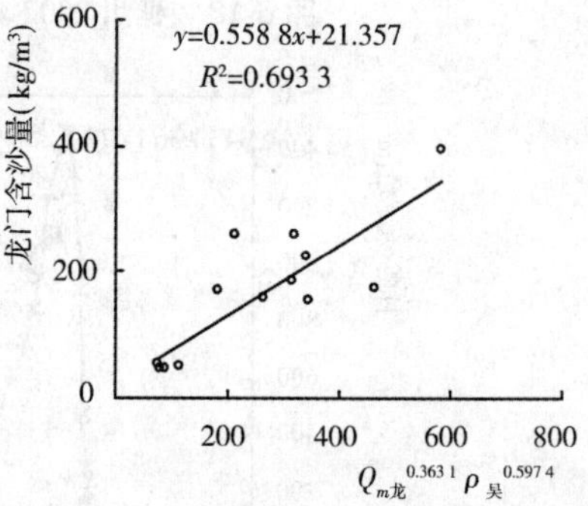

图6-21 $0.6\leqslant k<0.9$ 时 $\rho_{龙}\sim Q_{m龙}{}^{\alpha}\rho_{吴}{}^{\beta}$ 相关关系

6.3.3.3 吴龙洪峰比 $k<0.6$

数据点仅2个,不具有代表性。故这里不作分析。

由以上3种分类汇总(见表6-3)可知,总数据点为55个,总通过率分别为34/55=61.8%、44/55=80%。

表6-3 以 $Q_{m龙}{}^{\alpha}\rho_{吴}{}^{\beta}$ 为自变量的龙门含沙量预报模型汇总

k值	计算公式	α	β	相关系数	通过率			
					指标一	指标二	指标一	指标二
$k\geqslant0.9$	$\rho_{龙}=5.192\,6Q_{m龙}{}^{\alpha}\rho_{吴}{}^{\beta}+22.509$	-0.223 9	0.996 0	0.684	27/40=67.5%	33/40=82.5%	61.8%	84.6%
$0.6\leqslant k<0.9$	$\rho_{龙}=0.558\,8Q_{m龙}{}^{\alpha}\rho_{吴}{}^{\beta}+21.357$	0.363 1	0.597 4	0.833	7/13=53.8%	11/13=84.6%		
$k<0.6$								

注:$\rho_{龙}=f(Q_{m龙}{}^{\alpha}\rho_{吴}{}^{\beta},k)$。

6.3.4 以 $Q_{m龙}{}^{\alpha}\rho_{合}{}^{\beta}$ 为自变量

6.3.4.1 吴龙洪峰比 $k\geqslant0.9$

数据点40个,$\rho_{龙}\sim Q_{m龙}{}^{\alpha}\rho_{合}{}^{\beta}$ 相关关系如图6-22所示,相关系数为0.954,计算值的通过率分别为34/40=84%、37/40=92.5%。

6.3.4.2　吴龙洪峰比 $0.6 \leqslant k < 0.9$

数据点 13 个，相关关系如图 6-23 所示，相关系数为 0.938，计算值的通过率分别为 10/13 = 76.9%、12/13 = 92.3%，高于前 3 种情况。

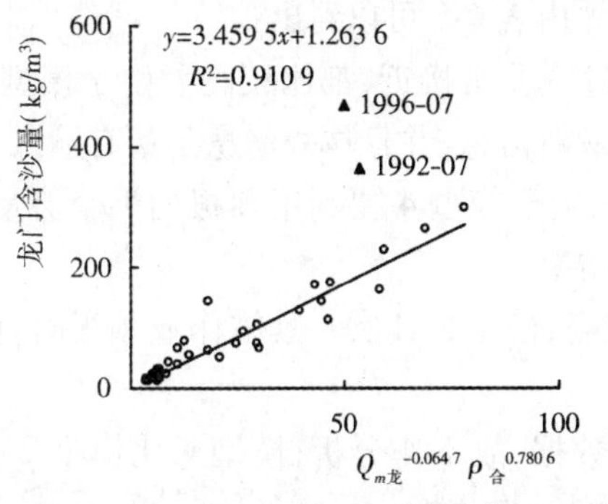

图 6-22　$k \geqslant 0.9$ 时 $\rho_{龙} \sim Q_{m龙}{}^{\alpha}\rho_{合}{}^{\beta}$ 相关关系

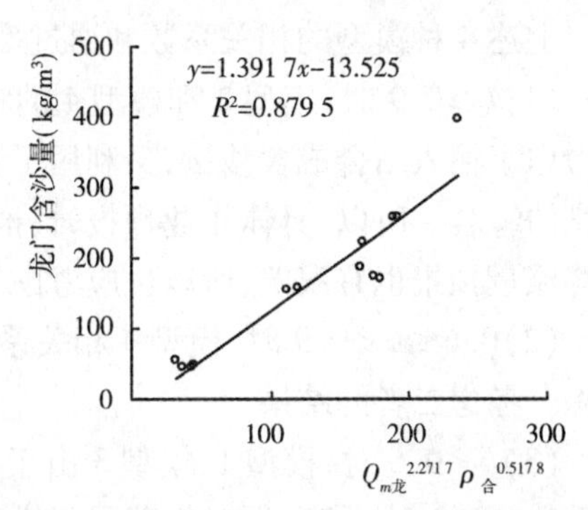

图 6-23　$0.6 \leqslant k < 0.9$ 时 $\rho_{龙} \sim Q_{m龙}{}^{\alpha}\rho_{合}{}^{\beta}$ 相关关系

6.3.4.3　吴龙洪峰比 $k < 0.6$

数据点 55 个，相关关系见图 6-24，相关系数为 0.638，计算值的通过率分别为 24/55 = 43.6%、28/55 = 50.9%。

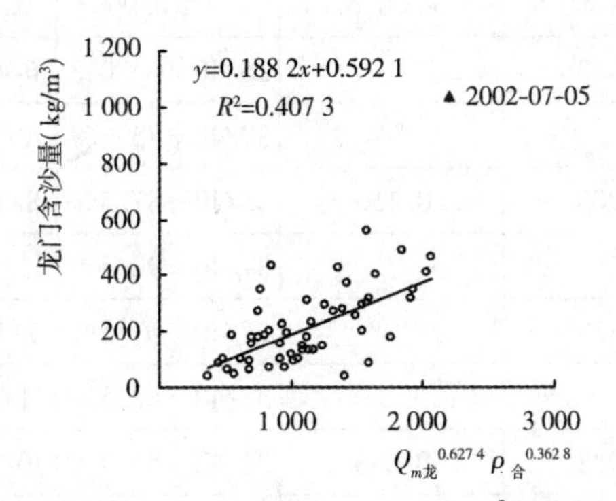

图 6-24　$k < 0.6$ 时 $\rho_{龙} \sim Q_{m龙}{}^{\alpha}\rho_{合}{}^{\beta}$ 相关图

由以上 3 种分类汇总（见表 6-4）可知，总数据点为 108 个，总通过率分别为 68/108 = 63.0%、77/108 = 71.3%。

表 6-4　以 $Q_{m龙}{}^{\alpha}\rho_{合}{}^{\beta}$ 为自变量的龙门含沙量预报模型汇总

k 值	计算公式	α	β	相关系数	通过率	
					分组	总
$k \geqslant 0.9$	$\rho_{龙} = 3.459\ 5 Q_{m龙}{}^{\alpha}\rho_{合}{}^{\beta} + 1.263\ 6$	−0.064 7	0.780 6	0.954	34/40 = 84.0%	68/108 = 63.0% 77/108 = 71.3%
					37/40 = 92.5%	
$0.6 \leqslant k < 0.9$	$\rho_{龙} = 1.391\ 7 Q_{m龙}{}^{\alpha}\rho_{合}{}^{\beta} - 13.525$	0.271 7	0.517 8	0.938	10/13 = 76.9%	
					12/13 = 92.3%	
$k < 0.6$	$\rho_{龙} = 0.188\ 2 Q_{m龙}{}^{\alpha}\rho_{合}{}^{\beta} + 0.592\ 1$	0.627 4	0.362 8	0.638	24/55 = 43.6%	
					28/55 = 50.9%	

注：①$\rho_{龙} = f(Q_{m龙}{}^{\alpha}\rho_{合}{}^{\beta}, k)$；②通过率第 1 行为指标一，第 2 行为指标二。

6.4 模型的推荐

上述4种模型的相关系数和通过率成果见表6-5。由表6-5可以看出：

(1) $k \geqslant 0.9$ 时，模型2和模型4的相关系数和通过率非常接近，都比较高。由于模型4既考虑了输入站合成含沙量，又利用了预报站洪峰的最新信息，并且这一信息是所有输入站信息的综合。所以，具体作业预报时，推荐采用模型4，由于模型4要利用预报的洪峰流量，洪峰流量预报也有误差，所以也应考虑综合模型2的结果。

(2) $0.6 \leqslant k < 0.9$ 时，模型4相关系数和通过率最高，模型2其次。具体作业预报时，依然综合考虑二者的结果。

(3) $k < 0.6$ 时，模型1、模型3由于自变量仅2个数据，故不作分析；模型4比模型2相关系数和通过率要高，暂时推荐采用模型4，以下再作进一步分析。

表6-5 4种模型的通过率与有关的相关系数

模型	相关系数			通过率		
	$k \geqslant 0.9$	$0.6 \leqslant k < 0.9$	$k < 0.6$	$k \geqslant 0.9$	$0.6 \leqslant k < 0.9$	$k < 0.6$
1	0.682	0.833		26/40 = 65.0%	6/13 = 46.2%	
				30/40 = 75.0%	10/13 = 76.9%	
2	0.957	0.905	0.156	35/40 = 87.5%	8/13 = 61.5%	9/55 = 16.4%
				37/40 = 92.5%	11/13 = 84.6%	20/55 = 36.4%
3	0.684	0.833		27/40 = 67.5%	7/13 = 53.8%	
				33/40 = 82.5%	11/13 = 84.6%	
4	0.954	0.938	0.638	34/40 = 84.0%	10/13 = 76.9%	24/55 = 43.6%
				37/40 = 92.5%	12/13 = 92.3%	28/55 = 50.9%

注：通过率第1行为指标一，第2行为指标二。

6.4.1 模型4的汇总分析

吴龙洪峰比 $k \geqslant 0.9$、$0.6 \leqslant k < 0.9$ 的汇总见图6-25。可以看出，两条线数据点相距较远，故不合并分析。

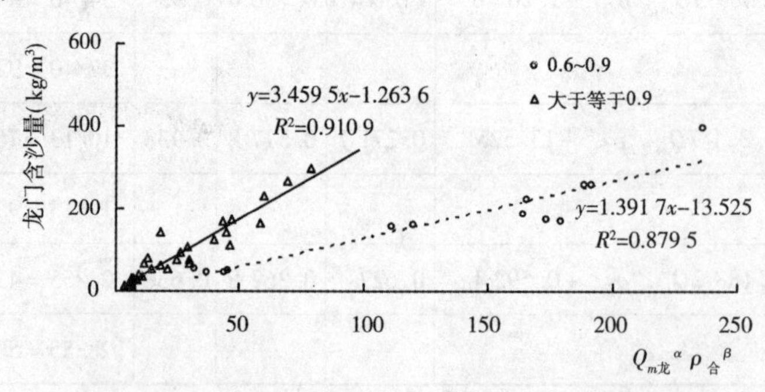

图6-25 模型4中 $k \geqslant 0.9$ 和 $0.6 \leqslant k < 0.9$ 的汇总

6.4.2 模型 2 的汇总分析

模型 2 中 $k \geqslant 0.9$、$0.6 \leqslant k < 0.9$ 的汇总见图 6-26。从图中可以看出两条线近似平行,相同合成含沙量条件下,$k \geqslant 0.9$ 均小于 $0.6 \leqslant k < 0.9$ 对应的龙门含沙量,所以不合并分析。

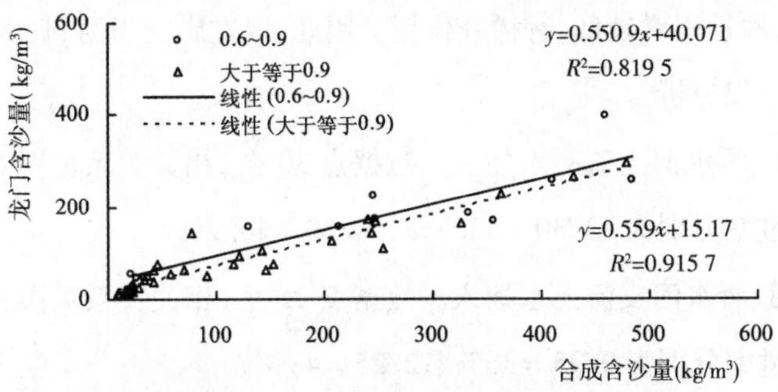

图 6-26 模型 4 中 $k \geqslant 0.9$ 和 $0.6 \leqslant k < 0.9$ 的汇总

6.4.3 吴龙洪峰比 $k < 0.6$ 的进一步分析

由于上述 $k < 0.6$ 的模型,结果都不太理想,所以在模型 4 的基础上,对其作进一步分析。

6.4.3.1 以龙门洪峰流量 2 500 m^3/s 为界

本次选用的龙门洪峰上限为 5 000 m^3/s,以其一半 2 500 m^3/s 为界,将来水分为两组分别考虑。

(1)$Q_{m龙} \geqslant 2\,500\ m^3/s$ 时关系分析。

数据点 19 个,$\rho_龙 \sim Q_{m龙}{}^{\alpha}\rho_合{}^{\beta}$ 相关关系见图 6-27,相关系数为 0.561,计算值的通过率分别为 9/19 = 47.4%、10/19 = 52.6%。相关系数稍低于前述龙门洪峰流量合并考虑的结果,但通过率却比前述高。2002 年 7 月 5 日为特殊点。

(2)$Q_{m龙} < 2\,500\ m^3/s$ 时关系分析。

数据点 36 个,相关关系见图 6-28,相关系数为 0.383,计算值的通过率分别为 12/36 = 33.3%、17/36 = 47.2%。相关系数、通过率均低于龙门洪峰流量合并考虑的结果。

上述两种分类总通过率按两种指标分别为 21/55 = 38.2%、27/55 = 49.1%,稍低于将龙门洪峰流量合并考虑的结果。

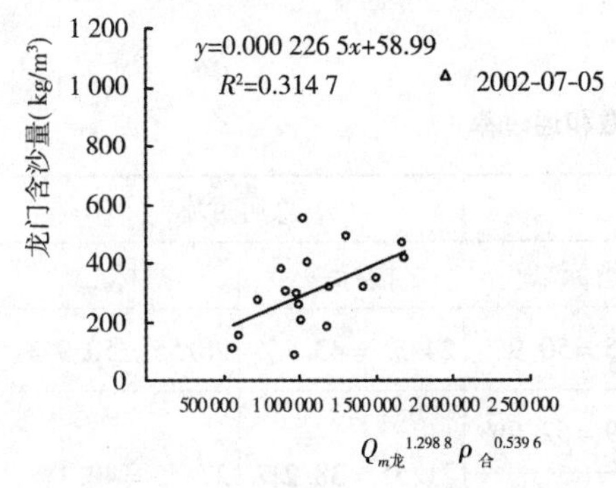

图 6-27 $k < 0.6$ 且 $Q_{m龙} \geqslant 2\,500\ m^3/s$ 时 $\rho_龙 \sim Q_{m龙}{}^{\alpha}\rho_合{}^{\beta}$ 相关关系

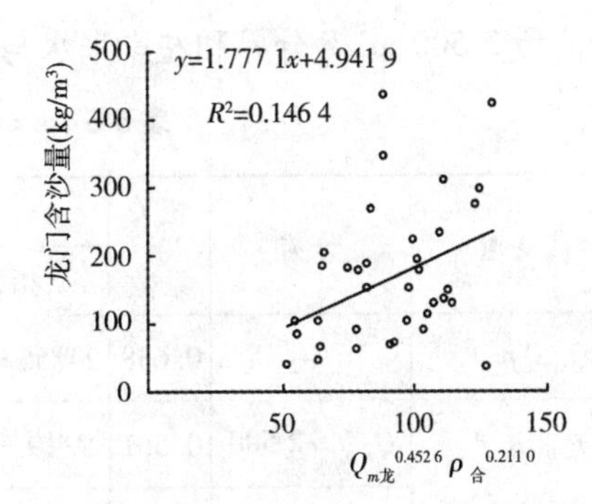

图 6-28 $k < 0.6$ 且 $Q_{m龙} < 2\,500\ m^3/s$ 时 $\rho_龙 \sim Q_{m龙}{}^{\alpha}\rho_合{}^{\beta}$ 相关关系

6.4.3.2 按左岸有无来水分析

本次选用的河龙区间5条支流3条在右岸陕西境内,2条在左岸山西境内。右岸陕西境内的无定河、清涧河、延河3条支流位于多沙粗沙区,来水含沙量相对较高;山西境内的三川河、昕水河来水含沙量相对较低,有稀释作用。因此,以左岸三川河、昕水河2条支流有无洪水加入作为条件加以分析。

(1)左岸三川河、昕水河支流有水加入。数据点30个,相关关系见图6-29,相关系数为0.561,计算值的通过率分别为13/30 = 43.3%、14/30 = 46.7%。

(2)左岸三川河、昕水河支流无水加入。数据点25个,相关关系见图6-30,相关系数为0.712,计算值的通过率分别为9/25 = 36%、12/25 = 48%。

上述两种分类总通过率分别为22/55 = 40%、26/55 = 47.3%。稍高于按龙门洪峰流量2 500 m^3/s 分类的结果,但低于龙门洪峰流量合并考虑的结果。

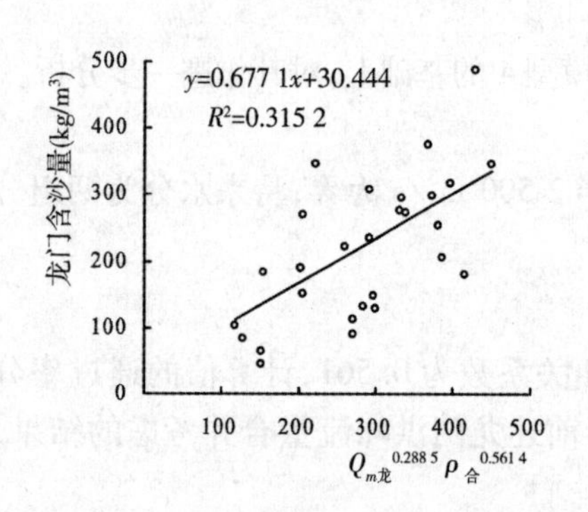

图6-29 $k<0.6$ 中左岸来水时 $\rho_{龙} \sim Q_{m龙}{}^{\alpha}\rho_{合}{}^{\beta}$ 相关关系

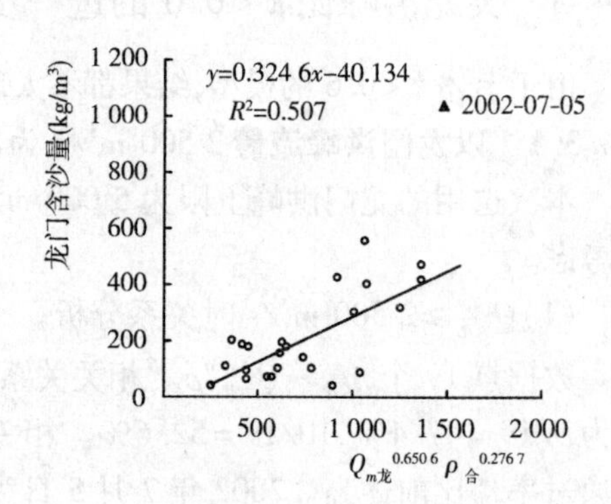

图6-30 $k<0.6$ 中左岸无水时 $\rho_{龙} \sim Q_{m龙}{}^{\alpha}\rho_{合}{}^{\beta}$ 相关关系

6.4.3.3 吴龙洪峰比 $k<0.6$ 的综合分析

在模型4基础上 $k<0.6$ 的相关系数和通过率成果见表6-6。可以看出,3种模型分析的结果比较接近。所以,具体作业预报时,首先将龙门洪峰流量合并考虑,同时兼顾以龙门洪峰流量2 500 m^3/s 分界和左岸来水与否的结果。

表6-6 $k<0.6$ 的相关系数和通过率

自变量	分类	相关系数	通过率		总通过率	
			指标一	指标二	指标一	指标二
$Q_{m龙}{}^{\alpha}\rho_{合}{}^{\beta}$	–	0.638	24/55 = 43.6%	28/55 = 50.9%	24/55 = 43.6%	28/55 = 50.9%
$Q_{m龙}{}^{\alpha}\rho_{合}{}^{\beta}$, $Q_{m龙}$ = 2 500 为界	$Q_{m龙}$ > 2 500	0.561	9/19 = 47.4%	10/19 = 52.6%	21/55 = 38.2%	27/55 = 49.1%
	$Q_{m龙}$ < 2 500	0.383	12/36 = 33.3%	17/36 = 47.2%		

续表 6-6

自变量	分类	相关系数	通过率		总通过率	
			指标一	指标二	指标一	指标二
$Q_{m龙}{}^{\alpha}\rho_{合}{}^{\beta}$，左岸来水与否	左岸来水	0.561	13/30 = 43.3%	14/30 = 46.7%	22/55 = 40.0%	26/55 = 47.3%
	左岸无水	0.712	9/25 = 36.0%	12/25 = 48.0%		

6.4.4 最优模型汇总

综合考虑前 4 种模型中各分类的通过率及相关系数，得出 $k \geq 0.9$、$0.6 \leq k < 0.9$ 和 $k < 0.6$ 各分组选择的预报模型，汇总见表 6-7。

表 6-7 龙门洪峰流量 500 ~ 5 000 m³/s 预报模型最优模型汇总

k 值	模型	计算公式	α	β	相关系数	通过率	
						指标一	指标二
$k \geq 0.9$	4	$\rho_{龙} = 3.459\ 5x + 1.263\ 6$	−0.064 7	0.780 6	0.954	34/40 = 84%	37/40 = 92.5%
	2	$\rho_{龙} = 0.559\rho_{合} + 15.17$	—	—	0.957	35/40 = 87.5%	37/40 = 92.5%
$0.6 \leq k < 0.9$	4	$\rho_{龙} = 1.391\ 7x - 13.525$	0.271 7	0.517 8	0.938	10/13 = 76.9%	12/13 = 92.3%
	2	$\rho_{龙} = 0.550\ 9\rho_{合} + 40.071$	—	—	0.905	8/13 = 61.5%	11/13 = 84.6%
$k < 0.6$(1)	4	$\rho_{龙} = 0.188\ 2x + 0.592\ 1$	0.627 4	0.362 8	0.638	24/55 = 43.6%	28/55 = 50.9%
$k < 0.6$(2)	$Q_{m龙} \geq 2\ 500$	$\rho_{龙} = 0.000\ 226\ 5x + 58.99$	1.298 8	0.539 6	0.561	9/19 = 47.4%	10/19 = 52.6%
	$Q_{m龙} < 2\ 500$	$\rho_{龙} = 1.777\ 1x + 4.941\ 9$	0.452 6	0.211 0	0.383	12/36 = 33.3%	17/36 = 47.2%
						21/55 = 38.2%	27/55 = 49.1%
$k < 0.6$(3)	左岸来水	$\rho_{龙} = 0.677\ 1x + 30.444$	0.288 5	0.561 4	0.561	13/30 = 43.3%	14/30 = 46.7%
	左岸无水	$\rho_{龙} = 0.324\ 6x - 40.134$	0.650 6	0.276 7	0.712	9/25 = 36.0%	12/25 = 48%
						22/55 = 40.0%	26/55 = 47.3%

注： $x = Q_{m龙}{}^{\alpha}\rho_{合}{}^{\beta}$。

6.5 预报模型拟合检验

由表 6-7 可以看出，$k \geq 0.9$ 时，尽管模型 4 相关系数和通过率比模型 2 略低，但自变量考虑的比模型 2 全面；$0.6 \leq k < 0.9$ 时，模型 4 比模型 2 相关系数和通过率都高；$k < 0.6$ 时，也是首先考虑模型 4。所以，表 6-8 给出了模型 4 的吴堡—龙门沙峰相关成果。

表 6-8　模型 4 吴堡—龙门沙峰相关成果

（单位：Q_m，m^3/s；ρ_m，kg/m^3）

序号	吴堡			后大成		白家川		延川		大宁		甘谷驿		龙门			龙门计算沙峰	预报误差	许可误差	通过与否	
	洪峰出现时间（年-月-日T时:分）	Q_m	ρ_m	Q_m	ρ_m	Q_m	ρ_m	Q_m	ρ_m	Q_m	ρ_m	Q_m	ρ_m	洪峰出现时间（年-月-日T时:分）	Q_m	ρ_m					
1	1990-03-18T01:30	3 000	21											1990-03-18T17:00	2 590	30.5	23.7	6.8	36		
2	1990-07-01T19:12	1 880	16.4											1990-07-02T16:00	1 590	22.1	20.3	1.8	36		
3	1990-07-11T05:36	1 280	185	837	530					110	362	70.9	411	1990-07-12T02:00	1 040	163	203.4	40.4	36	否	
4	1990-08-29T00:00	2 200	78											1990-08-29T16:00	2 090	143	64.5	78.5	36	否	否
5	1991-03-24T05:30	2 080	18.3											1991-03-25T00:30	2 020	16.3	21.7	5.4	36		
6	1991-03-27T07:42	2 690	21.3											1991-03-28T04:00	2 760	22.1	23.8	1.7	36		
7	1991-06-07T05:55	2 340	100	82	368			176	603					1991-06-07T23:00	2 350	105	101.8	3.2	36		
8	1991-06-09T04:30	2 940	166	45	256							236	706	1991-06-09T22:00	1 980	126	137.1	11.1	36		
9	1991-06-10T23:42	3 120	100	74.5	366	1 110	716	663	739			522	700	1991-06-11T03:36	2 800	230	207.1	10.0	20		
10	1991-07-20T06:12	947	45.7											1991-07-21T03:15	845	77.9	45.4	32.5	36		
11	1991-07-21T21:10	4 440	248											1991-07-22T11:12	4 430	169	149.9	19.1	36		
12	1991-09-15T05:30	2 350	206	97	389	219	531					140	547	1991-09-16T00:00	1 870	111	161.7	50.7	36	否	
13	1992-03-22T22:00	2 070	28.7											1992-03-23T16:00	1 820	24.5	30.5	6.0	36		
14	1992-03-24T04:00	1 710	16.7											1992-03-24T21:02	1 450	21.5	20.7	0.8	36		
15	1992-03-26T22:00	2 060	19.5											1992-03-27T15:00	2 110	20.4	22.7	2.3	36		
16	1992-07-22T19:36	585	46.6					22.2	709					1992-07-23T20:12	637	61.8	64.6	2.8	36		
17	1992-07-24T09:42	1 980	103			63.4	256			71.2	513			1992-07-25T04:30	1 680	92.3	91.9	0.4	36		
18	1992-07-26T14:48	3 160	115											1992-07-27T09:50	2 450	74.2	86.0	11.8	36		
19	1993-03-19T03:30	3 410	23.6											1993-03-19T18:06	2 730	32.1	25.7	6.4	36		
20	1993-07-05T04:30	825	92.4	179	526	174	452					92.9	608	1993-07-06T04:30	740	175	164.1	10.9	36		
21	1993-07-31T23:12	2 320	53.8	138	412	78.2	791	182	599			118	519	1993-08-01T16:30	2 100	64.5	104.3	39.8	36	否	
22	1994-08-03T12:48	1 930	106			375	745	235	517	48	547			1994-08-04T06:00	1 850	144	156.6	12.6	36		
23	1994-08-13T13:00	5 100	102	198	523	483	512			48.3	293			1994-08-14T04:00	4 340	74.6	102.7	28.1	36		
24	1995-03-15T16:00	3 110	23.2											1995-03-16T09:00	2 530	28.9	25.5	3.4	36		
25	1996-03-31T06:30	3 750	34.2											1996-03-31T21:00	3 560	41.8	33.4	8.4	36		
26	1997-03-20T00:58	3 550	58.3											1997-03-20T16:54	3 560	55.5	49.9	5.6	36		
27	1998-03-14T00:00	3 280	42											1998-03-15T00:06	3 200	37.5	39.2	1.7	36		

续表 6-8

序号	吴堡			后大成		白家川		延川		大宁		甘谷驿		龙门			龙门计算沙峰	预报误差	许可误差	通过与否	
	洪峰出现时间（年-月-日T时:分）	Q_m	ρ_m	Q_m	ρ_m	Q_m	ρ_m	Q_m	ρ_m	Q_m	ρ_m	Q_m	ρ_m	洪峰出现时间（年-月-日T时:分）	Q_m	ρ_m					
28	1998-07-18T17:00	1 900	91.4											1998-07-19T09:00	1 870	51.4	73.4	22.0	36		
29	1999-03-18T19:00	2 350	18.4											1999-03-19T11:00	2 010	14.4	21.8	7.4	36		
30	2000-03-21T20:00	2 770	21.9											2000-03-22T12:03	2 050	18.2	24.8	6.6	36		
31	2000-07-08T10:48	2 630	387	622	368	304	918			116	476			2000-07-09T05:21	2 260	265	240.0	9.4	20		
32	2001-03-21T13:00	3 000	22.1											2001-03-22T07:30	2 690	17	24.5	7.5	36		
33	2001-08-17T18:00	1 450	77.8			1 300	876	242	752					2001-08-18T15:30	1 170	297	272.1	8.4	20		
34	2001-08-26T23:30	1 620	41.8											2001-08-27T17:54	1 780	64.7	40.5	24.2	36		
35	2002-03-13T02:42	1 860	9.38											2002-03-14T20:00	1 670	13.6	13.5	0.1	36		
36	2003-03-27T18:48	1 880	18.8											2003-03-28T17:42	1 500	12.2	22.5	10.3	36		
37	2003-03-29T04:00	1 300	11.1											2003-03-30T00:48	1 270	10.7	15.5	4.8	36		
38	2003-03-30T07:00	1 070	10.2											2003-03-31T05:48	1 170	13.1	14.7	1.6	36		
39	1992-07-29T02:00	3 960	141			777	880	130	954			367	853	1992-07-29T14:30	3 360	362	186.2	48.6	20	否	否
40	1996-07-15T07:06	2 740	192			437	639	198	799					1996-07-16T01:48	2 260	467	174.5	62.6	20	否	否
41	1990-08-28T03:00	1 620	67	322	320	482	716	1 690	640	259	375	194	718	1990-08-28T13:30	2 620	258	252.8	2.0	20		
42	1990-08-28T09:58	2 800	130											1990-08-29T04:00	3 190	155	141.4	13.6	36		
43	1991-06-07T23:00	1 960	140	56.9	127	682	815			352	480	38.5	661	1991-06-08T18:42	2 200	186	214.8	15.5	20		
44	1991-07-28T02:00	3 100	252	538	501	290	744	1 800	734	421	515	207	568	1991-07-28T08:00	4 590	396	315.4	20.4	20	否	
45	1994-07-07T18:00	4 270	169	103	349	354	297	393	572	117	337	370	713	1994-07-08T12:30	4 780	174	228.1	54.1	36	否	
46	1995-07-14T11:00	1 400	163			896	878	180	614	150	511	449	640	1995-07-15T05:00	1 810	259	248.9	3.9	20		
47	1995-09-03T16:00	2 710	110	231	474	552	594	470	480			86.6	370	1995-09-04T07:30	4 100	223	216.9	2.8	20		
48	1999-07-21T00:00	1 680	50.4	36.7	230	369	1 070	578	726			232	533	1999-07-21T18:12	2 690	170	235.7	65.7	36	否	否
49	2000-07-05T00:36	1 190	126			208	526	73.9	751					2000-07-05T21:12	1 650	158	154.1	3.9	36		
50	2000-07-15T00:00	722	20.8											2000-07-15T9:42	1 020	53.9	30.5	23.4	36		
51	2001-08-25T20:00	960	22.9									57.5	273	2001-08-26T10:24	1 110	44.8	47.2	2.4	36		
52	2001-08-28T04:06	1 130	33.4											2001-08-28T23:53	1 540	48.5	49.4	0.9	36		
53	2002-09-13T13:36	1 060	25.6											2002-09-14T10:30	1 210	46.6	37.8	8.8	36		
54						431	590	1 700	694			1 880	646	2002-07-05T16:18	2 320	422	257	39.1	20	否	否

续表 6-8

序号	吴堡			后大成		白家川		延川		大宁		甘谷驿		龙门			龙门计算沙峰	预报误差	许可误差	通过与否	
	洪峰出现时间(年-月-日T时:分)	Q_m	ρ_m	Q_m	ρ_m	Q_m	ρ_m	Q_m	ρ_m	Q_m	ρ_m	Q_m	ρ_m	洪峰出现时间(年-月-日T时:分)	Q_m	ρ_m					
55	2001-08-19T07:12	1 550	191			3 060	603	878	551			1 120	676	2001-08-19T19:00	3 400	554	298	46.2	20	否	否
56				165	561	2 960	622	1 590	740	496	392	397	492	1995-07-18T09:30	3 880	487	348	28.6	20	否	否
57						2 510	677	2 790	704			245	694	1995-09-02T17:48	4 260	413	383	7.4	20		
58						1 110	608	2 170	632			2 450	666	1996-08-01T16:48	4 580	468	390	16.7	20		
59						430	425	192	480	455	420	258	540	2001-07-27T15:42	1 130	268	143	46.6	20	否	否
60	1993-08-04T20:30	2 390	27.7			78.2	104	734	451	1 170	421	3 150	465	1993-08-04T12:30	4 600	317	302	4.8	20		
61						959	955	1 710	624	140	335	896	614	1998-08-24T07:12	3 390	178	332	154.4	36	否	否
62				351	657	420	858	961	806	289	439	75.6	726	1996-06-17T04:00	2 250	275	263	4.5	20		
63								248	515	535	364	379	390	1993-07-13T01:30	1 250	346	146	57.7	20	否	否
64										547	465	460	826	1993-07-12T12:00	1 140	436	162	62.8	20	否	否
65						519	882	630	626			1 360	742	1992-08-10T23:30	2 900	400	308	22.9	20	否	否
66						172	471			394	404			1993-07-10T15:00	702	183	104	43.3	20	否	否
67				44.1	456	486	368	730	721					1992-08-02T22:54	1 580	90.5	192	101.9	36	否	否
68								896	906					2002-06-19T16:06	1 140	192	185	3.7	20		
69						478	649	638	557	530	371	216	382	1992-09-01T00:12	2 600	273	251	8.0	20		
70						94.8	798	62.4	514	219	489	45.7	473	2001-08-14T21:48	627	44.5	107	62.5	36	否	否
71						437	753					2 220	620	1994-09-01T01:30	4 020	316	359	13.6	20		
72				308	320	874	707	411	563	615	347	569	564	1995-08-06T02:12	4 540	346	363	4.8	20		
73						624	892					275	637	2002-06-10T05:24	1 560	135	216	81.4	36	否	否
74								493	502			334	426	1990-07-07T02:30	1 510	151	174	23.0	36		
75				671	446	148	408					232	790	2000-07-28T18:36	1 950	309	211	31.7	20	否	否
76								575	633			89.8	547	2000-08-30T10:36	1 280	103	173	70.4	36	否	否
77						780	820	273	686			293	892	1994-07-24T08:00	2 600	301	297	1.3	20		
78								248	459	272	416			2000-08-08T18:24	1 020	152	132	19.6	36		
79						225	781	141	735	375	546	50.8	536	2000-07-05T06:54	1 640	130	205	75.3	36	否	否
80						34.1	354	301	546			105	424	2001-07-31T14:37	914	91.1	130	39.0	36	否	
81						326	618	42.3	730					1993-07-17T16:36	790	61.2	129	67.8	36	否	否

续表 6-8

序号	吴堡			后大成		白家川		延川		大宁		甘谷驿		龙门			龙门计算沙峰	预报误差	许可误差	通过与否	
	洪峰出现时间(年-月-日T时:分)	Q_m	ρ_m	Q_m	ρ_m	Q_m	ρ_m	Q_m	ρ_m	Q_m	ρ_m	Q_m	ρ_m	洪峰出现时间(年-月-日T时:分)	Q_m	ρ_m					
82						185	396			98	466			1991-09-18T09:24	652	63.2	99	35.6	36		
83						245	491	140	674					1996-07-12T15:12	896	176	133	42.6	36	否	
84						454	797	693	663			77.7	485	1993-08-21T17:24	2 880	84.7	301	216.2	36	否	否
85				307	536					559	499			1996-07-21T17:30	2 100	129	220	91.4	36	否	否
86				246	519	800	488	19.9	106			308	523	1992-08-06T02:20	3 350	205	292	42.3	20	否	否
87				188	337	100	58.8			186	397	263	549	2003-08-24T15:18	1 920	113	189	75.8	36	否	否
88				146	236	163	677	638	478	56.6	301	274	356	1992-08-29T11:06	3 390	254	282	11.0	20		
89				103	209	319	361	307	611			355	625	1992-08-04T12:24	2 910	375	269	28.3	20	否	否
90						225	637	87.3	464					1996-07-10T11:54	951	181	141	22.0	20	否	
91										78.9	453	417	841	1990-07-31T16:00	1 640	233	220	5.7	20		
92				64.1	271			129	661	49.1	384	175	627	2000-07-08T11:06	1 430	221	178	19.3	20		
93								68.6	642			249	593	1990-07-09T21:00	1 120	67.5	158	90.4	36	否	否
94						302	793					126	787	1993-07-27T03:00	1 550	178	213	35.3	36		
95				816	411							183	472	1990-07-26T16:12	3 670	298	291	2.2	20		
96						227	942							1996-07-14T05:00	865	202	158	21.9	20	否	
97				30.2	608	65.4	286	36.2	438					1993-07-05T00:24	535	82.5	86	3.4	36		
98				192	631							35.7	413	1998-07-05T23:30	1 070	188	153	18.7	20		
99						110	794							1993-07-08T04:00	583	104	116	11.9	36		
100								77.8	349			154	749	1990-07-05T13:00	1 360	70.9	179	108.5	36	否	否
101						124	120							2003-08-23T01:30	760	39.7	69	29.5	36		
102								379	680					2003-08-06T22:54	2 420	37	267	229.9	36	否	否
103				43.2	346			275	468					1995-08-02T05:54	2 040	148	207	58.8	36	否	
104						112	407			128	259	123	233	2003-08-26T02:45	3 170	148	234	85.8	36	否	否
105						297	272							1994-08-09T12:30	2 600	103	200	97.4	36	否	否
106										63.2	195			1993-07-15T09:00	897	104	91	12.6	36		
107				152	521									2002-06-27T12:10	2 340	296	237	19.8	20		
108						379	1 000	5 540	743			1 470	714	2002-07-04T23:31	4 580	1 040	412	60.3	20		否

注:通过与否的第一列为指标一,第二列为指标二(下同)。

第7章　黄河下游夹河滩站含沙量过程预报研究

7.1　概述

7.1.1　背景

水库“蓄清排浑、拦粗排细、适时放水调沙”的调度运用，河道有计划地进行“淤滩刷槽”都标志着对黄河开发治理的不断深入和发展。所有这些调水调沙举措都离不开合适的水沙条件——通常以流量、沙量、输沙率、含沙量、来沙系数、排沙百分比等来表达。若能做到对河道含沙量或输沙率过程进行提前预测，将有利于实施人工调控水沙，协调黄河水沙关系，从而达到人与河流和谐相处的目的；同时也是对高含沙洪水资源化、数字黄河建设的贡献。

黄河的多沙水流属于两相流，从微观的角度看，泥沙在水中的悬浮依赖于水流的紊动强度和自身沉速的对比关系，依赖上游水沙带来的能量。而下游出口含沙量的大小不仅取决于随水流运动的来自上游泥沙量大小，还取决于泥沙的扩散能力及河道坡降能提供多少能量以维持水沙的继续输移以及在输移过程中需要消耗多少能量。洪水过程中河段水流提供的能量不断变化，引起了挟沙水流的不平衡输沙，从宏观上表现出河槽的冲淤变形，从理论上看，就下断面含沙量而言，若河槽冲刷或河岸坍塌，出口含沙量就大，淤积或漫滩，则含沙量就小，不冲不淤则出口含沙量与进口含沙量相近。事实上根据含沙量变化的内部机理，不难理解水与沙的作用是交互的。

基于上述含沙量变化的物理图形，从预测研究角度看，影响黄河河道含沙量变化的因素众多，既包含反映水流特性的因子，也包含反映泥沙特性的因子，还要考虑水力学因子，预报技术难度大。过去虽有一些研究[23~25]，但因种种原因没有应用，特别是含沙量过程预报，可以说这在黄河上乃至其他河流都是空白点。

7.1.2　含沙量或输沙率过程预报方法

由于水与沙的交互作用，因此含沙量变化的模拟方法既可以是纯动力学角度出发的水力学方法，例如一、二维水沙数学模型，又可以是纯水文学方法，如输沙单位线模型、响应函数模型、神经网络模型和河道汇沙模型，还可以是从统计规律出发的模型，如清华大学水利系模型(1995年)[26]：

$$\begin{cases} Q_s = Q_{sc} + Q_{st} \\ Q_{sc} = k_i Q_c^m \rho^n B \\ Q_{st} = Q_t \dfrac{S}{1\ 000} T \\ B = 1 - (1 - B_k)\dfrac{dm}{dk} \end{cases} \tag{7-1}$$

式中:Q_s为出口断面输沙率;Q_{sc}为河槽过流输沙率;Q_{st}为滩地过流输沙率;Q_c为过槽流量;Q_t为漫滩后滩地过流量;ρ 为进入河道含沙量;B 为连续冲刷时的粗化系数;B_k为粗化系数可能最低值;T 为由漫滩回流主槽的沙量比;dm 为前期累计淤积量;dk 为形成粗化稳定时的累积冲刷量,其他为经验参数。

相对于水动力学模型而言,水文学模型和统计规律模型都是从不同角度给出断面输沙率变化的统计规律,不能够进行动力学方面的解释,模型结构参数不具备普遍意义。至于水动力学数学模型基本上是由挟沙水流运动方程、挟沙水流连续方程、泥沙连续方程和泥沙运动方程联解而得的。特别是对于泥沙运动方程,由于研究的问题不同、方法不同,方程表达式中的参数处理不同,从而产生数学模型之间的差异,造成数学模型种类很多。但不论哪种模型,当它们被应用于预报时,还存在如下问题:①初始条件的预测问题。②对边界和冲淤形态的处理问题。目前这一要素的处理方法还不统一,其实如何将计算冲淤量较符合实际地分配到河床面上将直接影响模型的好坏。③参数率定的依据问题。水动力学数学模型中的某些参数不是在其物理意义下通过物理试验或测验观测确定,也不是由数学推导获得,而是作一定的处理,再依据河道冲淤总量模拟的正确与否为准绳来确定,这样得到的参数未必能够使含沙量预报准确。④模型的时间尺度远大于预报时间尺度。目前数模用到的最小时间尺度为一日,而预报需要的时间尺度为数小时,这是由数模的应用目的决定的。⑤建模需要多种类型的实测资料,模型的计算精度取决于实测资料的可靠程度。

根据以上讨论,本书将从泥沙动力学角度和水文学角度出发,分别建立以河流泥沙动力学为基础的适用于预报的水力学预报模型和水文学系统理论为基础的预报模型,对两类模型的使用条件和预报性能加以对比,为今后含沙量过程预报的进一步研究探索一条道路。

7.1.3 研究原则

由于本研究还处在探索方法的基础研究阶段,为使问题集中在含沙量过程预报方面,所以选择无支流加入河段为研究对象,这里研究河段是花园口至夹河滩河段,并考虑无上滩洪水情形。针对未来能够达到建立预报模型并实施预报的目的,在建模时应尽量考虑模型结构简单、便于应用及对资料要求较易获取的原则。

7.1.4 资料的选择

根据夹河滩站洪水起报标准,本次研究所用洪水1986年以前洪峰流量在4 000 m^3/s以上,1986年以后洪峰流量在3 000 m^3/s以上,其相应含沙量过程就是研究用含沙量过程,详细情况见表7-1。为使研究问题单一,本次研究暂不考虑漫滩洪水情形。研究过程中,建模用洪水场次为24场,检验用洪水9场,其中含2006年洪水1场。

表7-1　夹河滩站含沙量过程预报建模与检验资料统计

分类	洪号	花园口				夹河滩			
		Q_{max} (m^3/s)	Q_{min} (m^3/s)	ρ_{max} (kg/m^3)	ρ_{min} (kg/m^3)	Q_{max} (m^3/s)	Q_{min} (m^3/s)	ρ_{max} (kg/m^3)	ρ_{min} (kg/m^3)
率定期的24场洪水	19980717	4 660	1 720	161	34.8	4 020	1 490	118.7	28.2
	19970804	3 860	484	378	31.1	3 090	399	279	25
	19940904	3 860	1 280	263	20.6	3 630	892	152	27.8
	19940809	6 300	1 260	241	71.1	4 230	1 410	136	86.1
	19940712	5 170	736	150	9.7	4 490	969	95.2	10.9
	19900901	3 590	1 150	101	19.6	3 310	1 140	58.1	12.2
	19890821	5 140	1 700	59.8	28.1	4 820	1 880	44.7	22.6
	19880711	3 590	950	78.8	26.6	3 350	890	58.9	25.2
	19850918	8 260	1 570	53.3	21.4	8 320	1 700	51.6	18.4
	19840729	4 930	2 810	34.9	12.5	4 770	2 880	27.5	13.8
	19840709	5 160	1 790	30	15.1	5 340	1 610	32.2	10.8
	19831001	4 860	2 920	33.6	14.1	4 930	2 600	23.9	15.3
	19820815	6 850	1 410	49.9	11.3	6 150	920	50.6	10.4
	19820803	15 300	1 650	66.6	7.9	14 500	1 500	44.6	22.8
	19810712	5 200	2 210	73.4	34	4 970	2 070	61.4	26.3
	19800706	4 440	1 090	85.3	13	4 240	978	74.4	21.8
	19790816	5 900	2 930	173	33.9	6 500	2 870	115	42.2
	19770809	10 800	1 400	809	34.8	8 000	1 360	338	29.5
	19710729	5 040	550	192	31.4	4 190	500	142	28.2
	19700831	5 830	990	183	38.6	6 050	1 160	167	35.9
	19670815	6 260	2 570	105	32.9	6 410	2 700	108	25.5
	19650723	6 440	2 240	57.8	17.4	6 180	2 150	53.2	19.6
	19640925	8 130	5 460	14.8	6.7	7 900	5 720	19.7	11.1
	19640728	9 430	4 430	78.9	13.1	9 360	4 410	88.6	14.8
检验期的9场洪水	20060805	3 360	1 190	138	1.7	3 030	1 350	89.8	3.4
	19990725	3 340	1 100	174	84.7	3 320	1 250	171	77.6
	19920818	6 430	1 050	454	35.9	4 510	1 080	238	40.2
	19900710	4 440	1 110	78.5	19.6	4 720	1 100	62.7	18.7
	19831008	6 960	2 980	33.6	12.5	6 890	2 670	27.5	13.9
	19830803	8 180	3 220	42.1	13.9	7 430	3 220	33	13.2
	19770710	8 100	1 490	546	22	8 040	1 550	405	22.3
	19760806	5 120①	1 820	63.3	25.4	4 700②	1 510	54.3	25.9
	19660801	8 480	2 680	247	48.1	8 490	2 760	160	45.6

注：①花园口洪峰出现于5日；②夹河滩洪峰出现于6日。

7.2 简化水力学模型

7.2.1 模型结构

设有一河段见图7-1，其中 $q_{s上}$、$q_{s下}$ 和 $q_{s挟}$ 分别表示河段进出口单宽输沙率和河段单宽挟沙力。在恒定流条件下，考虑河流挟带泥沙的运动大多处于不平衡输沙过程，根据图7-1可写出河段不平衡输沙连续方程如下：

$$q_{s下}=q_{s上}+\eta(q_{s上}-q_{s挟}) \tag{7-2}$$

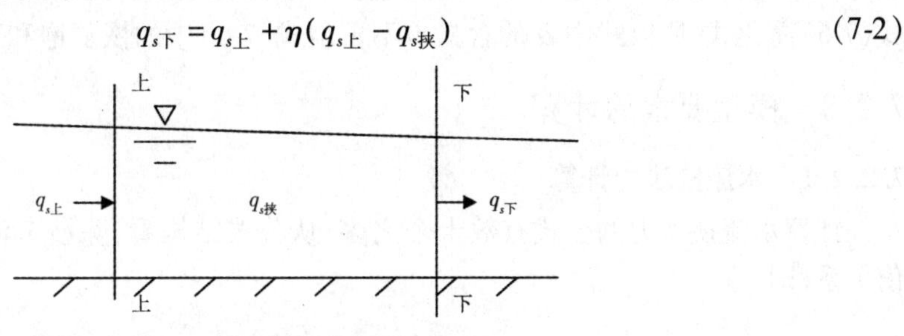

图7-1 不平衡输沙水流示意图

窦国仁(1963)[27]最早提出了在矩形均匀断面条件下的不平衡输沙率公式

$$\frac{\partial\rho}{\partial t}+U_L\frac{\partial\rho}{\partial x}=-\alpha\frac{\omega}{h}(\rho-\rho_*) \tag{7-3}$$

式中：U_L 指平均流速；ω 为垂线泥沙沉速；α 为泥沙恢复饱和系数；ρ_* 为垂线平均水流挟沙能力。

假定 $\frac{\partial\rho}{\partial t}=0$[27]，则式(7-3)变为 $U_L\frac{\partial\rho}{\partial x}=-\alpha\frac{\omega}{h}(\rho-\rho_*)$，又有 $h=\frac{A}{B}$，$U=\frac{Q}{A}$，$Q=qB$，则得 $\frac{\partial\rho}{\partial x}=-\alpha\frac{\omega}{q}(\rho-\rho_*)$。

式(7-3)的适用条件是矩形均匀断面，韩其为等(1980)[27]将式(7-3)进一步扩展应用到天然河道，在恒定流条件下将式(7-3)沿垂线积分，并采用床面泥沙扩散率和沉降率为零的条件得出

$$q\frac{\mathrm{d}\rho}{\mathrm{d}x}=-\omega(\alpha\rho-\alpha_k\rho_*) \tag{7-4}$$

式中：α 为底部含沙浓度与断面平均含沙浓度的比值；α_k 为底部饱和含沙浓度与断面平均含沙浓度的比值。假定 $\alpha=\alpha_k$，即为式(7-3)中恢复饱和系数，则式(7-4)改写成

$$q\frac{\mathrm{d}(\rho-\rho_*)}{\mathrm{d}x}=-\alpha\omega(\rho-\rho_*)-q\frac{\mathrm{d}\rho_*}{\mathrm{d}x} \tag{7-5}$$

对式(7-5)积分可得

$$\rho_下=\rho_{*下}+(\rho_上-\rho_{*上})\mathrm{e}^{-\frac{\alpha\omega L}{q}}+\frac{q}{\alpha\omega L}(1-\mathrm{e}^{-\frac{\alpha\omega L}{q}}) \tag{7-6}$$

考虑河段长 L 数值较大且为常数，并为预报使用方便，将 L 和上式中的第二项省略并写成式(7-2)的形式得

$$\rho_下=\rho_{*L}+(\rho_上-\rho_{*L})\mathrm{e}^{-\frac{\alpha\omega B}{Q}} \tag{7-7}$$

式中：ρ_{*L}是河道挟沙力，令其等于上下断面挟沙力的平均；Q 是河道平均流量；B 是平均水面宽。以此式作为含沙量预报模型。式(7-7)表明出口断面的含沙量与河段的输沙能力及河道泥沙饱和差有关。将式(7-7)与式(7-2)比较知

$$\eta = \mathrm{e}^{-\frac{\alpha\omega BL}{Q}} \tag{7-8}$$

在天然条件下，不同的来水来沙条件使河流泥沙恢复饱和所需要的时间不同，因此在给定河段长度下，河流恢复饱和的程度是变化的。η 就是表征河道输沙恢复饱和程度的指标，当 $\eta=0$ 时，$\rho_{下}=\rho_{*L}$，此时为不平衡输沙；当 $\eta=1$ 时，$\rho_{下}=\rho_{上}$，此时水流为平衡输沙状态，所以 η 取值范围为 0～1，越接近 1，河流输沙就越接近饱和。由于式(7-7)不是严格意义下的式(7-6)简化式，所以式中 α 的含义也不再是式(7-6)中的恢复饱和系数的含义了。

7.2.2 模型要素的计算

7.2.2.1 水流挟沙力计算

计算水流挟沙力的公式有数十个之多，从公式结构看，除沙玉清[26]公式外都表现为单值关系，即

$$\rho_{*} = k\left(\frac{\gamma_m}{\gamma_s - \gamma_m}\frac{V^3}{gH\varpi}\right)^m \tag{7-9}$$

式中：γ_m、γ_s分别表示浑水和泥沙容重；V、H、ϖ 分别表示水流流速、水深和河水中泥沙的沉速。该公式表明只要流速 V 不为零，挟沙力 ρ_* 就不为零，这是不符合实际情况的。以黄河下游铁谢站为例。三门峡水库下泄清水期间，床沙中值粒径为 0.05～0.58 mm，断面平均水深 0.5～2.4 m，断面平均流速 0.7～1.5 m/s，1964 年达到 2.1 m/s，这样大的流速按以上单值公式计算，水流有相当大的挟沙力，但实测资料表明，这样的水流并没有冲起泥沙，通过铁谢断面的水流可以认为是清水。这种现象被谢鉴衡院士称为黄河的“百幕大”[27]。但若用沙玉清的挟沙力双值关系理论就可以解释清楚这种现象。如粒径 0.5 mm 的泥沙，开动比速 0.52 m/s，但这种粒径泥沙并非一开动即能悬浮水中，挟动作用流速(V_0)应取扬动流速，其值为 $V_0=1.38\times1.5^{0.2}=1.5$ m/s[27]，则有效作用流速为零，挟沙力为零当然冲不起泥沙。

曹如轩[27]根据沙玉清挟沙力双值关系的观点，在分析研究实验室及野外原形观测资料的基础上，对沙玉清挟动流速公式给予含沙量影响校正，得出双值挟沙力公式如下：

$$\rho_{*} = k\left(\frac{\gamma_m}{\gamma_s - \gamma_m}\frac{(V-V_0)^3}{gH\varpi}\right)^m = k\left(\frac{\gamma_m}{\gamma_s - \gamma_m}\frac{V_e^3}{gH\varpi}\right)^m \tag{7-10}$$

其中：V_e为有效流速。该公式表明只有 $V_e>0$ 时，才有挟沙力。挟动流速(V_0)在冲刷情况下取起动流速(V_k)或扬动流速(V_s)，在淤积情况下取止动流速(V_h)；k_e为系数，随冲淤状况取不同的值。从临冲到临淤的中间过渡区为冲淤平衡。所以说它的物理图形清楚，符合事物发展的规律，且被野外及试验资料所证实。

所以，这里我们采用双值挟沙力公式。

7.2.2.2 非均匀沙群体沉速 ω_{ms} 计算

泥沙沉速是挟沙力公式中的重要因子，沙玉清选用 7 个变量并分析各变量与挟沙力之间的相关程度，相关程度最高的是有效流速($V-V_0$)，相关系数 0.674 4；第二位是沉速，相关系数 0.615 2；第三位是粒径，相关系数 0.588 7，可见沉速计算的重要性。黄河支流含沙量高、变幅大，泥沙粒径组成变幅宽，如窟野河洪水泥沙中数粒径比渭河洪水泥沙中数粒径

粗一个数量级，因此选择符合实际的沉速公式至关重要。

规范规定[28]层流区沉降用斯托克斯公式，介流区沉降用沙玉清公式，斯托克斯、沙玉清公式是反映单颗粒泥沙在介质为均质清水中的沉降规律，而天然河道中的泥沙却是有一定级配的非均匀沙在介质为非均质浑水中的沉降，因此分粒径组计算各组沉速时，层流区仍用斯托克斯公式、介流区用沙玉清公式，但应对式中的介质特性作分析校正，将式中均质流体的 γ_0、ν_0、μ_0 改为非均质流体的 γ_m、ν_m、μ_m，即各粒径组浑水沉速 ω_{mi} 和 ϖ_m 为

层流区沉降

$$\omega_{mi} = \frac{\gamma_s - \gamma_m}{18\mu_m} d_i^2 \tag{7-11}$$

介流区沉降

$$(\lg S_{am} + 3.665)^2 + (\lg \varphi_m - 5.777)^2 = 39 \tag{7-12}$$

$$\phi_m = \frac{g^{\frac{1}{2}}(\gamma_s - \gamma_m)\left(\frac{\gamma_s - \gamma_m}{\gamma_m}\right)^{\frac{1}{3}}}{\nu_m^{\frac{2}{3}}} d_i \tag{7-13}$$

$$S_{am} = \frac{\omega_{mi}}{\sqrt[3]{g\left(\frac{\gamma_s - \gamma_m}{\gamma_m}\right)\nu_m}} \tag{7-14}$$

$$\varpi_m = \sum P_i \omega_{mi} \tag{7-15}$$

最终采用曹如轩非均匀沙群体沉速公式：

$$\omega_{ms} = \sum P_i \omega_{mi} (1 - S_v)^{4.91} \tag{7-16}$$

式(7-11)～(7-16)中的 μ_m 和 $\nu_m = \frac{\mu_m}{\rho_m}$ 用费祥俊[29]公式计算。

以上各式中，μ_m 是浑水黏滞系数；S_v 是体积比含沙量；d_i、P_i 为某粒径组平均粒径及相应的重量百分数；S_{am} 为沉数判数；φ_m 为粒径判数；ν_m 为浑水运动黏滞系数；γ_m、γ_s 分别为浑水、泥沙容重；g 是重力加速度。

7.2.2.3 挟动流速的计算

挟动流速(V_0)是水流挟动泥沙使之达到悬移、推移形式所应有的最小流速，它随开动、止动、扬动挟动条件和粒径大小而变化。计算临冲挟沙力时，

若 $d < 0.08$ mm　　$V_0 = V_{k1} R^{0.2}$　　(7-17)

若 $d > 0.08$ mm　　$V_0 = V_{s1} R^{0.2}$（悬移），$V_0 = V_{k1} R^{0.2}$（推移）　　(7-18)

计算临淤挟沙力时，$V_0 = V_{H1} R^{0.2}$，其中：

$$V_{k1}^2 = \frac{4}{3}\left(5 \times 10^9 (0.7 - \varepsilon)^4 \left(\frac{\delta}{d}\right)^2 + 200\left(\frac{\delta}{d}\right)^{\frac{1}{4}}\right)\left(\frac{\gamma_s}{\gamma} - 1\right) g d \tag{7-19}$$

$$V_{s1}^2 = 280\left(\left(\frac{\gamma_s}{\gamma} - 1\right) g d\right)^{\frac{4}{5}} \omega^{\frac{2}{5}} \tag{7-20}$$

$$V_{H1}^2 = \frac{4}{3}\left(5\,000\left(\frac{\delta}{d}\right) + 180\left(\frac{\delta}{d}\right)^{\frac{1}{4}}\right)\left(\frac{\gamma_s}{\gamma} - 1\right) g d \tag{7-21}$$

在公式(7-19)～公式(7-21)中，ε 是孔隙率；δ 是分子水膜厚度；其他符号意义同前。当含沙

量低时，可用式(7-19)～式(7-21)计算。当含沙量高时，对计算式进行含沙量校正，即以 γ_m 替代原式中的 γ，而在计算 V_H 时，应先根据 d_{50} 算出 ω_{m50}

$$\omega_{m50}=\frac{\gamma_s-\gamma_m}{18\mu_m}d_{50}^2 \tag{7-22}$$

再求出相应于 ω_{m50} 的 d_{m50}

$$d_{m50}=\sqrt{\frac{18\mu}{\gamma_s-\gamma}\omega_{m50}} \tag{7-23}$$

即不但对沉速进行含沙量校正，而且对粒径也作出含沙量校正。

7.2.2.4 参数 α 的确定

式(7-7)中的 α 是一个经验参数，根据建模资料用最小二乘法确定。

7.2.3 预报辅助要素的分析

以式(7-7)表现的预报模型是建立在恒定流基础上的，所以只能进行给定水力要素条件下出口断面含沙量的计算。但是在发布预报时，出口段面的水力要素还未出现，因此需要对这些要素进行预测，这里称它们为预报辅助要素。

根据式(7-7)，预报辅助要素包含流量、流速、水深和水面宽。另外，由于采用双值挟沙力，预报辅助要素还包含出口断面未来冲淤态势判别。

7.2.3.1 流量预测

洪水演算旨在根据河段上断面的洪水过程推求下断面未来的洪水过程。河段流量演算采用马斯京根河道流量演算方案。马斯京根法在河道洪水演算中有着广泛的应用，由以下两个基本公式组成，即

$$\frac{\Delta t}{2}(Q_{上1}+Q_{上2})+\frac{\Delta t}{2}(q_1+q_2)-\frac{\Delta t}{2}(Q_{下1}+Q_{下2})=S_2-S_1 \tag{7-24}$$

$$S=f(Q) \tag{7-25}$$

式中：$Q_{上1}$、$Q_{上2}$ 为时段始末上段面的入流量，m^3/s；$Q_{下1}$、$Q_{下2}$ 为时段始末下段面的出流量，m^3/s；Δt 为计算时段，h；q_1、q_2 为时段始末区间入流量，本次无区间入流；S_1、S_2 为时段始末河段蓄水量，m^3。

式(7-24)是河段水量平衡方程式，由连续方程简化得来，式(7-25)表示河段蓄水量与流量间的关系，称为槽蓄方程，由动力方程简化得来。

联解式(7-24)和式(7-25)得流量演算方程：

$$Q_{下2}=C_0Q_{上2}+C_1Q_{上1}+C_2Q_{下1} \tag{7-26}$$

其中：

$$C_0=\frac{0.5\Delta t-Kx}{K-Kx+0.5\Delta t}、C_1=\frac{0.5\Delta t+Kx}{K-Kx+0.5\Delta t}、C_2=\frac{K-Kx-0.5\Delta t}{K-Kx+0.5\Delta t} \tag{7-27}$$

式中：$Q_{上1}$、$Q_{上2}$ 分别为 t 时刻、$t+1$ 时刻上断面的流量；$Q_{下1}$、$Q_{下2}$ 分别为 t 时刻、$t+1$ 时刻下断面的流量；K 为稳定流情况下的洪水传播时间；x 为流量比重因素；Δt 为计算时段。该方案中计算时段 Δt 确定为 8 小时，并由实测资料求解得到 x、K 的值分别为 0.4、9.34。

7.2.3.2 流速、水深和水面宽预测

许多学者认为，冲积河流的河槽水力形态随着来水来沙组合不同会发生相应的调整。

研究表明，河槽水力几何形态的变化不仅与流量有关，而且还与含沙量有关。这里分别采用回归分析方法建立流速、断面平均水深和水面宽预报模型，结果见图7-2～图7-4和表7-2。

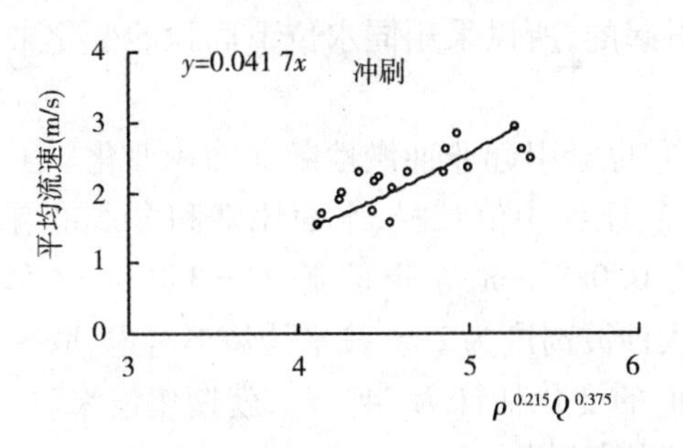

图7-2a　断面冲刷时 $Q\rho \sim V$ 经验关系

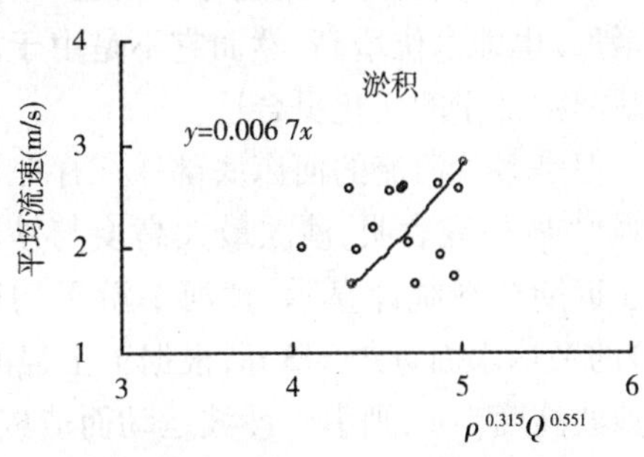

图7-2b　断面淤积时 $Q\rho \sim V$ 经验关系

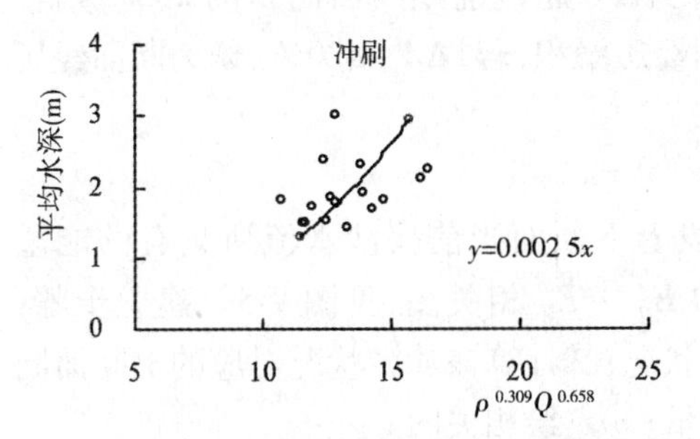

图7-3a　断面冲刷时 $Q\rho \sim h$ 经验关系

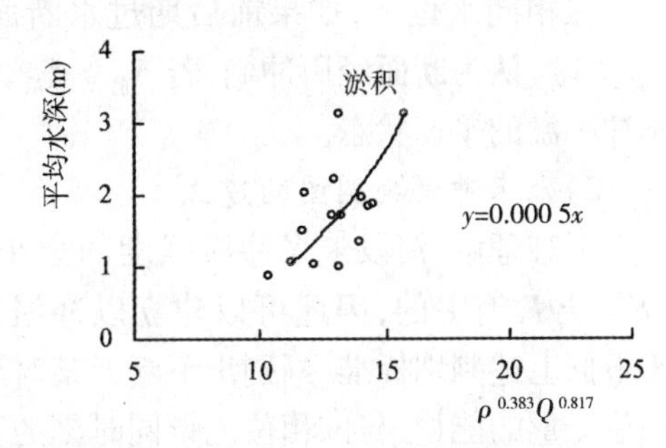

图7-3b　断面淤积时 $Q\rho \sim h$ 经验关系

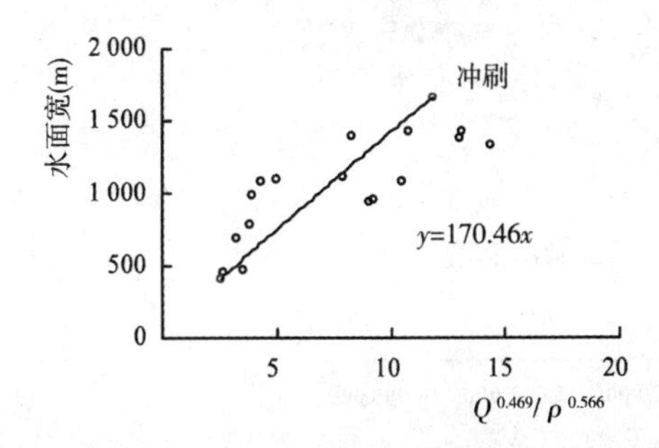

图7-4a　断面冲刷时 $Q、\rho \sim B$ 经验关系

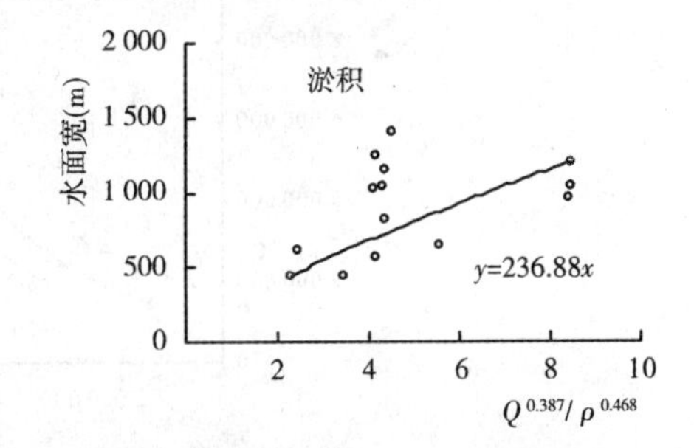

图7-4b　断面淤积时 $Q、\rho \sim B$ 经验关系

表7-2　水力几何形态与流量、含沙量经验关系

要素名称	冲刷	淤积
平均流速(m/s)	$V = 0.041\,7\rho^{0.215}Q^{0.375}$	$V = 0.006\,7\rho^{0.315}Q^{0.551}$
水面宽(m)	$B = 170.46Q^{0.469}/\rho^{0.566}$	$B = 236.88Q^{0.387}/\rho^{0.468}$
平均水深(m/s)	$h = 0.002\,5\rho^{0.309}Q^{0.658}$	$h = 0.000\,5\rho^{0.383}Q^{0.817}$

7.2.3.3　出口断面未来冲淤态势判别分析

1）冲淤判别标准

关于冲积河流的冲淤情势分析已有较多的研究，一般是根据河槽的来沙系数判定冲淤状态[30]，但由于确定来沙系数的时间尺度不能满足预报要求的需要，这里将重新建立冲淤判别标准。

河道冲淤在水力要素上表现为相同流量下水位的变化,或者相同水位下过水面积的变化。相比较而言,因为流量 $Q=$ 流速 $V\times$ 面积 A,在流速减小的情况下,流量不变,则面积就会增加,也即水位增高,然而它不是由于河槽淤积引起的,所以采用同水位下面积的变化来反映河槽冲淤的变化更合适。

但是多沙河流的河床底部往往存在沙波运动,它也会引起非冲淤性断面面积变化。王士强[31]的研究表明,沙波最大高度与沙粒水力半径、床沙中值粒径、水面比降和含沙量有关。近期资料统计显示,黄河下游平均床沙中径为 0.088 mm,枯季径流($Q=350$ m^3/s 左右)的平均水面宽约243 m,根据王士强的研究,最大沙波高度为2 m,按平均情形考虑,取平均沙波高度 1 m,则由于沙波运动而造成的过水断面的变化估计为 243 m^2,就期望值来看,该值约占洪水期过水面积的20%,因此按如下方法判别冲淤。

在相同水位下,如果前后期过水断面面积变化 $|\Delta A|$ 超过前期断面面积的20%,则若 $A_{前}<A_{后}$,认为断面经历冲刷;若 $A_{前}>A_{后}$,认为断面经历淤积;若 $|\Delta A|\leqslant 20\%$,认为断面经历不冲不淤的平衡状态。

2)未来冲淤判别图的建立

不难理解,河段未来冲淤强度的大小是与河段上下断面当前挟沙水流所具有的能量($E=Q\gamma J$)有关的,因此可以建立以冲淤为参数的 $E_{上}\sim E_{下}$ 相关图,见图 7-5。建立步骤:①根据上述判别标准,判别出下断面某时刻的冲淤状况;②计算该冲淤状况对应的上断面同相位流量的能量、与该相位流量同时刻的下断面能量;③点绘相关图。

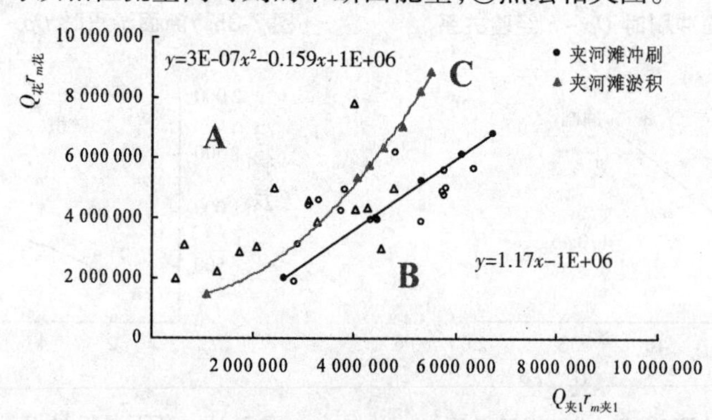

图 7-5　夹河滩冲淤判别

3)相关图的应用

根据图中冲淤状况的分布,将相关图分成三大区域:A 区为淤积区,B 区为冲刷区,C 区为冲淤平衡区。应用时,根据上下断面能量落点位置就可以判别未来同相位水力要素下下断面的冲淤态势。

7.2.4　预报方法

用实测资料对模型进行率定,得

$$\rho_{上}=\rho_{*L}+(\rho_{下}-\rho_{*L})\mathrm{e}^{-\frac{0.02\omega B}{Q}} \tag{7-28}$$

临淤挟沙力:
$$S_{*}=140.33\left[\frac{\gamma_m}{\gamma_s-\gamma_m}\frac{(V-V_H)^3}{gH\varpi_{ms}}\right]^{0.2962}$$

临冲挟沙力：
$$S_*=56.61\left[\frac{\gamma_m}{\gamma_s-\gamma_m}\frac{(V-V_H)^3}{gH\varpi_{ms}}\right]^{0.1765}$$

河道挟沙力取上下断面挟沙力的平均值。

预报时，当下断面被判定处于冲刷或淤积状态时，按式(7-28)作预报；当下断面被判定处于冲淤平衡时，$\rho_{下}=\rho_{上}$。预报流程如图 7-6 所示。

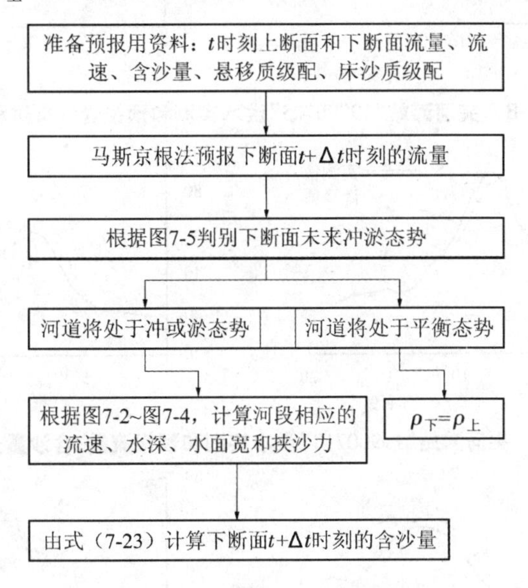

图 7-6　含沙量过程预报流程

7.2.5　预报模型检验结果及讨论

对于预报模型的检验应从两个方面考虑：一是模型是否可用；二是预报结果或者说预报性能的好坏。就第二个方面来说，评价预报模型预报性能好坏的标准是看预报结果与实际发生结果的相似程度，一般由一些指标来反映。由于含沙量变化的不确定性因子多于洪水的不确定性因子，加之含沙量过程预报还处于探索阶段，目前尚缺乏评价含沙量预报模型性能的合理标准。因此，这里仅就预报过程和实测过程的外形和洪水过程输沙总量加以比较，外形借助洪水过程预报的评价标准——确定性系数作定量表述，洪水过程输沙总量用绝对误差和相对误差表述。

图 7-7 ~ 图 7-14 是检验期夹河滩含沙量预报值与实测值的比较；表 7-3、表 7-4 是量化检验结果。

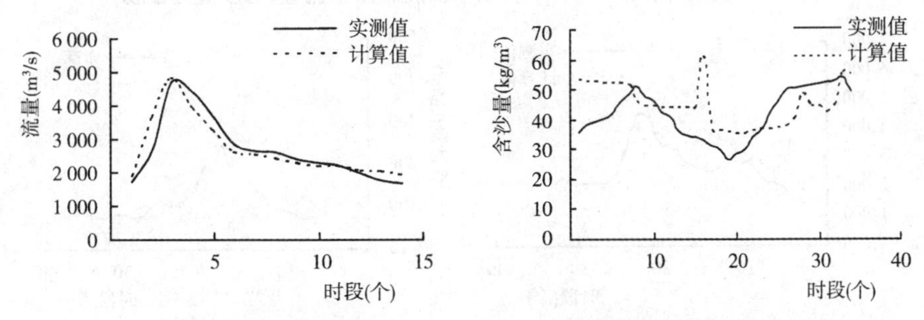

图 7-7　夹河滩站“19760806”洪水实测和预报含沙量过程线

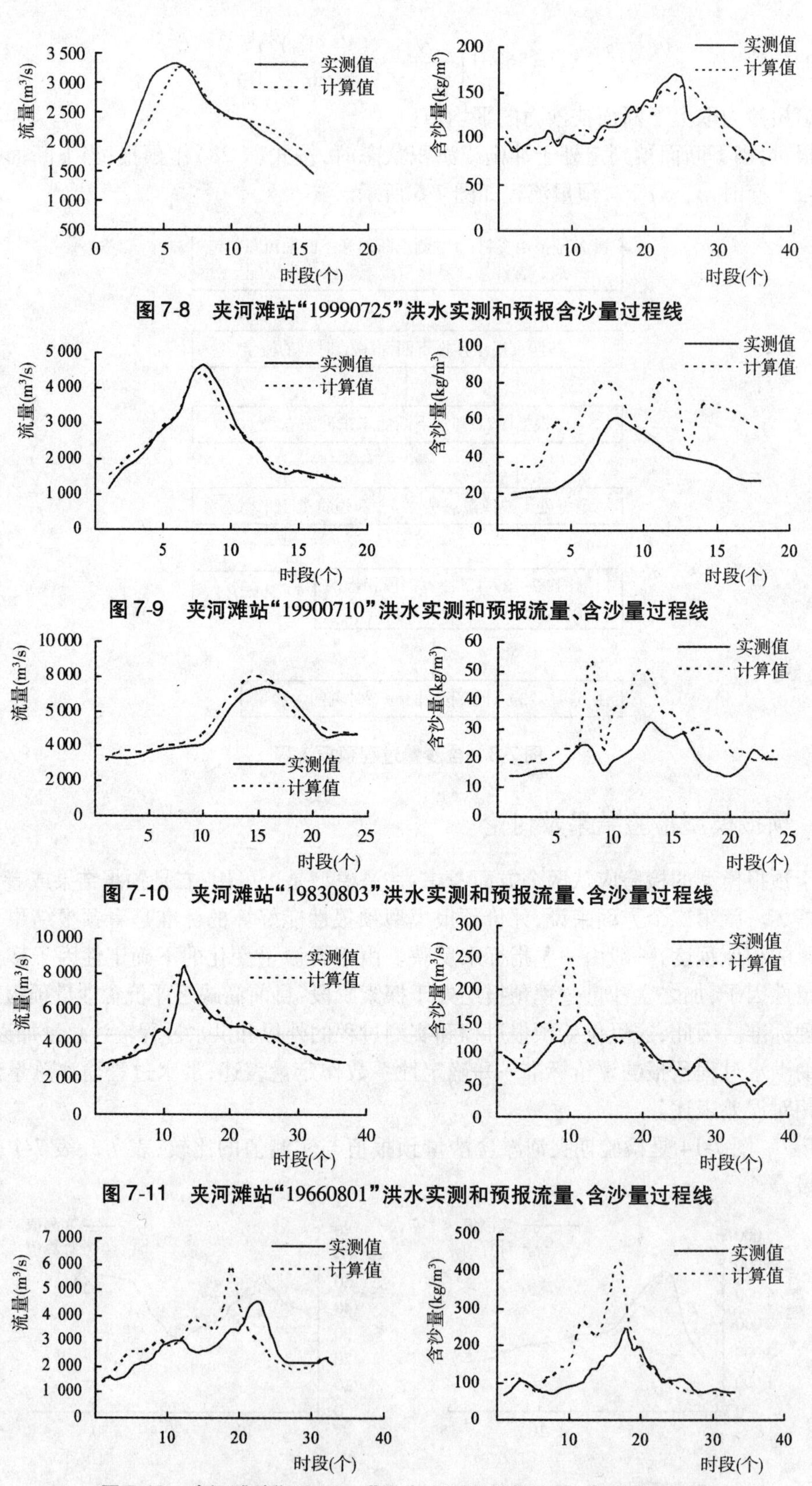

图 7-8　夹河滩站“19990725”洪水实测和预报含沙量过程线

图 7-9　夹河滩站“19900710”洪水实测和预报流量、含沙量过程线

图 7-10　夹河滩站“19830803”洪水实测和预报流量、含沙量过程线

图 7-11　夹河滩站“19660801”洪水实测和预报流量、含沙量过程线

图 7-12　夹河滩站“19920818”洪水实测和预报流量、含沙量过程线

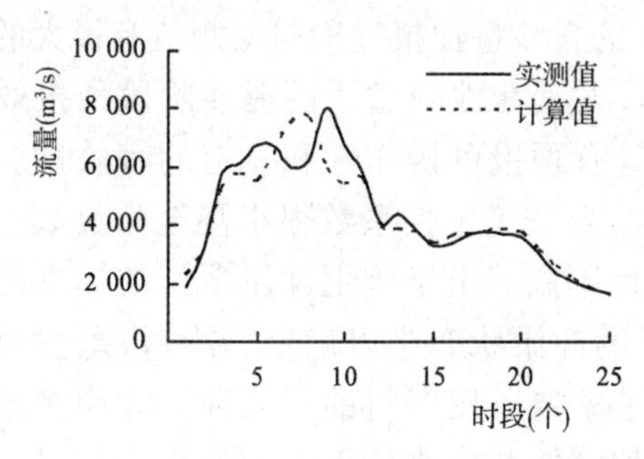

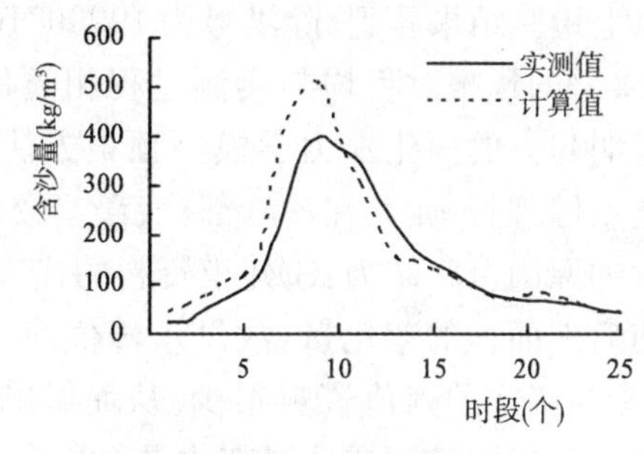

图 7-13　夹河滩站“19770710”洪水实测和预报流量、含沙量过程线

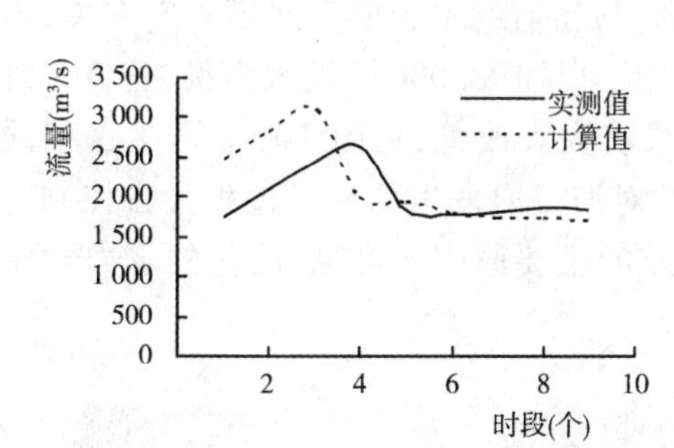

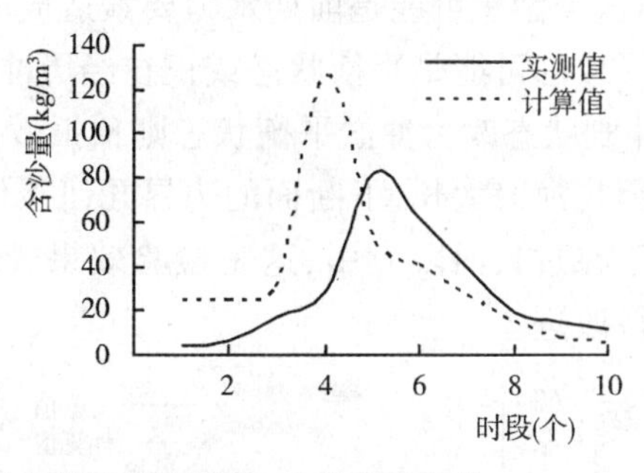

图 7-14　夹河滩站“20060805”洪水实测和预报流量、含沙量过程线

表 7-3　夹河滩站含沙量过程预报结果

洪号	确定性系数		实测输沙量	计算输沙量	绝对误差	相对误差
	流量	含沙量	$(\times10^4 t)$	$(\times10^4 t)$	$(\times10^4 t)$	(%)
19760806	0.86	-0.32	4 149	3 951	198	4.8
19990725	0.82	0.68	13 425	13 484	-59	-0.4
20060805	-1.36	-1.06	1 567	1 646	-79	-5.1
19920818	-0.05	-1.63	29 879	44 230	-14 352	-48.0
19900710	0.96	-3.07	5 044	6 349	-1 305	-25.9
19830803	0.90	-3.60	7 121	7 996	-876	-12.3
19770710	0.84	0.81	55 343	62 740	-7 397	-13.4
19660801	0.86	0.25	46 795	52 193	-5 397	-11.5

表 7-4　夹河滩站含沙量预报峰值误差

洪号	洪峰				沙峰			
	实测值 (m^3/s)	预报值 (m^3/s)	绝对误差 (m^3/s)	相对误差 (%)	实测值 (kg/m^3)	预报值 (kg/m^3)	绝对误差 (kg/m^3)	相对误差 (%)
19760806	4 700	4 840	-140	-3.0	54.3	61.6	-7.3	-13.4
19990725	3 320	3 260	60	1.8	171.0	157.0	14.0	8.2
20060805	2 643	3 096	-453	-17.1	82.7	125.9	-43.2	-52.2
19920818	4 510	5 798	-1 288	-28.6	246.2	425.3	-179.1	-72.7
19900710	4 669	4 397	272	5.8	61.5	79.1	-17.6	-28.6
19830803	7 410	7 972	-562	-7.6	32.5	49.7	-17.2	-52.9
19770710	8 040	7 682	358	4.5	400.9	505.5	-104.6	-26.1
19660801	8 352	7 804	548	6.6	157.3	247.8	-90.5	-57.5

从以上检验结果看到，除洪号为19900710的含沙量预报过程与实测值有很大的不同外，其他洪号的预报过程均与实测过程相类似，尤其在沙峰过后的退沙阶段预报效果较好。这说明建立的简化水力学模型预报方法具有预报可操作性和一定的有效性。但总体效果还不够理想，尤其在沙峰部分，误差较大，导致确定性系数很小甚至为负数。产生误差较大的原因可归结为：①建模资料的代表性不高。由于判别冲淤平衡的标准是相同水位下前后期面积的变化量，故洪水峰值附近的冲淤状态难以确定，导致模型参数率定过程中，参与率定的峰值资料很少，从而影响了率定所用资料的代表性。②冲淤态势判别不准确。我们知道河道冲淤变化是有一个过程的，相同水位下面积的变小可以判断为淤积，但这个淤积可能是前期水力要素造成的，与当前的水力要素并不一定有关，当前水力要素形成的可能是平衡状态或正在经历冲刷。以“19830803”洪水为例，若将8月1日4时的冲刷状态改为冲淤平衡状态则预报效果将大大改善，见图7-15。产生这种误判的主要原因是河段太长，下断面的边界几何条件对河段内发生的冲淤过程失去控制。③模型不适于在过长河段应用，这是检验效果较差的主要原因。可见，简化的水力学模型方法还有待改进。

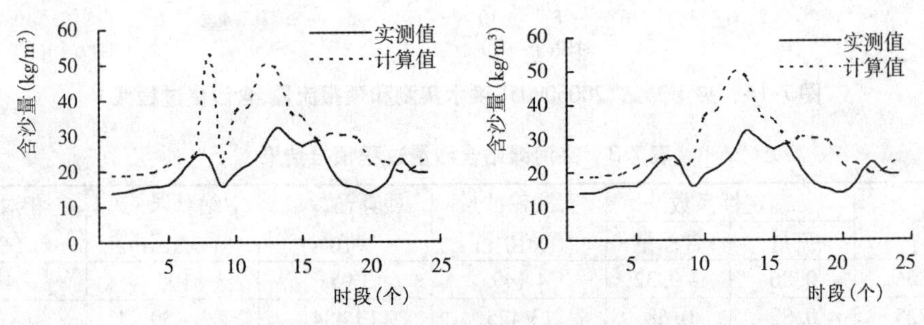

图7-15　冲淤状态改变前后的含沙量实测和预报过程线

7.3　系统响应函数法

系统响应函数法是以系统概念为基础的水文学方法，在洪水预报方面得到良好运用，在输沙率过程预报方面也得到尝试，取得较满意的结果。由于泥沙在河流中运动时，既有随水流运动的一面，又有受自身重力的作用而作相对运动的一面，如能考虑泥沙自身的相对运动，系统响应函数模型同样可以用在含沙量的预报当中。

7.3.1　模型结构及参数确定

梁志勇在用试验方法对高含沙平衡输沙研究后得出如下结论[28]：①在同样水流和坡降条件下，泥沙细颗粒含量越大，输沙能力越高。②同样水流流量下，坡降越大，输沙能力越强。③当细颗粒含量较大时，流量和坡降对含沙量或输沙率的影响将减弱，见图7-16。图7-17也显示出细颗粒含沙量不同流量输沙率关系为一组斜率不同的直线。从机理上看，这主要是当细颗粒含量增加时，增加了水流黏性，特别在粒径较细的高含沙情况下，只要水流条件适宜，水流易形成结构体，使水流中的单颗粒运动情形减弱，所以增加了输沙能力。

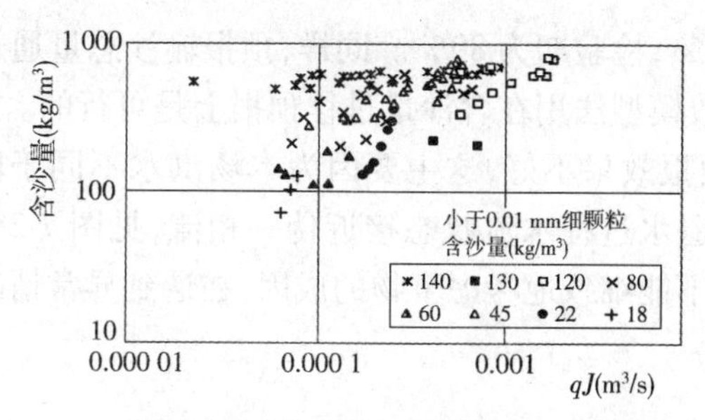

图 7-16　含沙量与流量、坡降的关系

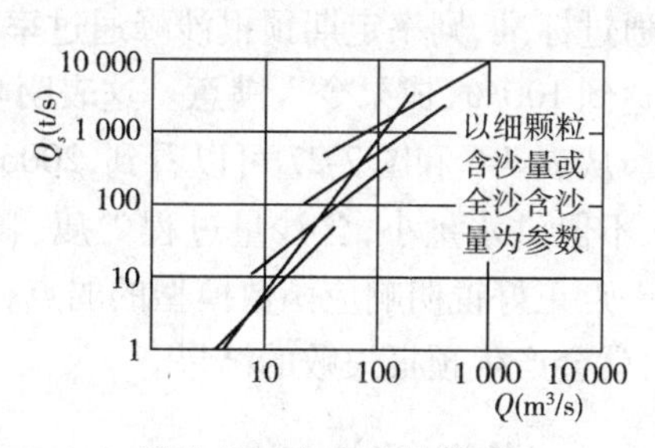

图 7-17　多来多排情形

在天然河道中，由于水沙来源和泥沙输送距离不同，输送过程中的泥沙粒径是不断变化的，所以表现出不同的输沙能力。这一特性在黄河下游河道输沙方面表现出"多来多排"特征。其经验表达为：

$$Q_{s下} = kQ_{下}{}^{\alpha'}\rho_{上}{}^{\beta'} \tag{7-29}$$

或者

$$\rho_{下} = kQ_{下}{}^{\alpha}\rho_{上}{}^{\beta} \tag{7-30}$$

在前面几章中，我们可以看到将式(7-30)用于沙峰预报还是有一定精度的。因此，这里借助这一结构形式，考虑预报的需要，将式(7-30)变成有明确时间意义的形式如下：

$$\rho_{下t} = kQ_{下t}{}^{\alpha}\rho_{上t-1}{}^{\beta} \tag{7-31}$$

其中 $Q_{下t}{}^{\alpha}$是下断面 t 时刻流量，通过响应函数模型求出，即

$$\begin{pmatrix} Q_{2t} \\ Q_{2t+1} \\ Q_{2t+2} \\ \vdots \\ \vdots \\ Q_{2t+n} \end{pmatrix} = \begin{pmatrix} Q_{2t-1} & Q_{1t-1} & & & \\ Q_{2t} & Q_{1t} & Q_{1t-1} & & \\ Q_{2t+1} & Q_{1t+1} & Q_{1t} & \ddots & \\ \vdots & \vdots & \vdots & \vdots & Q_{1t-1} \\ \vdots & \vdots & \vdots & \vdots & \vdots \\ Q_{2t+n} & Q_{1t+n} & Q_{1t+n-1} & \cdots & Q_{1t+n-m} \end{pmatrix} \begin{pmatrix} b_{01} \\ b_{02} \\ b_{1} \\ \vdots \\ b_{m} \end{pmatrix}$$

其中响应函数$(b_{01}\ b_{02}\ b_{1} \cdots\ b_{m})^{\mathrm{T}}$由最小二乘法根据表 7-1 中率定期资料得出，式(7-31)中的参数同样由最小二乘法得出，m 由优化方法确定。具体做法见图 7-18。

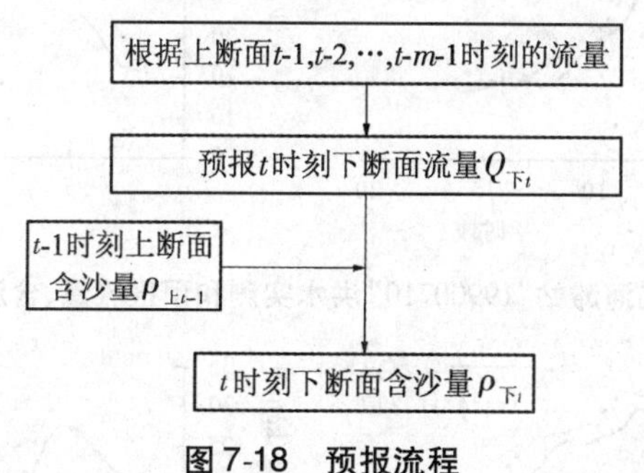

图 7-18　预报流程

可得：$m = 2, b = [0.519\ 0, 0.412\ 2, 0.098\ 5, 0.032\ 9]^{\mathrm{T}}, k = 2.679\ 4, \alpha = -0.05, \beta = 0.828\ 4$。

7.3.2　模型检验与讨论

检验期所用资料见表 7-1，检验结果见图 7-19 ~ 图 7-27、表 7-5 ~ 表 7-7。

显然，含沙量预报过程与实测过程吻合良好。若以小于 20% 的相对误差作为沙峰预报

的通过标准，则率定期预报沙峰通过率为91.6%，检验期为89%。同样，预报输沙总量通过率达到100%，成果令人满意。这表明响应函数模型法用在含沙量过程预报上是可行的。

从表7-6和图7-27可以看到，2006年的预报效果不好，这主要因为本场洪水不同于以往，不但洪水量小，含沙量过程尖瘦，颗粒细，退水过程水流状态接近伪一相流，见图7-28。这一点正好说明响应函数模型的弱点，即由于不能细致地考虑事物的成因，在遇到异常情况时，就会产生预报失败的结果。

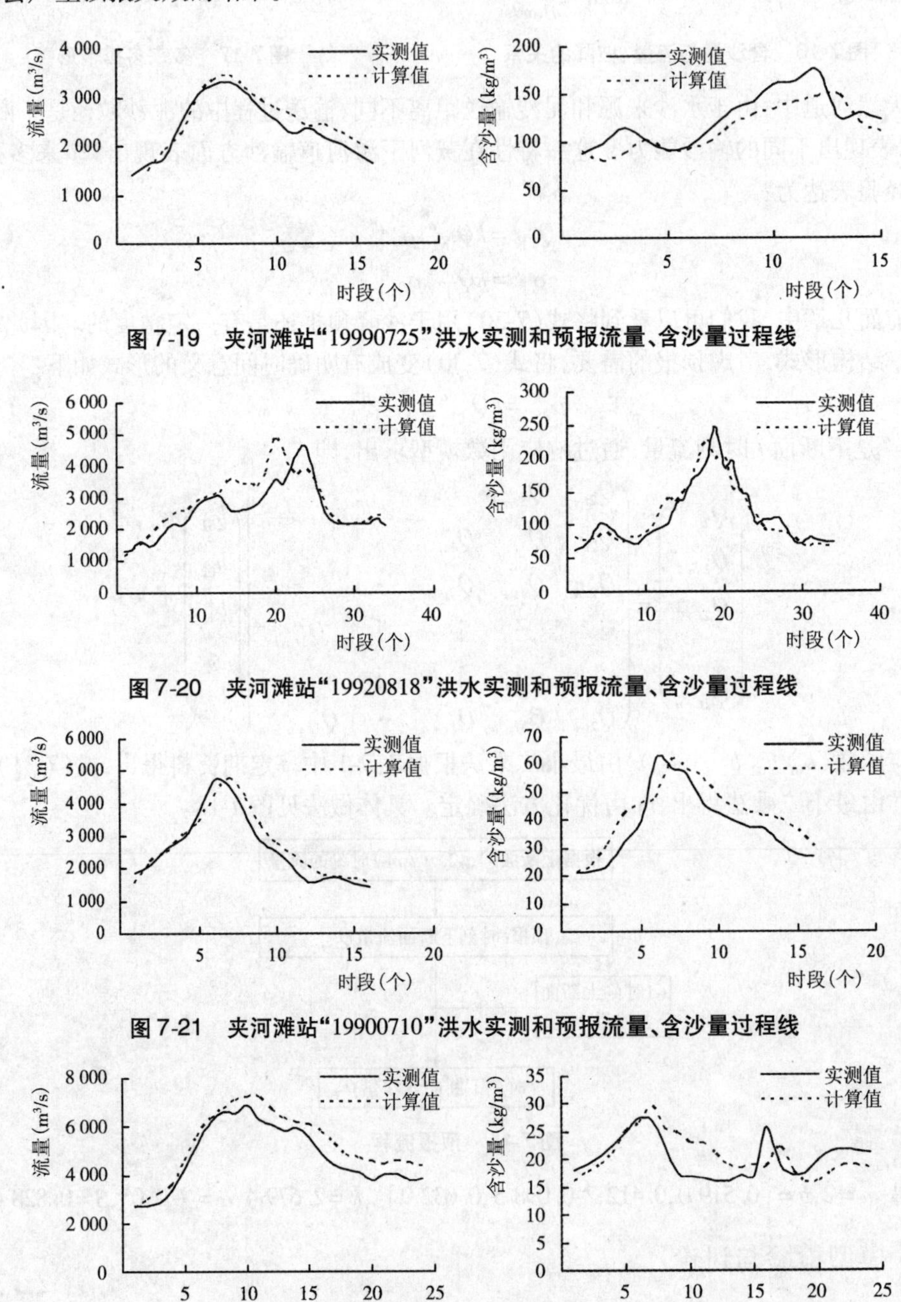

图7-19　夹河滩站“19990725”洪水实测和预报流量、含沙量过程线

图7-20　夹河滩站“19920818”洪水实测和预报流量、含沙量过程线

图7-21　夹河滩站“19900710”洪水实测和预报流量、含沙量过程线

图7-22　夹河滩站“19831008”洪水实测和预报流量、含沙量过程线

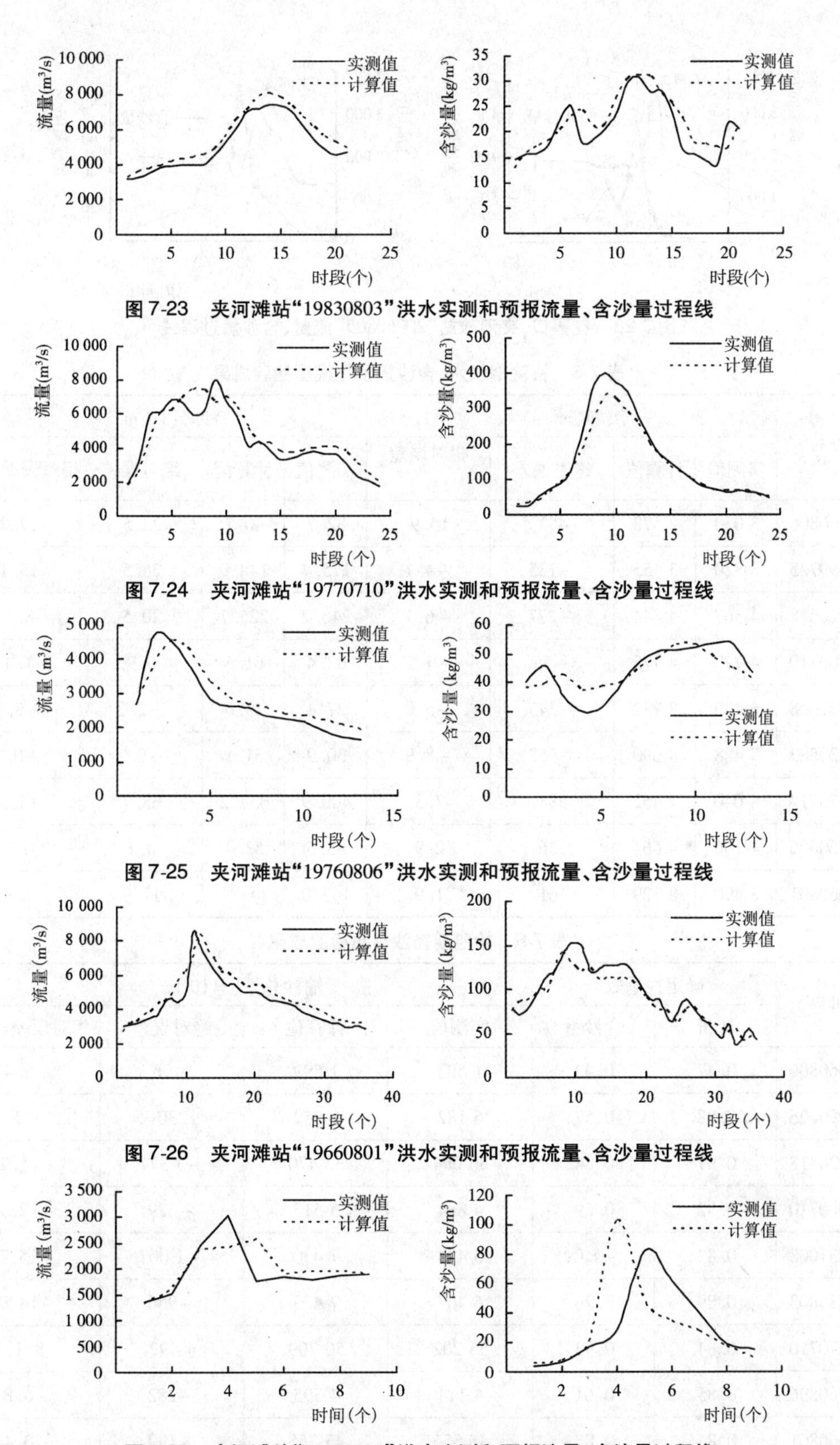

图 7-23　夹河滩站"19830803"洪水实测和预报流量、含沙量过程线

图 7-24　夹河滩站"19770710"洪水实测和预报流量、含沙量过程线

图 7-25　夹河滩站"19760806"洪水实测和预报流量、含沙量过程线

图 7-26　夹河滩站"19660801"洪水实测和预报流量、含沙量过程线

图 7-27　夹河滩站"20060805"洪水实测和预报流量、含沙量过程线

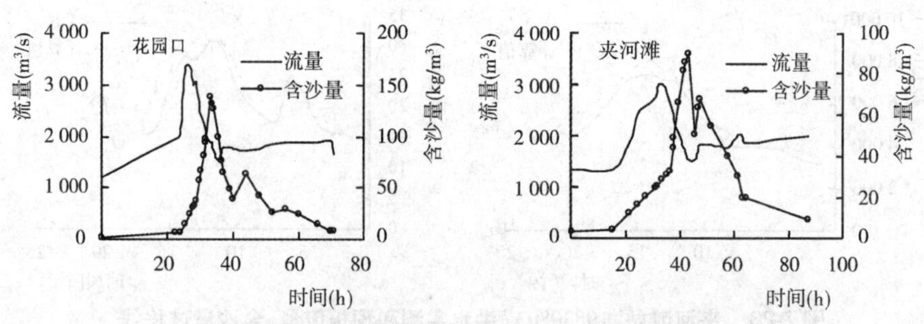

图 7-28　花园口、夹河滩站“20060805”流量、含沙量过程线

表 7-5　检验期洪水、含沙量预报模型检验成果

洪号	洪峰(m^3/s)				沙峰(kg/m^3)			
	实测值	计算值	绝对误差	相对误差(%)	实测值	计算值	绝对误差	相对误差(%)
20060806	3 030	2 578	452	14.9	82.7	60.2	22.5	27.2
19990725	3 320	3 455	-135	-4.1	175.4	148.9	26.5	15.1
19920818	4 567	4 844	-277	-6.1	246.2	225.7	20.5	8.3
19900710	4 720	4 775	-55	-1.2	62.4	61.5	0.9	1.4
19831008	6 889	7 232	-343	-5.0	27.4	29.6	-2.2	-8.0
19830803	7 428	8 090	-662	-8.9	30.9	31.1	-0.2	-0.7
19770710	8 040	7 452	588	7.3	400.9	337.2	63.7	15.9
19760806	4 700	4 564	136	2.9	53.5	53.4	0.1	0.2
19660801	8 490	8 329	161	1.9	153.0	141.1	11.9	7.8

表 7-6　检验期输沙总量检验成果

洪号	确定性系数		输沙总量($\times 10^4 t$)			
	流量	含沙量	实测值	计算值	绝对误差	相对误差(%)
20060806	0.47	0.43	1 503	1 599	-96	-6.4
19990725	0.88	0.57	6 182	5 952	230	3.7
19920818	0.61	0.84	30 094	33 470	-3 377	-11.2
19900710	0.92	0.69	4 884	5 513	-629	-12.9
19831008	0.82	-0.09	6 423	7 430	-1 007	-15.7
19830803	0.89	0.70	6 467	7 433	-966	-14.9
19770710	0.84	0.93	55 202	50 709	4 492	8.1
19760806	0.85	0.61	4 114	4 395	-282	-6.8
19660801	0.84	0.87	45 556	45 755	-199	-0.4

表 7-7 洪水、含沙量预报模型还原检验成果

洪号	确定性系数		洪峰流量(m³/s)				最大含沙量(kg/m³)			
	流量	含沙量	实测值	计算值	绝对误差	相对误差(%)	实测值	计算值	绝对误差	相对误差(%)
19980717	0.75	0.69	4 020	4 464	-444	-11.0	95.2	103.5	-8.3	-8.7
19970804	0.90	0.90	3 090	3 382	-292	-9.4	259.5	225.8	33.7	13.0
19940904	0.86	0.87	3 630	3 385	245	6.8	144.5	139.8	4.7	3.3
19940809	-0.06	0.55	4 224	4 355	-131	-3.1	132.9	135.9	-3.0	-2.2
19940712	0.87	0.87	4 490	4 035	455	10.1	93.6	94.4	-0.8	-0.8
19900901	0.83	0.69	3 310	3 275	35	1.1	54.2	61.6	-7.4	-13.7
19890821	0.88	0.18	4 786	5 194	-408	-8.5	43.4	41.5	1.9	4.3
19880711	0.88	0.69	3 350	3 446	-96	-2.9	58.9	56.2	2.7	4.6
19850918	0.97	0.65	8 320	8 806	-486	-5.8	51.6	47.8	3.8	7.4
19840729	0.42	0.55	4 770	5 084	-314	-6.6	27.5	27.8	-0.3	-1.2
19840709	0.84	0.58	5 354	5 469	-115	-2.1	31.4	30.0	1.4	4.5
19831001	0.75	-0.76	4 930	5 100	-170	-3.4	23.6	24.5	-0.9	-3.7
19820815	0.92	0.88	6 150	6 231	-81	-1.3	50.6	40.6	10.0	19.8
19820803	0.94	0.36	14 500	15 667	-1 167	-8.0	40.0	41.3	-1.3	-3.2
19810712	0.83	0.64	4 970	4 608	362	7.3	59.3	54.2	5.1	8.6
19640728	0.92	0.93	4 240	4 054	186	4.4	72.4	64.5	7.9	11.0
19790816	0.82	0.82	5 981	5 610	371	6.2	114.8	102.1	12.7	11.1
19770809	0.72	0.92	8 000	8 080	-80	-1.0	320.0	249.2	70.8	22.1
19710729	0.92	0.61	4 190	4 280	-90	-2.2	129.6	127.6	2.0	1.6
19700831	0.94	0.91	6 050	6 138	-88	-1.4	162.4	131.9	30.5	18.8
19670815	0.78	0.87	6 470	6 329	141	2.2	126.2	101.9	24.3	19.2
19650723	0.85	0.76	6 180	6 076	104	1.7	53.6	48.9	4.7	8.7
19640925	0.53	0.47	7 900	8 160	-260	-3.3	19.0	16.9	2.1	11.2
19800706	0.89	0.81	9 360	9 266	94	1.0	86.0	63.8	22.2	25.8

7.4 沙库模型

7.4.1 预报模型的建立

马斯京根法在河道洪水演算中有着广泛的应用，它是将河段水量平衡方程和槽蓄方程联立求解，从而将河段的入流过程演算为出流过程。在马斯京根槽蓄曲线方程中，河段槽蓄量由柱蓄和楔蓄两部分组成。同样，由于泥沙在河道中调整运行，可以将该河段看做是一个沙库。根据不平衡输沙原理，这个沙库的出库沙量是受到限制的，即出库沙量最终应达到出库能力，也即输沙能力(Q_{S*})。设出库输沙率达到 Q_{S*} 的时间为 T，它是随水沙条件、边界条

件变化的变量，则在任意时刻 $t<T$ 的情况下，出库输沙率为 $Q_{S下}$；当 $t \geqslant T$ 时，出库输沙率为 Q_{S*}。于是，这个沙库所容纳的泥沙量取决于入库沙量和沙库出库剩余能力，即（$Q_{S上}-Q_{S*L}$）。当入库沙量大于出库能力时，沙库沙量增加；反之，当入库沙量小于出库调节能力时，沙库沙量减少。

基于以上的沙库的概念，可写出如下的方程：

$$W_S = k_2[Q_{S上} + k_1(Q_{S上} - Q_{S*L})] \tag{7-32}$$

式中：W_S表示沙库中的沙量；$Q_{S上}$为进口断面输沙率；Q_{S*L}为河段输沙率挟沙能力；k_1 为泥沙出库调节系数；k_2 为泥沙从入库断面运动到出库断面的时间。

又有连续方程

$$\frac{\mathrm{d}W_S}{\mathrm{d}t} = Q_{S上} - Q_{S下} \tag{7-33}$$

联解方程(7-32)、(7-33)可得

$$\rho_{下2} = \frac{Q_{上1}\rho_{上1} + Q_{上2}\rho_{上2} - Q_{下1}\rho_{下1}}{Q_{下2}} + 2k_2\frac{Q_{上1}\rho_{上1} - Q_{上2}\rho_{上2}}{Q_{下2}} + k_1k_2\frac{2Q_{上1}\rho_{上1} - 2Q_{上2}\rho_{上2} + Q_{上2}\rho_{*上2} + Q_{下2}\rho_{*下2} - Q_{上1}\rho_{*上1} - Q_{下1}\rho_{*下1}}{Q_{下2}} \tag{7-34}$$

式中：1、2 分别表示 t、$t+1$ 时刻。

从式(7-34)中可以看出，只有知道了 $t+1$ 时刻上断面的流量、含沙量，才能推算出 $t+1$ 时刻下断面的挟沙力，因此该法用于预报是没有预见期的。

7.4.2 相关要素的计算和参数的确定

挟沙力的计算方法与简化的水力学模型中的计算方法一样，具体方法见本章第二节。

k_1、k_2为经验参数，采用最小二乘法来率定。

7.4.3 模型检验与讨论

从模型结构上讲，虽然沙库模型是根据沙库的概念建立的，但它还是反映了部分动力学因素，如水流的挟沙力。从模型检验结果来看，效果很差，模型基本不可用。图 7-29 是"19940904"洪水检验结果。

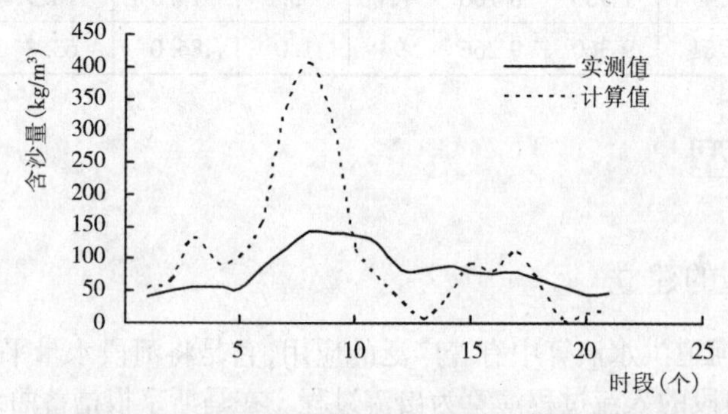

图 7-29 "19940904"洪水实测和预报含沙量过程线

模型失败的原因主要有以下两个方面：一是模型中的 k_1 取为常数可能不合理。从形式上看，k_1类似泥沙恢复饱和系数。关于泥沙恢复饱和系数各家有着不同的观点，窦国仁认为它是一个介于 0 和 1 之间的数；韩其为通过实际资料率定计算，得到适用于长江及其支流河道的综合恢复饱和系数；周建军则认为天然河道的恢复饱和系数是随断面形态、流速分布和水流泥沙等因素变化的。建立模型时我们假定泥沙恢复饱和系数与进口断面输沙率与河段输沙率的差量呈线性关系，并且是一个常数，从而导致模型失败。二是河道传播时间的刻画不够准确。建立模型时我们假定传播时间是一个定值，实际上在不稳定流情况下，水流的流速是随水位高低和涨落洪过程而变化的，因而河段的传播时间也是变化的。实测资料也表明，花园口至夹河滩的洪峰传播时间在 6 ~ 38 h 变化，因此该模型的结构尚待改进。

7.5 总结

7.5.1 简化水力学模型与系统响应函数模型的对比

从模型结构上讲，水力学模型法的物理图形清晰，刻画精细，但对资料要求高，考虑因素多，且这些因素是相互作用影响的，若有一个因子不确定，就会带来其他因子的不确定性，因此预报困难。而响应函数模型对水沙运动机理不过于追求，主要从宏观上探讨水沙演变规律，这对于复杂系统处理来说是抓要点。由于抛开了细节，所以对资料要求不高，便于实际运用。但这并不意味着响应函数模型建立不需要物理背景，事实上，物理图形越清晰地响应函数模型，预报精度越高。

从预报效果来看，图 7-30 ~ 图 7-37 和表 7-8 展示了用简化水力学模型法和响应函数法预报结果的比较，显然响应函数法的预报效果明显优于简化水力学方法，但响应函数法在出现异常情况时，往往产生预报失败而说明了继续探讨和改进水文学方法的必要性。

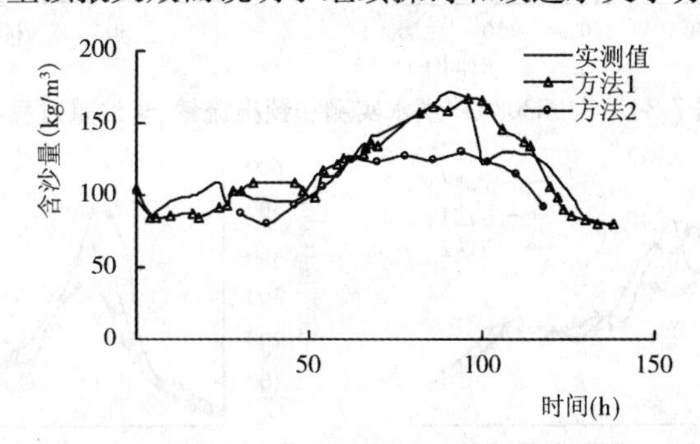

图 7-30 “19990725”洪水实测和预报含沙量过程线

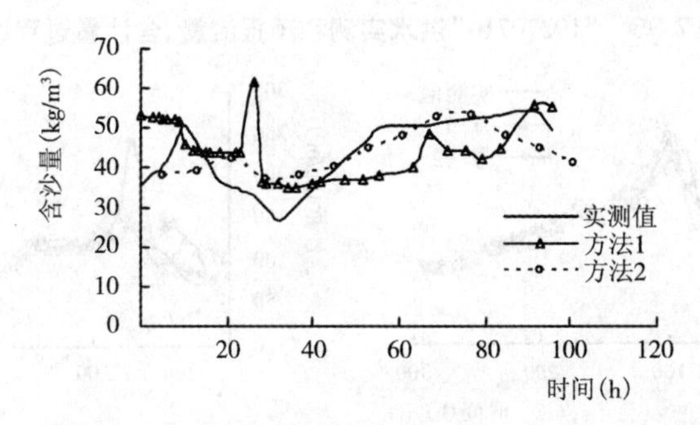

图 7-31 “19760805”洪水实测和预报含沙量过程线

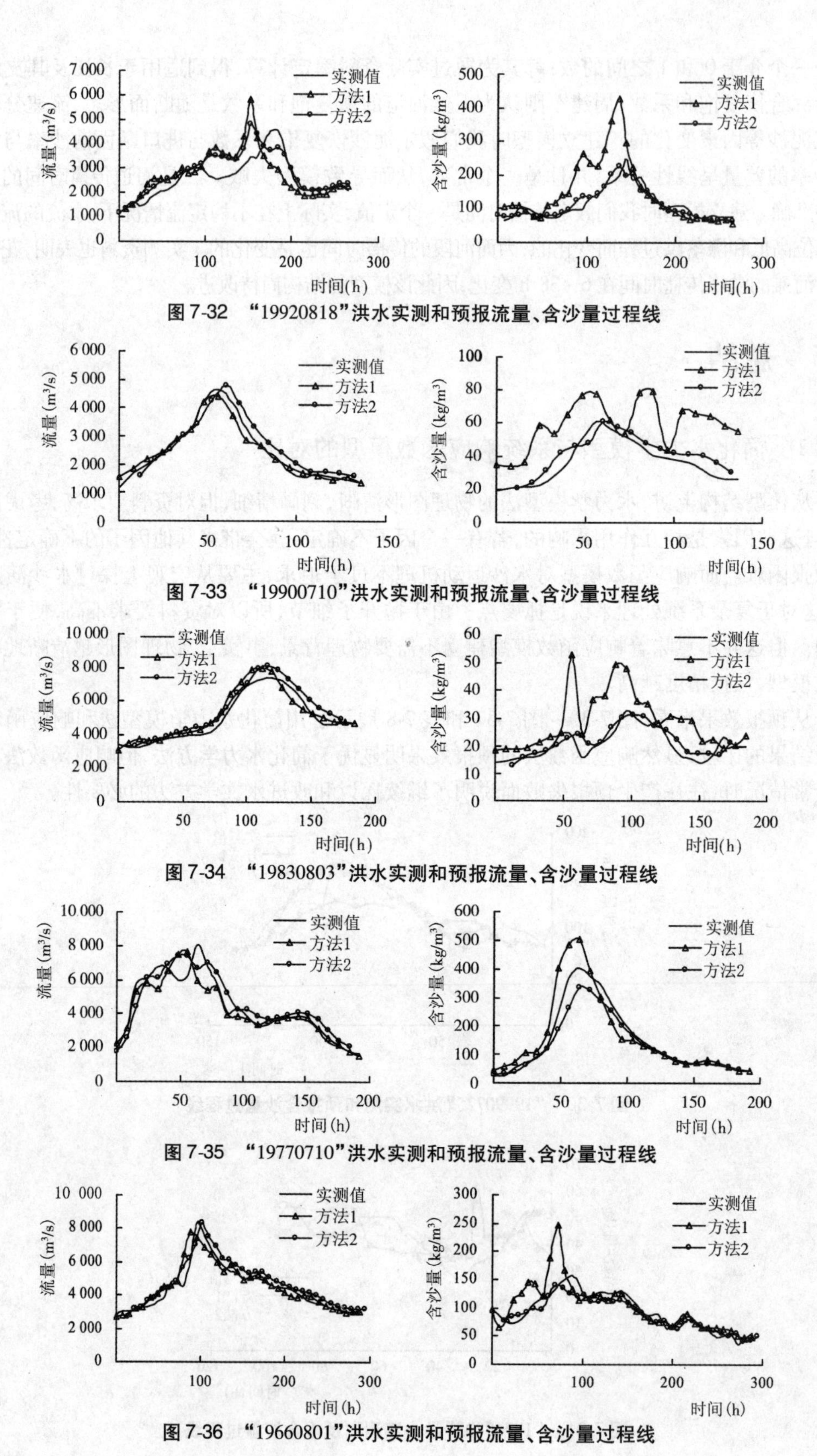

图 7-32 "19920818"洪水实测和预报流量、含沙量过程线

图 7-33 "19900710"洪水实测和预报流量、含沙量过程线

图 7-34 "19830803"洪水实测和预报流量、含沙量过程线

图 7-35 "19770710"洪水实测和预报流量、含沙量过程线

图 7-36 "19660801"洪水实测和预报流量、含沙量过程线

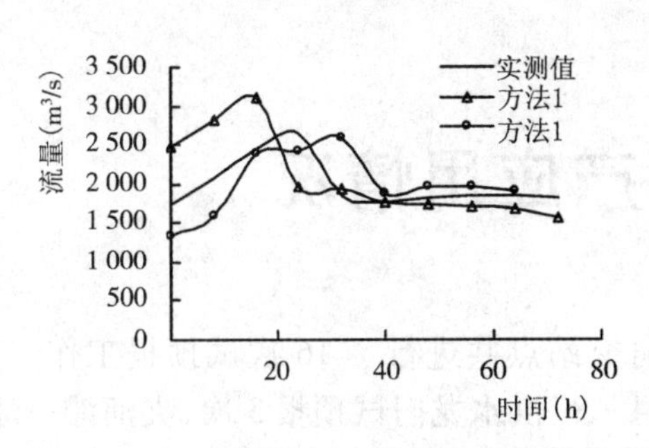

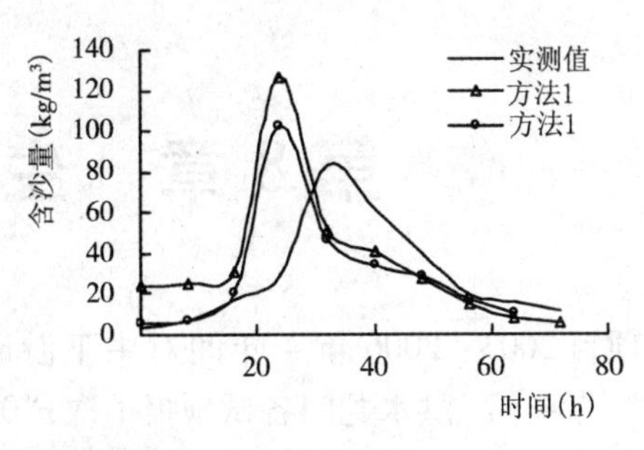

图 7-37 "20060805"洪水实测和预报流量、含沙量过程线

表 7-8 两种方法检验结果比较

洪号	确定性系数				计算输沙总量与实测输沙总量差值			
	流量		含沙量		绝对误差($\times 10^4$t)		相对误差(%)	
	方法 1	方法 2	方法 1	方法 2	方法 1	方法 2	方法 1	方法 2
19990725		0.88	0.68	0.57	-59	230	-0.4	3.7
19920818	-0.05	0.61	91.63	0.84	-14 352	-3 377	-48.0	-11.2
19900710	0.96	0.92	-3.07	0.69	-1 305	-629	-25.9	-12.9
19830803	0.90	0.89	-3.60	0.70	-876	-966	-12.3	-14.9
19770710	0.84	0.84	0.81	0.93	-7 397	4 492	-13.4	8.1
19760805		0.85	-0.32	0.61	198	-282	4.8	-6.8
19660801	0.86	0.84	0.25	0.87	-5 397	-199	-11.5	-0.4
20060805	-1.36	0.47	-1.06	0.43	-79	-96	-5.1	-6.4

注: 流量预报方法 1 是马斯京根法,方法 2 是系统响应函数法。含沙量预报方法 1 是简化水力学模型法,方法 2 是系统响应函数法。

7.5.2 结论

(1)在目前观测和对水沙运动认知能力的条件下,完全采用水沙动力学途径进行含沙量过程预报还有困难,尚需对方法进行改进。

(2)在对机理认识不清的条件下,精细的模型并不一定比简单宏观模型好。检验表明,响应函数模型可以用于含沙量过程预报,若能兼顾水沙运动机理,则会有更好的精度。

(3)沙库模型是从水文学角度出发的,兼顾了水力学方面的考量,但检验表明目前的结构形式还不尽合理,尚待改良。

(4)目前的模型仅仅是运用在无支流加入河道,是否能够运用或怎样用于水沙异源的又有支流加入的河道,尚需进一步研究。

第8章 生产应用情况

本项目2003～2006年4年间对中下游研究站点共进行了16次试预报工作。其中，"03·7"、"04·7"洪水龙门各试预报1次，"04·8"洪水龙门试预报3次、夹河滩—泺口干流5站各试预报1次，2005年、2006年小北干流放淤龙门共发布试预报、通报5次。16次试预报过程实录如下。

8.1 2003年7月31日龙门沙峰试预报

2003年7月29日，黄河晋陕区间吴堡以上降中到大雨，府谷站7月30日8时出现洪峰流量12 800 m^3/s，吴堡于20:30时出现洪峰9 520 m^3/s，31日3时出现最大含沙量169 kg/m^3。信息中心预报龙门洪水可能在5 000 m^3/s以上，达到洪水起报标准，同样也达到含沙量预报的标准。

8.1.1 天气与降雨

暴雨中心位于府谷、皇甫川、孤山川一带（见表8-1、图8-1），府谷站为133 mm，皇甫站为136 mm，高石崖站为130 mm。

表8-1 2003年7月29日晋陕区间暴雨情况统计

河流名称	站名	雨量(mm)	河流名称	站名	雨量(mm)
黄河	河曲	91	县川河	八角堡	57
	府谷	133	朱家川	三岔堡	78
纳林川	沙圪堵	64	县川河	旧县	107
红河	太平窑	53	孤山川	高石崖	130
皇甫川	皇甫	136	朱家川	桥头	55
	古城	72	悖牛川	新庙	69
哈拉寨河	哈镇	114	秃尾河	公草湾	58
	大路峁	102			

图 8-1　2003 年 7 月 29 日黄河晋陕区间降雨量分布

8.1.2　洪水来源与组成

“20030731”龙门洪水主要来源于干流吴堡以上以及吴龙区间支流无定河。受降雨影响,吴堡站 7 月 30 日 20:30 时洪峰流量为 9 520 m^3/s,沙峰为 169 kg/m^3,见图 8-2;无定河白家川站 31 日 5:18 时洪峰流量 96 m^3/s,沙峰 862 kg/m^3,见图 8-3。

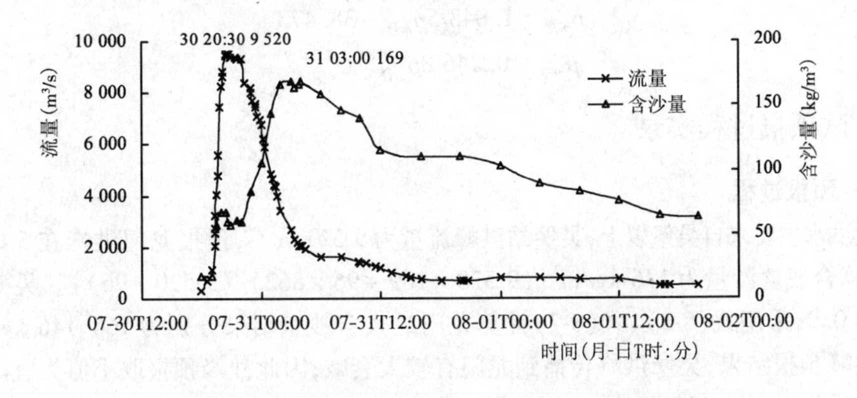

图 8-2　吴堡“20030730”洪水实测流量、含沙量过程线

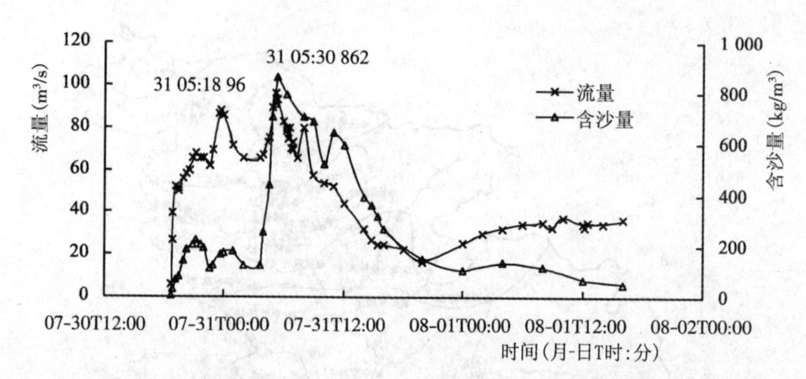

图 8-3 白家川"20030731"洪水实测流量、含沙量过程线

8.1.3 龙门沙峰试预报模型

8.1.3.1 考虑洪水来源

(1)$Q_{m吴堡}/Q_{m龙门} \geqslant 0.9$ 时,预报模型为

$$\rho_{m龙} = 0.835\ 2\rho_{m吴} + 24.719 \tag{8-1}$$

$$\rho_{m龙} = 0.345\ 3\rho_{m吴}^{0.841\ 4}Q_{m龙}^{0.205\ 9} \tag{8-2}$$

(2)$0.6 \leqslant Q_{m吴堡}/Q_{m龙门} < 0.9$ 时,预报模型为

$$\rho_{m龙} = 0.871\rho_{m吴} + 75.798 \tag{8-3}$$

$$\rho_{m龙} = 0.071\ 8\rho_{m合}^{0.964\ 3}Q_{m龙}^{0.306} \tag{8-4}$$

(3)$Q_{m吴堡}/Q_{m龙门} < 0.6$ 时,预报模型为

$$\rho_{m龙} = 1.199\ 2\rho_{m合} - 32.457 \tag{8-5}$$

$$\rho_{m龙} = 0.207\ 3\rho_{m合}^{0.928\ 4}Q_{m龙}^{0.231\ 6} \tag{8-6}$$

$$\rho_{m合} = \frac{Q_{m吴}\rho_{m吴} + \sum(Q_{m支}\rho_{m支})}{Q_{m吴} + \sum Q_{m支}}$$

8.1.3.2 不考虑洪水来源

不考虑洪水来源时,试预报模型为

$$\rho_{m龙} = 1.048\ 5\rho_{m合} - 38.473 \tag{8-7}$$

$$\rho_{m龙} = 0.246\ 8\rho_{m合}^{0.908\ 8}Q_{m龙}^{0.207\ 9} \tag{8-8}$$

8.1.4 试预报过程实录

8.1.4.1 预报过程

此次洪水主要来自吴堡以上,吴堡站洪峰流量为 9 520 m³/s,预报龙门洪峰在 5 000 m³/s 以上,计算合成含沙量为 176 kg/m³{(9 520×169+96×862)/(9 520+96)}。吴龙洪峰比大于等于 0.9,采用式(8-1)、式(8-7)计算龙门最大含沙量结果分别为 166、146 kg/m³。根据龙门洪峰预报结果,吴堡洪峰传播到龙门有较大衰减,因此沙峰预报取小值为宜。最后发布预报结果为 140 kg/m³。

8.1.4.2 实况

龙门 31 日 13:22 时出现洪峰流量 7 340 m³/s,8 月 1 日 7:54 时出现最大含沙量

130 kg/m³(见图 8-4)。预报值较实测值偏大 13 kg/m³,小于允许误差 60 kg/m³,结果比较满意。

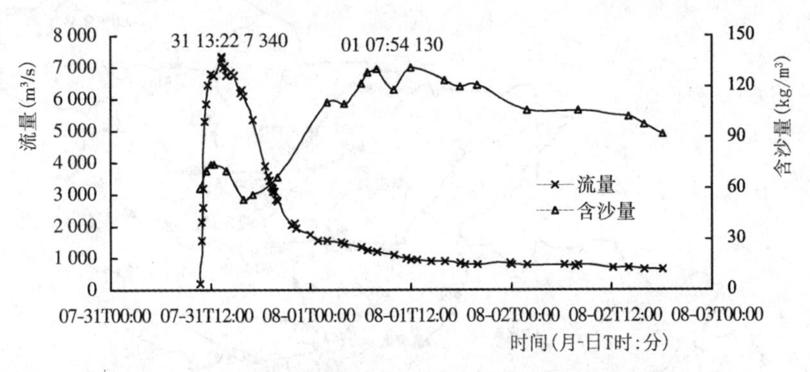

图 8-4 龙门"20030731"洪水实测流量、含沙量过程线

8.2 2004 年 7 月 26 日龙门沙峰试预报

2004 年 7 月 25 日,黄河晋陕区间普降暴雨,26 日 5:06 时清涧河延川站出现洪峰 1 750 m³/s,最大含沙量为 520 kg/m³,延水甘谷驿站 26 日 4:36 时出现洪峰 190 m³/s,最大含沙量为 480 kg/m³。信息中心预报龙门 26 日 15 时左右流量将超过 500 m³/s,17 时可能出现1 000 m³/s 左右的洪峰流量。龙门站没有达到洪水起报标准(5 000 m³/s),但是小北干流拟进行放淤试验,黄河防办发出明传电报,要求水文局进行洪峰、洪水过程、洪量和沙峰预报。当时还没有 500 ~ 5 000 m³/s 的含沙量预报模型,所以借用洪峰流量大于等于 5 000 m³/s的含沙量预报模型进行预报。

8.2.1 天气与降雨

2004 年 7 月 25 日,黄河晋陕区间普降中到大雨,局部暴雨,暴雨中心位于湫水河林家坪、延河贾家坪,林家坪站日雨量为 114 mm,贾家坪站为 84 mm,大理河绥德站为 75 mm(见表 8-2、图 8-5)。

表 8-2 晋陕区间 7 月 25 日降雨量

河流名称	站名	雨量(mm)	河流名称	站名	雨量(mm)
黄河	吴堡	50	黑木头川	殿市	63
清凉寺沟	清凉寺	56	榆溪河	孟家湾	57
湫水河	林家坪	114	清涧河	清涧	56
三川河	后大成	51	清涧河	延川	52
北川河	圪洞	66	永坪川	贾家坪	84
大理河	绥德	75			

图 8-5 “20040726”黄河晋陕区间降雨量分布图

8.2.2 试预报过程实录

8.2.2.1 预报过程

2004 年 7 月 25 日，黄河晋陕区间普降暴雨，26 日 05:06 时清涧河延川站出现洪峰 1 750 m^3/s，最大含沙量为 520 kg/m^3，延水甘谷驿站 04:36 时出现洪峰 190 m^3/s，最大含沙量为 480 kg/m^3，此时吴堡以上没有来水，25 日吴堡日均流量为 118 m^3/s。由于吴堡以上没有来水，因此含沙量预报采用模型式(8-5) ~ 式(8-8)，合成含沙量为 487 kg/m^3 {(1 750 × 520 + 190 × 480)/(1 750 + 190 + 118)}，计算结果分别为 551、321、472、287 kg/m^3。

预报开始只有式(8-1)、式(8-3)、式(8-5)、式(8-7) 4 种模型，由表 8-2 看出式(8-5)、式(8-7)计算结果平均为 500 kg/m^3，与近几年洪水含沙量情况比较认为该结果偏大，这是由于没有考虑流量动力因素。

后根据需要又建立式(8-2)、式(8-4)、式(8-6)和式(8-8) 4 种模型。这几种模型考虑了龙门的洪峰流量，也就是考虑了动力因子，从理论上讲更为合理。龙门洪峰流量按1 000 m^3/s考虑，式(8-6)、式(8-8)的计算结果为321、287 kg/m^3，平均为304 kg/m^3。因这两个模型考虑了动力因子，建议按300 kg/m^3发布，但当时据说放淤试验要求含沙量低于300 kg/m^3，因此9:30时初步会商结果要求不要超过300 kg/m^3，因此定为290 kg/m^3。由于吴堡在涨水，无定河绥德出现洪峰，领导要求沙峰预报结果下午发布。

吴堡25日7时和12时分别出现966 m^3/s和905 m^3/s的洪峰流量，当时将含沙量170 kg/m^3视为沙峰，无定河白家川站7:36时和11:12时出现了760 m^3/s和780 m^3/s的洪峰流量，最大含沙量900 kg/m^3和810 kg/m^3。由吴堡与白家川的来水来沙情况预报，龙门会出现洪峰流量为1 600 m^3/s的洪水，据此进行含沙量预报。计算合成含沙量为491 kg/m^3 $\{(966\times170+760\times900)/(966+7\ 600)\}$，吴龙洪峰比为0.6，考虑龙门洪峰预报误差，可能会大于或小于0.6，故采用式(8-3)~式(8-8)进行计算，结果分别为504、270、556、361、476、319 kg/m^3。由于式(8-3)、式(8-5)、式(8-7)没有考虑动力因子，计算结果偏大，预报时不予考虑。式(8-4)、式(8-6)、式(8-8)三种计算龙门最大含沙量在270~361 kg/m^3，平均为317 kg/m^3。当日下午，含沙量预报项目组讨论认为，本次洪水因清涧河和无定河两个沙峰的影响，将出现两次300 kg/m^3含沙量的沙峰。当日21:00时，经过水情会商讨论，最后对外发布龙门站将会出现300 kg/m^3的最大含沙量。

8.2.2.2 实况

从实际情况来看，龙门"20040726"洪水由两个洪峰组成，第一个洪峰于26日20:00时出现，洪峰流量为910 m^3/s；第二个洪峰于27日03:30时出现，洪峰流量为1 890 m^3/s(见图8-6)。上游吴堡站也呈现出双峰，第一个洪峰于26日07:00时出现，峰值为966 m^3/s；第二个洪峰于26日12:00时出现，洪峰流量为905 m^3/s。区间洪水主要来自清涧河和无定河。无定河白家川站同样为双峰，第一个洪峰出现在26日07:36时，洪峰流量为760 m^3/s，第二个洪峰出现在26日11:12时，峰值为780 m^3/s。清涧河延川站为单峰，洪峰出现在26日05:06时，峰值为1 750 m^3/s。三川河、延水也有少量来水。从峰型、传播时间推断，龙门第一个洪峰主要来自清涧河，第二个洪峰来自吴堡和无定河。

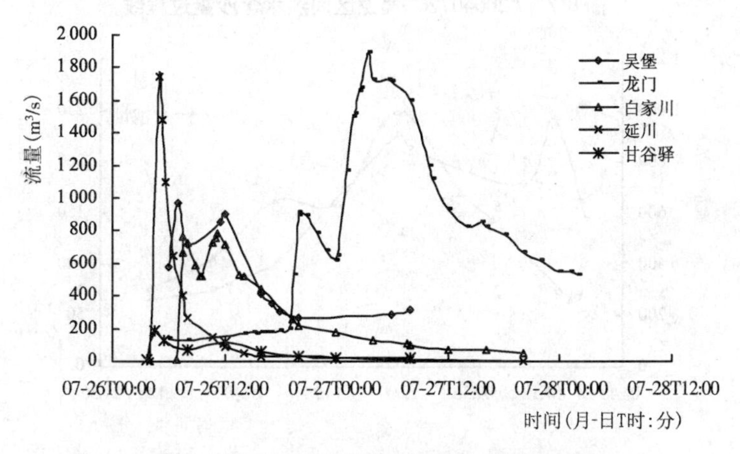

图8-6 "20040726"吴龙区间洪水流量过程线

从含沙量过程来看(见图8-7),各站来水含沙量都比较大,沙峰各站都基本上出现两次。吴堡站只有一个沙峰,为250 kg/m³。白家川站26日07:36时出现第一次沙峰900 kg/m³,11:12时出现第二次沙峰810 kg/m³。延川站26日第一个沙峰为520 kg/m³,12:00在洪水退水段又出现第二次沙峰630 kg/m³,这种沙峰因无洪水,输入黄河干流的泥沙很少,不作为预报的考虑因子。

龙门站27日03:00时出现第一次沙峰390 kg/m³,28日02:00时出现第二次沙峰298 kg/m³,若按实况390 kg/m³,预报误差为23%。

根据各站洪水、含沙量情况(见图8-8~图8-12),龙门站1 890 m³/s的洪水主要来自吴堡和白家川,由此计算得出区间合成沙量为536 kg/m³{(760×900+966×250)/(760+966)},采用式(8-6)、式(8-8)计算龙门最大含沙量的结果分别为407、358 kg/m³,平均为383 kg/m³,较实测值390 kg/m³相差1.8%。

从以上分析看出,含沙量预报要依赖洪峰流量的预报,在小洪水时用大洪水建立的仅用含沙量作为预报因子的预报结果,因缺少流量因子计算出的结果肯定会偏大。同时,第一次洪峰实际出现时间较预报时间延迟了近3 h,与如期到来的白家川的第一场洪峰遭遇,沙峰也部分遭遇,因而导致龙门沙峰高达390 kg/m³,这是现阶段预报中很难考虑的。

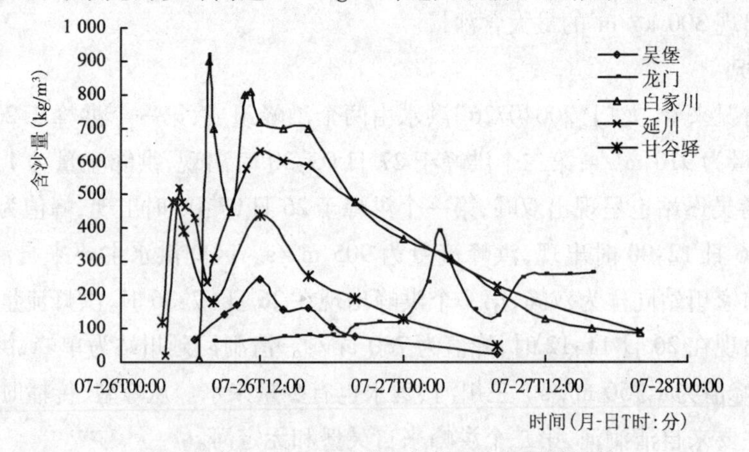

图8-7 “20040726”吴龙区间洪水含沙量过程线

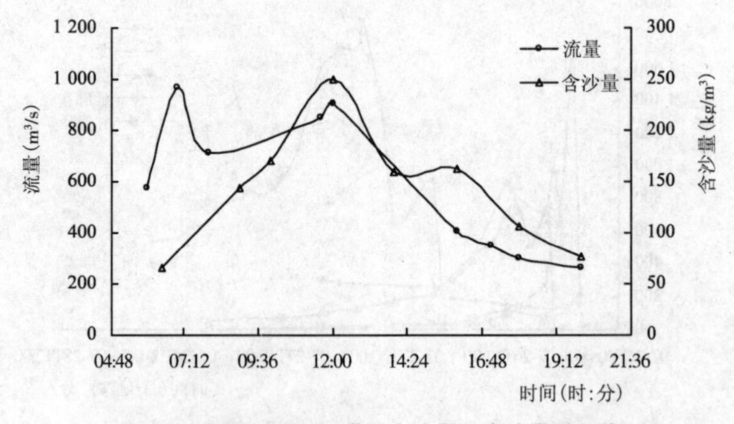

图8-8 吴堡“20040726”洪水流量及含沙量过程线

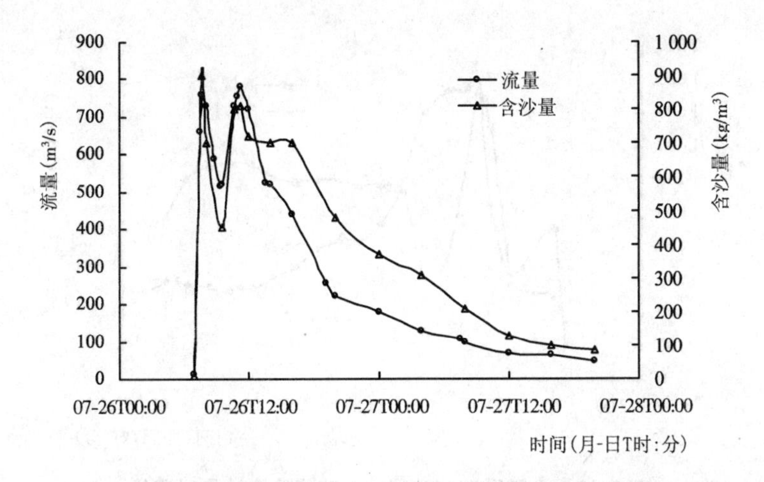

图 8-9　白家川“20040726”洪水流量及含沙量过程线

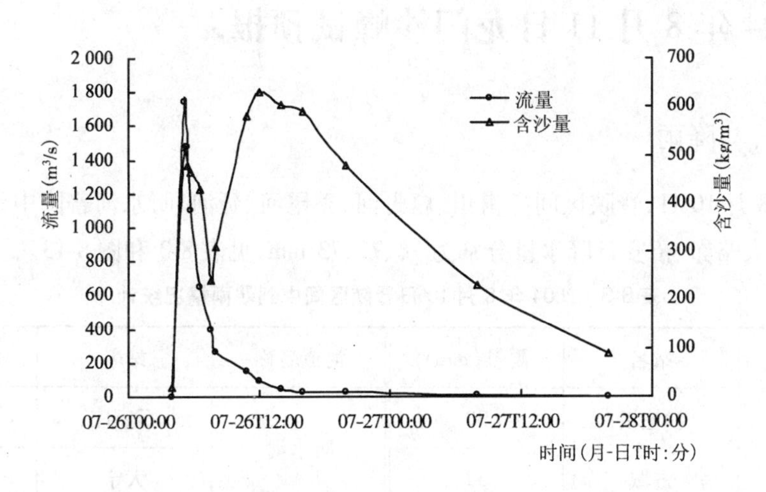

图 8-10　延川“20040726”洪水流量及含沙量过程线

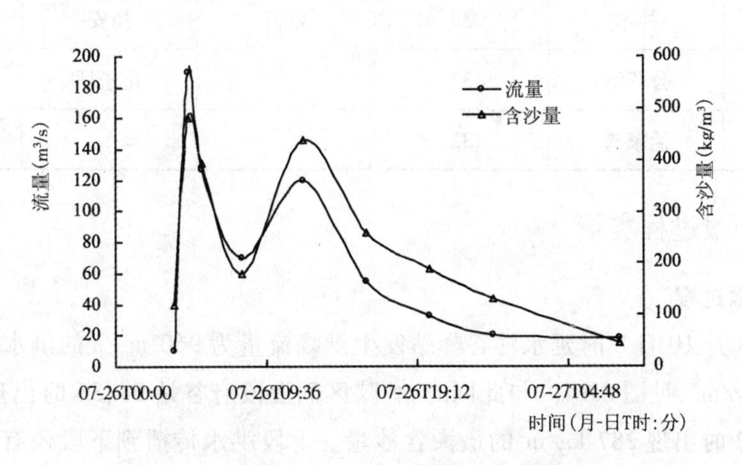

图 8-11　甘谷驿“20040726”洪水流量及含沙量过程线

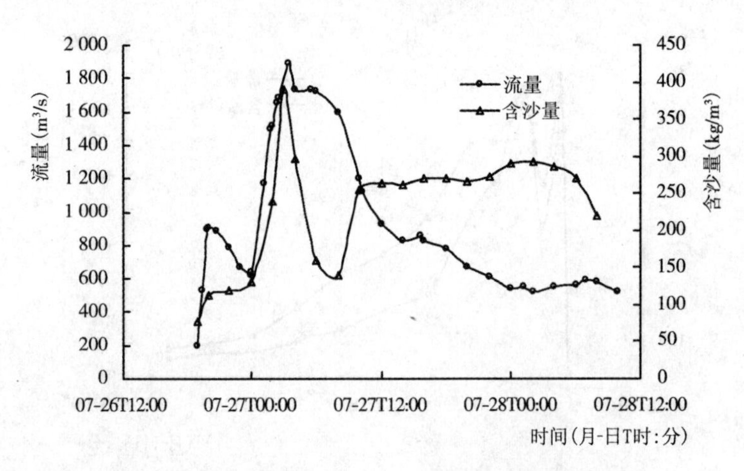

图 8-12　龙门"20040726"洪水流量及含沙量过程线

8.3　2004 年 8 月 11 日龙门沙峰试预报

8.3.1　天气与降雨

2004 年 8 月 10 日,晋陕区间皇甫川、窟野河、秃尾河、延河、昕水河普降中到大雨、局部暴雨。大宁、大路峁、招安日降水量分别为 78、77、73 mm,见表 8-3 和图 8-13。

表 8-3　2004 年 8 月 10 日晋陕区间中到暴雨情况统计

河流名称	站名	雨量(mm)	河流名称	站名	雨量(mm)
纳林川	沙圪堵	30	昕水河	石家庄	38
皇甫川	古城	32		大宁	78
哈拉寨河	大路峁	77	延河	杏河	47
窟野河	神木	35		招安	73
秃尾河	公草湾	33		化子坪	49
无定河	孟家湾	32			

8.3.2　试预报过程实录

8.3.2.1　预报过程

2004 年 8 月 10 日 8 时延水甘谷驿站发生洪峰流量为 960 m^3/s 的洪水,10 日 05:30 时沙峰 875 kg/m^3,见图 8-14。与此同时,晋陕区间上段府谷站 08:36 时出现 4 100 m^3/s 的洪水,09:12 时出现 287 kg/m^3的最大含沙量。上段洪水传播到下段还有一段时间,二者不会遭遇。

图 8-13　2004 年 8 月 10 日晋陕区间降雨量等值线

根据延河来水预报龙门可能会出现洪峰流量为 1 000 m^3/s 左右的洪水。此时吴堡来水在 90 m^3/s 左右。据此计算，龙门上游来水合成含沙量为 800 kg/m^3 {960 × 875/(960 + 90)}。利用式(8-6)、式(8-8)计算龙门出现的最大含沙量分别为 509、451 kg/m^3，二者平均为 480 kg/m^3。会商时有人建议按计算值的下限发布，但多数人认为不会超过 400 kg/m^3。因此，09:30 时发布预报，龙门站将出现 400 kg/m^3 的最大含沙量。

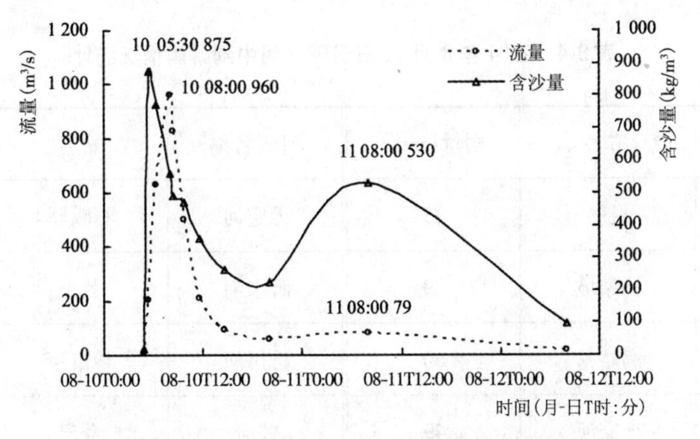

图 8-14　甘谷驿“20040810”洪水流量及含沙量过程线

8.3.2.2 实况

龙门8月11日0时出现洪峰856 m^3/s,8时出现最大含沙量572 kg/m^3,见图8-15。按龙门实际洪峰流量计算,利用式(8-6)、式(8-8)计算龙门出现的最大含沙量分别为491、437 kg/m^3,平均为464 kg/m^3,较实际只偏小18.9%,若按10日9时计算的480 kg/m^3发布,误差仅为16.1%,说明预报模型应是基本可行的。

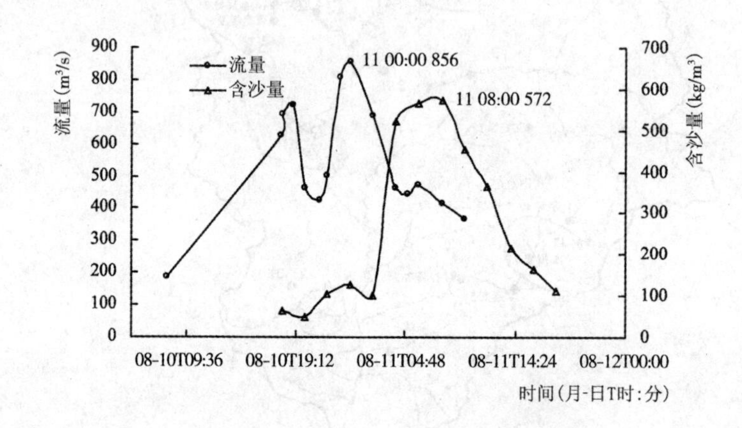

图8-15 2004年8月11日龙门洪水过程线

8.4 2004年8月12日龙门沙峰试预报

8.4.1 天气与降雨

2004年8月11日,晋陕区间无定河、清涧河降中到大雨、局部暴雨,见表8-4和图8-16。

表8-4 2004年8月11日晋陕区间中到暴雨情况统计

河流名称	站名	雨量(mm)	河流名称	站名	雨量(mm)
黄河	吴堡	25	无定河	石嘴驿	26
清凉寺沟	杨家坡	29	昕水河	黄土	35
清涧河	涧峪岔	60	汾川河	新市河	46
无定河	李家河	49	鄂河	乡宁	28

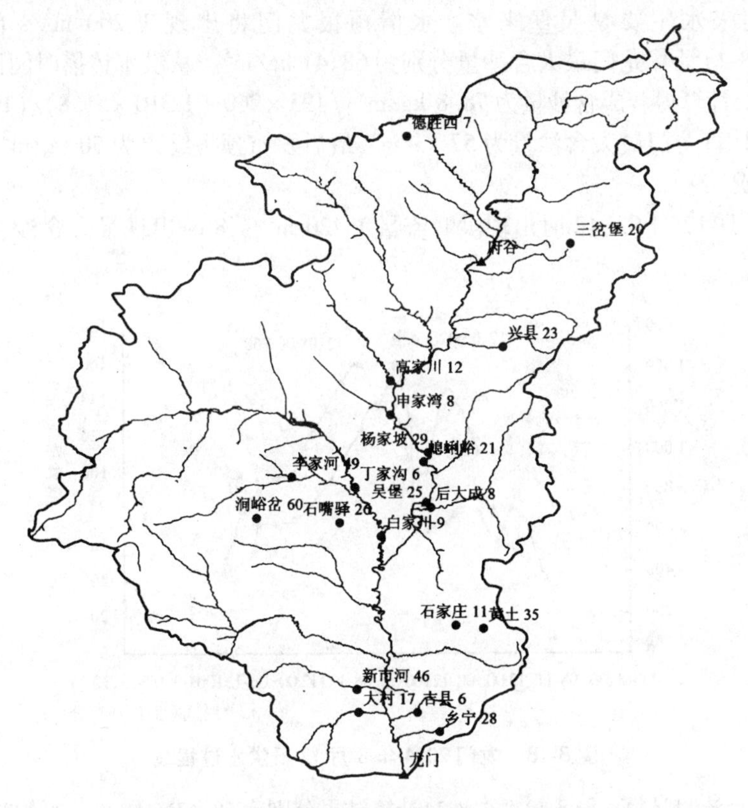

图 8-16　2004 年 8 月 11 日晋陕区间降雨量分布

8.4.2　试预报过程实录

8.4.2.1　预报过程

府谷站 08:36 时出现 4 100 m^3/s 的洪水,09:12 时出现 287 kg/m^3 的最大含沙量,区间窟野河温家川站 10 日 15:24 时出现 350 m^3/s 的洪水,洪水传播到吴堡于 11 日 7 时出现 1 310 m^3/s的洪水,最大含沙量 51. 8 kg/m^3 于 07:24 时出现。吴龙区间无定河白家川站 11 日 06:12 时出现 195 m^3/s 的洪水,最大含沙量 260 kg/m^3,见图 8-17;延河甘谷驿站 11 日 8 时出现流量为 79 m^3/s 的洪水,含沙量 530 kg/m^3,见图 8-14,其他支流几乎无水加入。

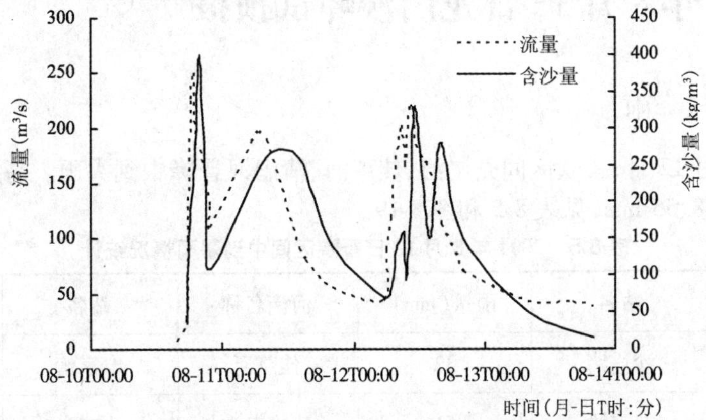

图 8-17　白家川 2004 年 8 月 11 日洪水流量和含沙量变化过程线

本次龙门来水主要是吴堡来水。水情预报龙门将出现 1 200 m^3/s 的洪水,采用式(8-1)、式(8-2)计算龙门最大含沙量分别为68、41 kg/m^3。从洪水传播时间区间入流只考虑无定河加水,计算得合成含沙量为78.8 kg/m^3 {(195×260+1 310×51.8)/(195+1 310)},根据式(8-8)计算龙门最大含沙量为57 kg/m^3,最后发布预报结果为50 kg/m^3。

8.4.2.2　**实况**

龙门站8月12日03:42时出现洪峰流量1 420 m^3/s,8时出现最大含沙量160 kg/m^3,见图8-18。

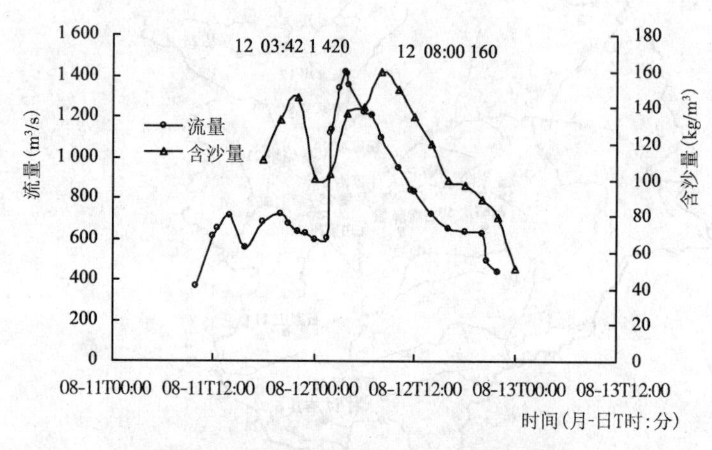

图8-18　龙门2004年8月12日洪水过程线

按实际洪峰流量计算,式(8-1)、式(8-2)计算结果分别为68、42.6 kg/m^3,平均为55.3 kg/m^3,较实际偏小65%;式(8-7)、式(8-8)计算分别为44、59 kg/m^3,偏小更多。分析原因,主要是受前面洪水的影响,该场洪水起涨前龙门含沙量较高。峰前最低含沙量为101 kg/m^3,上游来水和龙门基流相当,含沙量得不到稀释,洪水叠加后,泥沙含量也会有所提高。从本次预报结果来看,在小洪水预报时,应考虑前期基流的含沙量状况。由图8-18可以看出,本次洪水起涨点龙门流量为597 m^3/s,含沙量为101 kg/m^3,附加流量(即洪峰与起涨点流量之差)与起涨流量接近,洪水含沙量得不到稀释,因此在上游含沙量不大的情况下,下游龙门形成了160 kg/m^3的含沙量。

8.5　2004年8月13日龙门沙峰试预报

8.5.1　天气与降雨

2004年8月12日,晋陕区间秃尾河、佳芦河、清涧河普降中到大雨。高家川、清凉寺日降水量分别为68、55 mm,见表8-5和图8-19。

表8-5　2004年8月12日晋陕区间中到暴雨情况统计

河流名称	站名	雨量(mm)	河流名称	站名	雨量(mm)
皇甫川	沙圪堵	32	佳芦河	申家湾	43
红河	挡阳桥	51	清凉寺沟	清凉寺	55

续表 8-5

河流名称	站名	雨量(mm)	河流名称	站名	雨量(mm)
哈拉寨河	大路峁	49	无定河	赵石窑	28
佳芦河	金明寺	33	无定河	石嘴驿	34
秃尾河	高家川	68	清涧河	子长	26

图 8-19　2004 年 8 月 12 日晋陕区间降雨量等值线

8.5.2　试预报过程实录

8.5.2.1　预报过程

吴堡 8 月 12 日 10:48 时再次出现 1 450 m^3/s 的洪峰流量,16:00 时出现最大含沙量130 kg/m^3。区间支流屈产河裴沟站 09:00 时出现 141 m^3/s 的洪峰流量,最大含沙量 451 kg/m^3;无定河白家川站 10:36 时出现洪峰流量为 220 m^3/s 的洪水,11:30 时出现最大含沙量 330 kg/m^3,见图 8-17;清涧河延川站 07:12 时出现 205 m^3/s 的洪水,最大含沙量620 kg/m^3。从洪水传播时间方面只考虑无定河的水量加入,由此计算合成含沙量为 156 kg/m^3 {(1 450 × 130 + 220 × 330)/(1 450 + 220)}。龙门洪峰预报值为 1 500 m^3/s。

本次洪水仍然是吴堡以上来水为主,故采用式(8-1)、式(8-2)、式(8-7)、式(8-8)进行计算,其计算结果分别为 133、93.5、125、111 kg/m^3,平均为 116 kg/m^3。

龙门基流含沙量的考虑:从图 8-20 可以看出,龙门 8 月 13 日洪水之前已经出现过 2 场洪水,第一场洪水于 11 日 8 时出现沙峰,为 572 kg/m^3,第二场洪水于 12 日 0 时开始起涨,含沙量为 101 kg/m³,从第一场洪水出现沙峰到第二场洪水开始起涨历时 16 h,平均每小时衰减 29 kg/m³;第一场洪水退水末段 165 ~ 101 kg/m³,历时 8 h,平均每小时衰减 8 kg/m³。

第二场洪水于12 日8 时出现沙峰160 kg/m³,到12 日20 时含沙量为89 kg/m³,历时12 h,平均每小时衰减5.9 kg/m³;退水末段120 ~89 kg/m³,历时6 h,平均每小时衰减5.2 kg/m³。

8 月 10 日 18 时第一场洪水起涨,含沙量为65 kg/m³,该测点之前相邻含沙量为25 kg/m³,测量时间为 8 日 8 时,两点间隔时间长达 58 h,表明洪水前期含沙量不高。这里取洪水起涨前相邻测点含沙量 25 kg/m³为前期含沙量。综上所述,认为龙门沙峰应为计算的沙峰与前期含沙量之和(141 kg/m³ =116 +25),故于 12 日 21 时发布 13 日洪水最大含沙量为 150 kg/m³。

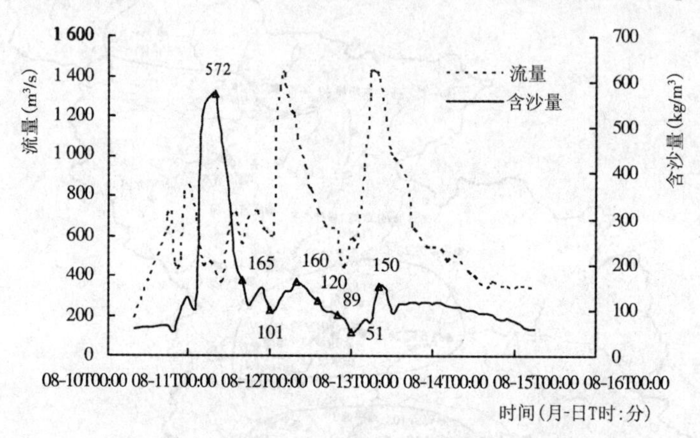

图 8-20　龙门 2004 年 8 月 11 ~ 13 日洪水过程线

8.5.2.2　**实况**

龙门 13 日 06:30 时出现洪峰 1 430 m³/s,8 时出现最大含沙量 150 kg/m³,见图 8-21,本次预报结果无误差。

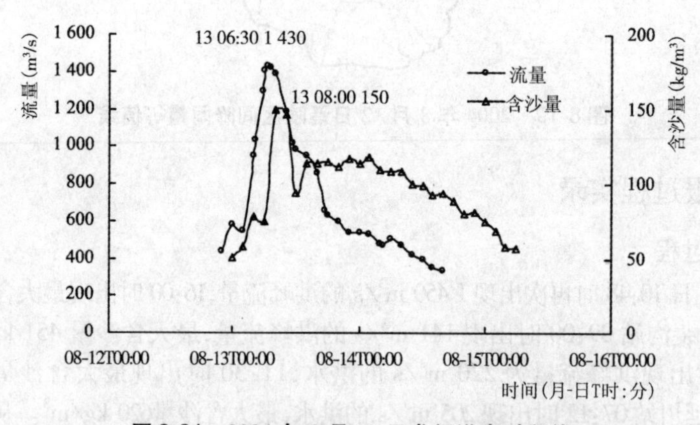

图 8-21　2004 年 8 月 13 日龙门洪水过程线

8.6　2004 年 8 月黄河下游洪水沙峰试预报过程

2004 年 8 月 18 ~ 19 日,泾渭河普降中到大雨、局部暴雨,受降雨影响,泾河张家山站 8 月 20 日 06:24 时和 21 日 02:18 时洪峰流量分别为 1 210 m³/s 和 1 380 m³/s,20 日 08:00 时和21日02:00时沙峰分别为801 kg/m^3和623 kg/m^3,泾河洪水到达渭河后,华县站22日06:48时洪峰流量1 050 m^3/s,21日09:00时沙峰695 kg/m^3。

为避免泾河此次高含沙洪水对三门峡库区形成大的淤积,三门峡水库提前泄水拉沙,小浪底水库适时投入调水调沙运行,花园口24日0时洪峰流量为3 550 m^3/s,24日22时沙峰为394 kg/m^3。由于这次洪水的异常表现,根据水库调度和下游防洪需要,在不到预报标准的情况下,水文局信息中心发布了下游几站的洪水预报,含沙量项目组也依次发布了下游5站的最大含沙量试预报。

8.6.1 天气与降雨

受高层槽线、中低层切变线及地面冷锋的共同影响,2004年8月18日20时~19日8时,泾河水系马莲河中上游洪德至庆阳区间普降中到大雨、局部暴雨,洪德水文站降水量57 mm,五蛟雨量站降水量56 mm;8月19日,泾河普降大到暴雨,暴雨中心位于千河千阳、陇县、固关,葫芦河赤沙镇一带(见表8-6和图8-22),日降雨量千阳站为86 mm、陇县站为85 mm、固关站为81 mm、赤沙镇站为81 mm,元城川五蛟站2小时降雨量达40 mm。

8.6.2 洪水来源与组成

"04·8"洪水是一场高含沙洪水,洪水主要来源于泾渭河和黄河干流三门峡至小浪底区间,含沙量主要来源于泾河。

受降雨影响,泾河张家山站8月20日06:24时出现第一个洪峰流量1 210 m^3/s,21日02:18时出现第二个洪峰流量1 380 m^3/s;20日08:00时出现第一个沙峰801 kg/m^3,21日02:00时出现第二个沙峰623 kg/m^3,见图8-23。渭河咸阳站22日14:48时洪峰流量362 m^3/s,23日14:00时最大含沙量131 kg/m^3,见图8-24。泾河洪水汇入渭河后,渭河控制站华县站22日06:48时洪峰流量1 050 m^3/s,21日09:00时最大含沙量695 kg/m^3,见图8-25。

表8-6 2004年8月19日泾渭河暴雨情况统计

河名	雨量站	雨量(mm)	河名	雨量站	雨量(mm)
葫芦河	曹务	53	马莲河	庆阳	78
	赤沙镇	81		宁县	68
车路沟	夏寨	63		雨落坪	74
千河	固关	81		马岭	60
	陇县	85	东川	贾桥	69
	千阳	86	合水川	合水	68
	麟游	66	茹河	开边	52
散渡河	马营镇	52		屯字	78
泾河	泾川	78	元城川	五蛟	58
	杨家坪	74	耿湾川	耿湾	51
石堡子河	华亭	79	马坊川	苦水掌	53
蒲河	毛家河	67			

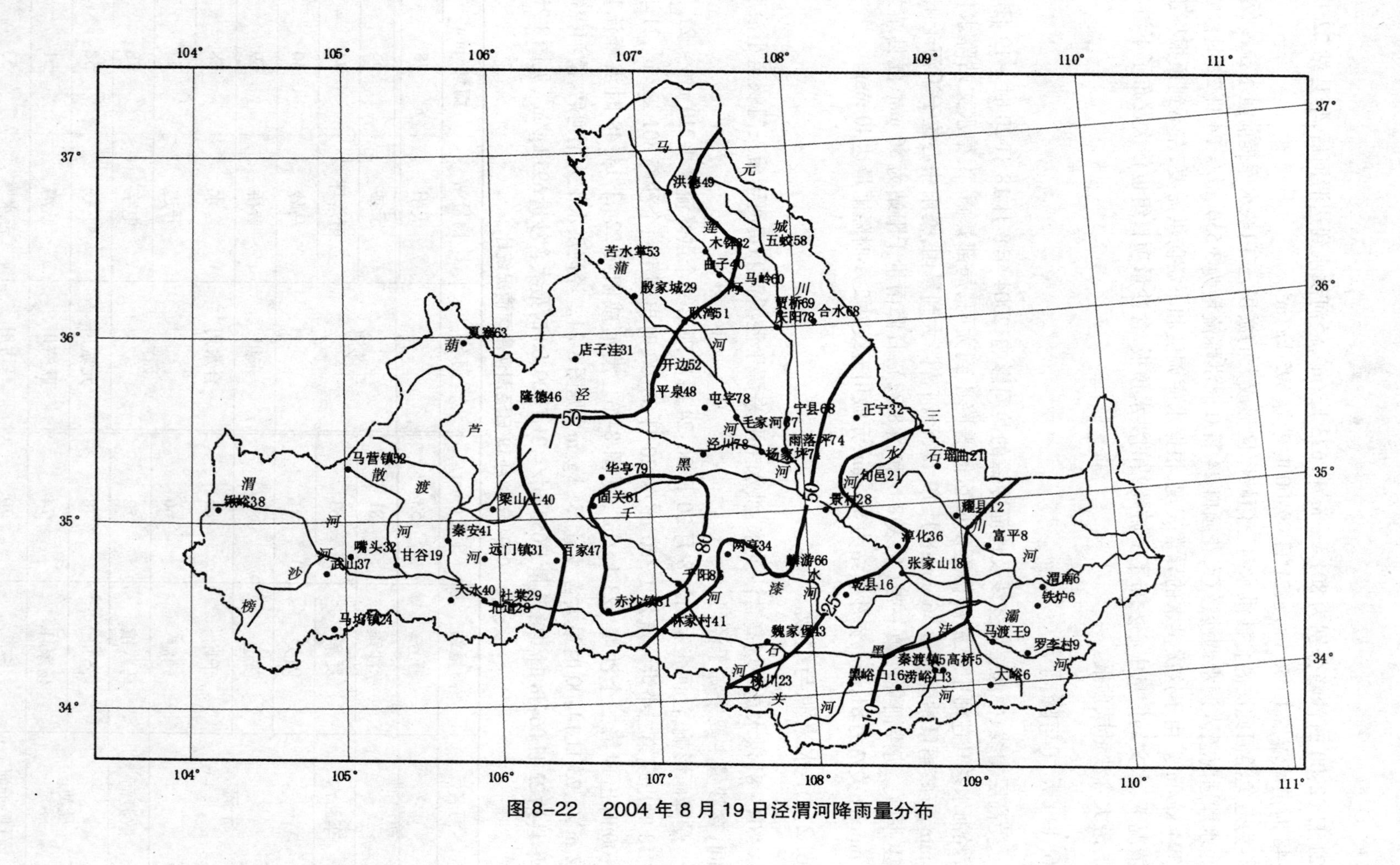

图 8-22　2004 年 8 月 19 日泾渭河降雨量分布

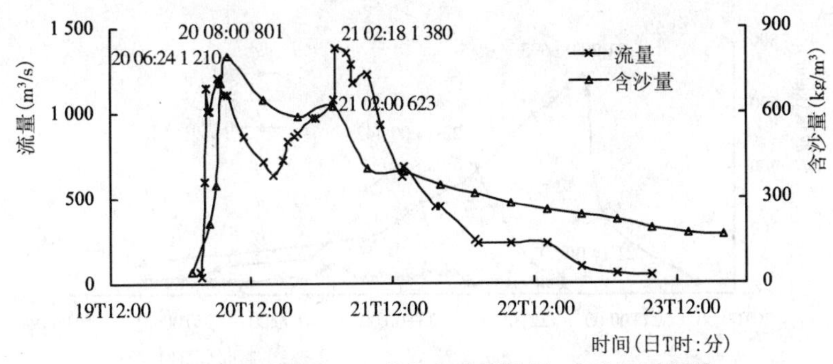

图 8-23　张家山"04·8"洪水实测流量、含沙量过程线

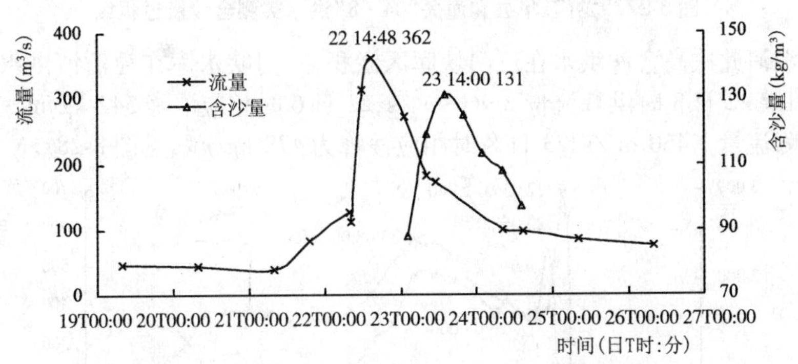

图 8-24　咸阳"04·8"洪水实测流量、含沙量过程线

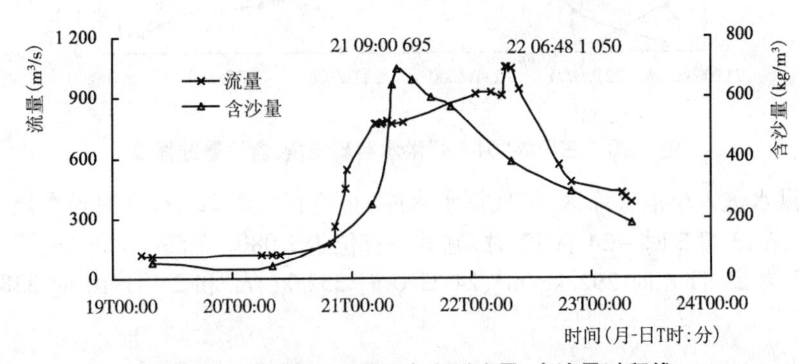

图 8-25　华县"04·8"洪水实测流量、含沙量过程线

其时,黄河小北干流有一低含沙的小洪水过程,龙门站 21 日 04:42 时洪峰流量为 1 560 m^3/s,相应含沙量 59 kg/m^3。泾渭河洪水与黄河洪水汇合于潼关站,受黄河清水的稀释,潼关站 22 日 12:48 洪峰流量 2 140 m^3/s,22 日 14:00 时沙峰 442 kg/m^3,见图 8-26 和图 8-27。

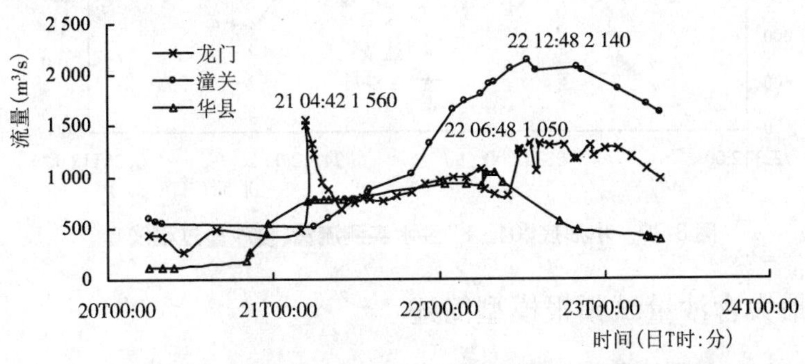

图 8-26　龙门、华县和潼关"04·8"洪水实测流量过程线

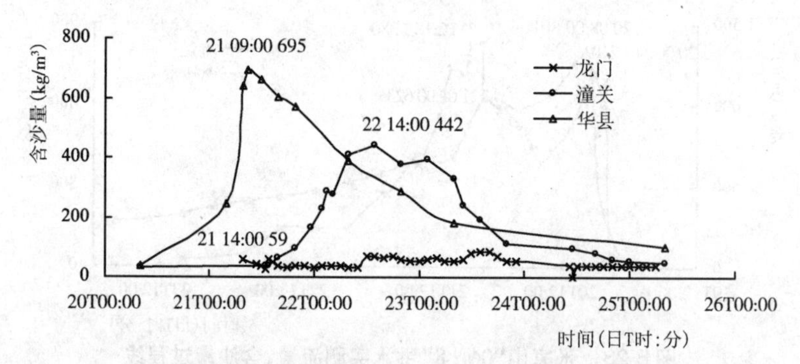

图 8-27 龙门、华县和潼关"04·8"洪水实测含沙量过程线

为避免泾河此次高含沙洪水在三门峡库区淤积，三门峡水库在泾渭河洪水到来之前泄水拉沙，三门峡 22 日 3 时洪峰流量 2 960 m^3/s,22 日 6 时相应沙峰 542 kg/m^3;23 日 8 时出现第二个洪峰流量 2 460 m^3/s,23 日 8 时相应沙峰为 478 kg/m^3,见图 8-28。

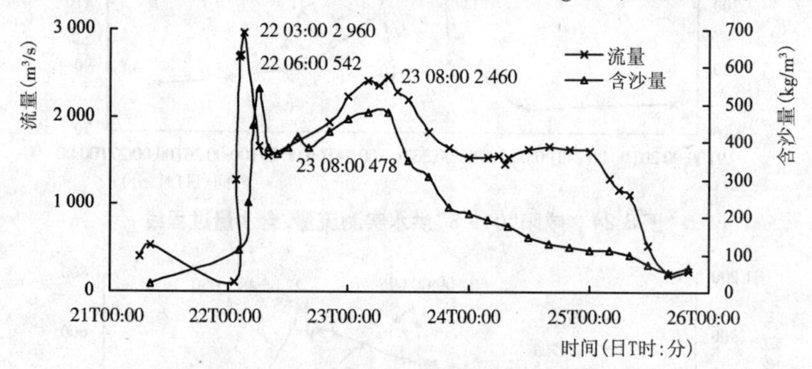

图 8-28 三门峡"04·8"洪水实测流量、含沙量过程线

高含沙洪水进入小浪底库区，形成浑水水库，小浪底水库 22 日 20 时投入调水调沙生产运行，小浪底站 23 日 2 时～24 日 12 时，流量一直位于 2 080～2 590 m^3/s,这期间出现过三次沙峰，分别为 23 日 8 时 292 kg/m^3、24 日 0 时 352 kg/m^3 和 24 日 10 时 338 kg/m^3,见图 8-29。

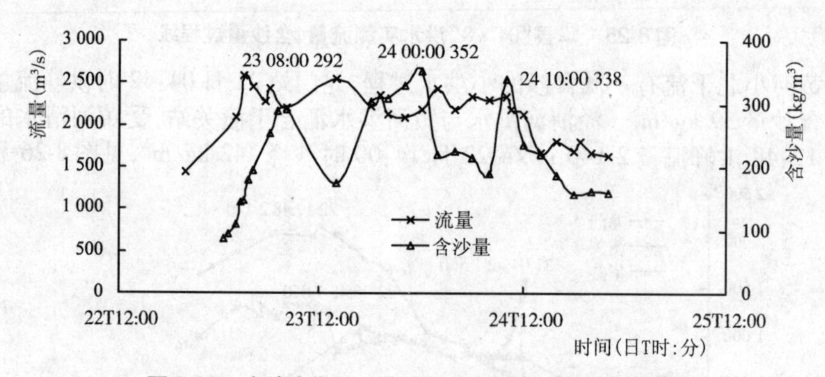

图 8-29 小浪底"04·8"洪水实测流量、含沙量过程线

8.6.3 各站最大含沙量试预报模型简述

各站最大含沙量试预报采用模型的说明如下：

模型 1,上下游最大含沙量相关,$\rho_{m预} = k\rho_{m上} + b$。式中,$\rho_{m上}$ 为上游站最大含沙量(下同),$\rho_{m预}$ 为预报站最大含沙量(下同),k 和 b 为常数(下同)。

模型 3,考虑上游来水含沙量和本站洪峰流量,$\rho_{m预} = kQ_{m预}{}^{\alpha}\rho_{m上}{}^{\beta} + b$,式中,$Q_{m预}$ 为预报站洪峰流量。

模型 5,在模型 3 的基础上又考虑了高含沙洪水,将上游站最大含沙量分为三组,即 $\rho_{m上} \geqslant 100$ kg/m³、50 kg/m³ $\leqslant \rho_{m上} < 100$ kg/m³ 和 $\rho_{m上} < 50$ kg/m³。本次花园口、夹河滩、高村、孙口和艾山实测最大含沙量分别为 394、270、227、167 kg/m³ 和 178 kg/m³,故均采用大于等于 100 kg/m³ 相应的公式。

模型 1、3、5 对应于第五章中夹河滩及其以下各站含沙量预报的模型。

8.6.4 夹河滩最大含沙量试预报模型

8.6.4.1 预报模型公式

模型 1、3、5 对应的公式分别为

$$\rho_{m夹} = 0.574\,7\rho_{m花} + 24.452 \tag{8-9}$$

$$\rho_{m夹} = 0.981\,1Q_{m夹}^{0.094\,7}\rho_{m花}^{0.792\,6} + 0.989 \tag{8-10}$$

$$\rho_{m夹} = 0.734\,8Q_{m夹}^{0.124\,1}\rho_{m花}^{0.789\,8} + 11.757 \tag{8-11}$$

8.6.4.2 预报过程

花园口 24 日 22 时出现最大含沙量 394 kg/m³(见图 8-30),夹河滩洪峰流量为 3 830 m³/s,利用式(8-9)~式(8-11)计算的夹河滩沙峰分别为 251、245、241 kg/m³,均值为 246 kg/m³,分析组建议发布夹河滩将出现 250 kg/m³ 的最大含沙量预报。会商时有专家认为:①小浪底沙峰为 352 kg/m³,花园口沙峰为 394 kg/m³,下站沙峰大于上站;②花园口洪峰流量为 3 550 m³/s,夹河滩洪峰流量为 3 830 m³/s,下站洪峰流量大于上站;③洪水源自泾河,泾河是高含沙来源区,又加上三门峡水库“泄水拉沙”,小浪底水库“调水调沙”,流量长时间大于 2 000 m³/s,输沙能力比较强。因此,夹河滩最大含沙量为 300 kg/m³,分析组采纳了该建议。

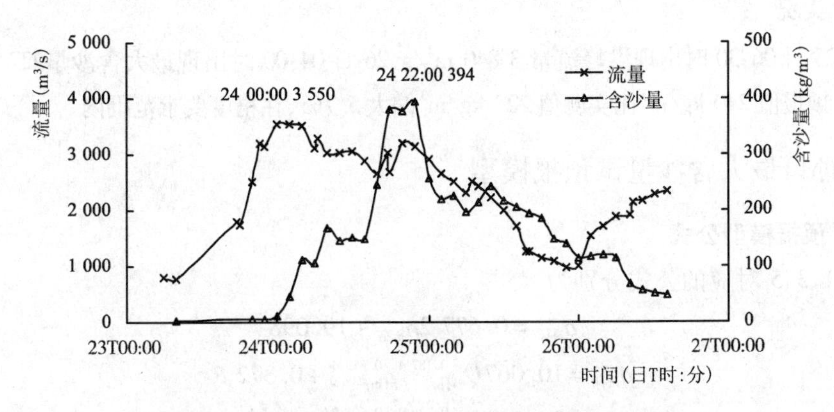

图 8-30 花园口“04·8”洪水实测流量、含沙量过程线

8.6.4.3 实况

夹河滩站24日20:00时出现洪峰流量为3 830 m^3/s,25日11:00时出现最大含沙量为270 kg/m^3(见图8-31)。预报值300 kg/m^3比实测值270 kg/m^3偏大11.1%,在精度要求范围内。若按250 kg/m^3发布预报,则比实测值偏小7.4%。

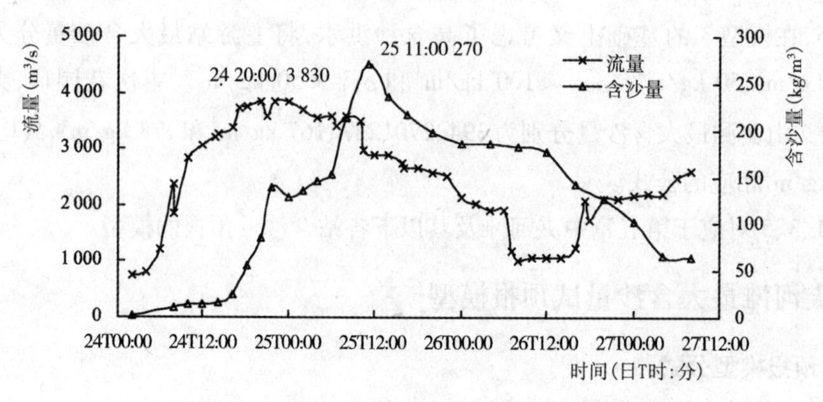

图8-31 夹河滩"04·8"洪水实测流量、含沙量过程线

8.6.5 高村最大含沙量试预报模型

8.6.5.1 预报模型公式

模型1、3、5对应的公式分别为

$$\rho_{m高} = 0.916\,5\rho_{m夹} + 8.247\,8 \tag{8-12}$$

$$\rho_{m高} = 0.911\,3Q_{m高}^{0.087\,0}\rho_{m夹}^{0.859\,4} - 6.077\,2 \tag{8-13}$$

$$\rho_{m高} = 0.292\,8Q_{m高}^{0.117\,7}\rho_{m夹}^{1.011\,6} + 1.294\,5 \tag{8-14}$$

8.6.5.2 预报过程

夹河滩25日11:00时出现最大含沙量270 kg/m^3(见图8-31),高村25日06:30时出现洪峰流量为3 840 m^3/s,利用式(8-12)~式(8-14)计算的高村最大含沙量分别为256、224 kg/m^3和224 kg/m^3。

三种模型计算结果的均值为235 kg/m^3。因此,预报高村最大含沙量为240 kg/m^3。

8.6.5.3 实况

高村25日06:30时出现洪峰流量3 840 m^3/s,26日04:00时出现最大含沙量227 kg/m^3(见图8-32)。预报值240 kg/m^3比实测值227 kg/m^3偏大5.7%,在精度要求范围内。

8.6.6 孙口最大含沙量试预报模型

8.6.6.1 预报模型公式

模型1、3、5对应的公式分别为

$$\rho_{m孙} = 0.677\,2\rho_{m高} + 19.098 \tag{8-15}$$

$$\rho_{m孙} = 10.067Q_{m孙}^{-0.187\,4}\rho_{m高}^{0.817\,4} + 0.372\,5 \tag{8-16}$$

$$\rho_{m孙} = 28.528Q_{m孙}^{-0.226\,9}\rho_{m高}^{0.691\,2} + 0.034\,6 \tag{8-17}$$

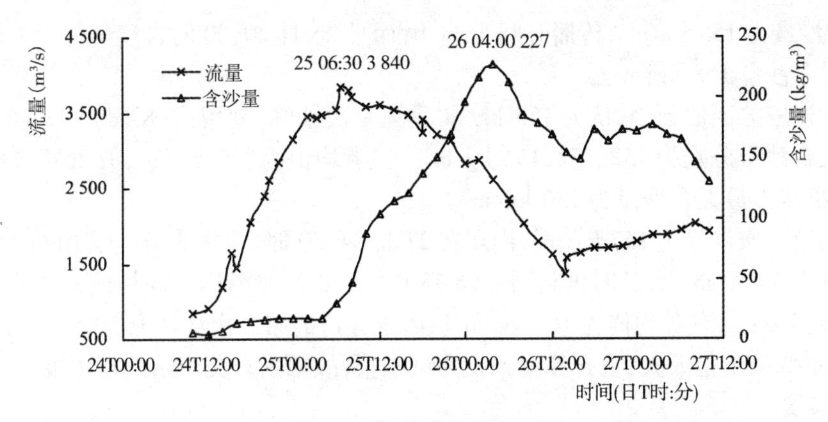

图 8-32 高村"04·8"洪水实测流量、含沙量过程线

8.6.6.2 预报过程

高村 26 日 04:00 时出现最大含沙量 227 kg/m^3(见图 8-32),孙口 25 日 20:36 时洪峰流量为 3 880 m^3/s,利用式(8-15)~式(8-17)计算的孙口最大含沙量分别为 173、181 kg/m^{3}和 186 kg/m^3。三种模型计算结果的均值为 180 kg/m^3。因此,预报孙口最大含沙量为 180 kg/m^3。

8.6.6.3 实况

孙口水文站 25 日 20:36 时出现洪峰流量为 3 880 m^3/s,27 日 04:00 时出现最大含沙量为 167 kg/m^3(见图 8-33)。预报值 180 kg/m^{3}比实测值 167 kg/m^{3}偏大 7.8%,在精度要求范围内。

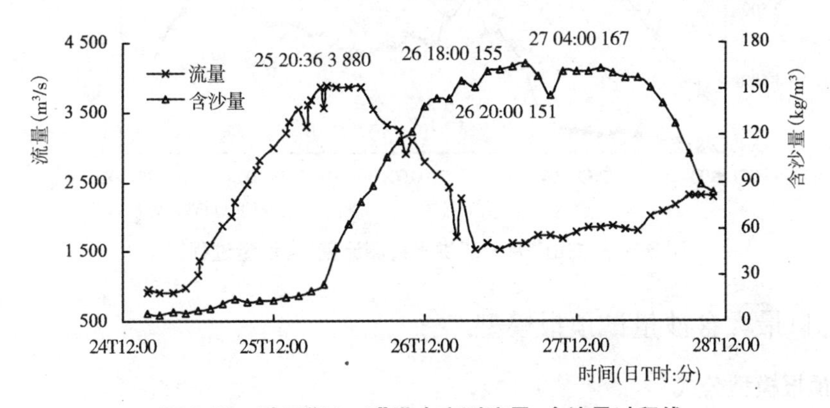

图 8-33 孙口"04·8"洪水实测流量、含沙量过程线

8.6.7 艾山最大含沙量试预报模型

8.6.7.1 预报模型公式

模型 1、3、5 对应的公式分别为

$$\rho_{m艾} = 0.966\ 2\rho_{m孙} + 1.787\ 9 \tag{8-18}$$

$$\rho_{m艾} = 1.007\ 3Q_{m艾}^{0.003\ 8}\rho_{m孙}^{0.987\ 1} + 0.637\ 2 \tag{8-19}$$

$$\rho_{m艾} = 2.011\ 4Q_{m艾}^{-0.038\ 6}\rho_{m孙}^{0.927\ 2} - 3.480\ 2 \tag{8-20}$$

8.6.7.2 预报过程

高村 25 日 06:30 时出现洪峰流量 3 840 m^3/s,孙口 25 日 20:36 时洪峰流量为 3 880 m^3/s,洪峰传播时间为 14.1 h;高村 26 日 04:00 时出现最大含沙量 227 kg/m^3,孙口 26 日

18:00 时含沙量为 155 kg/m³,传播时间为 14 h;而且 26 日 20:00 时含沙量为 151 kg/m³,低于 18:00 时含沙量 155 kg/m³。

由于上述三方面的原因,认为 155 kg/m³是第一次沙峰,利用式(8-18)~式(8-20)计算的艾山最大含沙量分别为 152、152、154 kg/m³。三者均值为 152 kg/m³,故 26 日 21:40 时发布预报,预报艾山最大含沙量为 150 kg/m³。

孙口站第二次沙峰为 167 kg/m³,出现在 27 日 04:00 时(见图 8-33),艾山站 26 日02:24 时洪峰流量为 3 650 m³/s,此时再利用式(8-18)~式(8-20)来计算,高村最大含沙量分别为 163、163、165 kg/m³,三者均值为 164 kg/m³。由于孙口的第二次沙峰 167 kg/m³与第一次沙峰 155 kg/m³变幅不是太大,且含沙量预报为试预报,故未发布艾山站的新预报。

8.6.7.3 实况

艾山 26 日 02:24 时出现洪峰流量 3 650 m³/s,27 日 08:00 时出现最大含沙量 178 kg/m³(见图 8-34)。预报值 150 kg/m³比实测值 178 kg/m³偏小 15.7%。

若按与孙口第二次沙峰 167 kg/m³计算结果均值 164 kg/m³接近的 160 kg/m³来发布第二次预报,误差将变成偏小 10.1%。

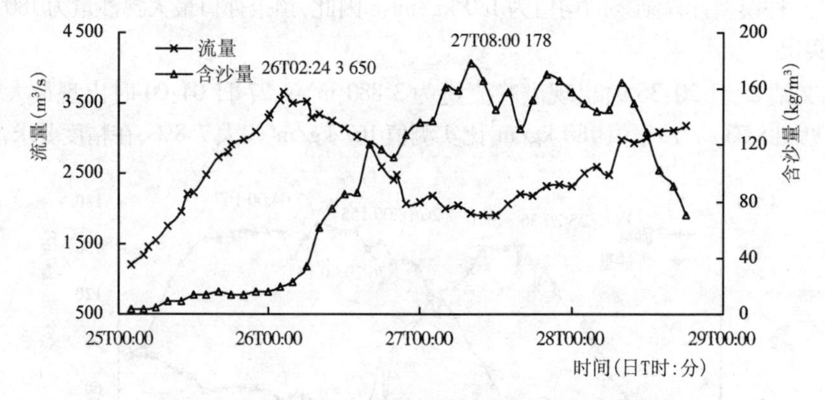

图 8-34 艾山"04·8"洪水实测流量、含沙量过程线

8.6.8 泺口最大含沙量试预报模型

8.6.8.1 预报模型公式

模型 1、3、5 对应的公式分别为

$$\rho_{m泺} = 0.900\,7\rho_{m艾} + 4.643\,7 \tag{8-21}$$

$$\rho_{m泺} = 0.812\,1Q_{m泺}^{0.038\,1}\rho_{m泺}^{0.961\,5} + 1.524\,9 \tag{8-22}$$

$$\rho_{m泺} = 0.280\,6Q_{m泺}^{0.189\,3}\rho_{m艾}^{0.918} + 3.372\,3 \tag{8-23}$$

8.6.8.2 预报过程

26 日 21:40 时发布艾山最大含沙量预报时(150 kg/m³),考虑到艾山—泺口河段断面距离比较近,输沙能力比较强,担心 27 日早晨上班时泺口沙峰已经出现,因此利用该预报值同时预估了泺口最大含沙量。利用式(8-21)~式(8-23)计算的结果分别为 140、138、133 kg/m³,均值为 137 kg/m³。因此,预估泺口最大含沙量为 140 kg/m³。

8.6.8.3 实况

泺口 26 日 14:54 时出现洪峰流量 3 330 m³/s,27 日 18:00 时最大含沙量为 138 kg/m³

(见图 8-35)。预估值 140 kg/m³ 比实测值 138 kg/m³ 偏大 1.4%。若按艾山实测沙峰 178 kg/m³来预报,泺口将出现 161 kg/m³的最大含沙量(式(8-21)~式(8-23)计算结果的均值),可能会发布预报 160 kg/m³,误差将为 9.6%。

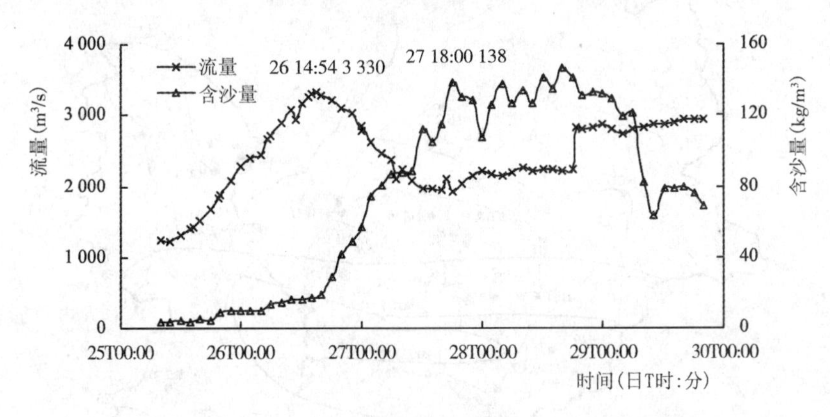

图 8-35　泺口"04·8"洪水实测流量、含沙量过程线

8.7　2005 年 7 月 2 日龙门沙峰试预报过程

2005 年 7 月 1~2 日,晋陕区间清涧河、延河、屈产河、昕水河普降中到大雨、局部暴雨。受降雨影响,清涧河 7 月 2 日 06:42 时洪峰流量为 135 m³/s,沙峰为 375 kg/m³;延河甘谷驿站 2 日 10:24 时洪峰流量 600 m³/s,沙峰 480 kg/m³;昕水河大宁站 2 日 13:42 时洪峰流量 130 m³/s,沙峰 357 kg/m³。对于这场洪水,预报龙门将出现 650 m³/s 的洪峰,根据小北干流放淤标准,如果龙门洪峰流量达到 500 m³/s,持续时间超过 24 h,且沙峰达到50 kg/m³,则进行放淤。因此,水文局信息中心准备发布洪水预报,含沙量预报项目组也做了龙门最大含沙量试预报。

8.7.1　天气与降雨

2005 年 7 月 1~2 日,晋陕区间清涧河、延河、屈产河、昕水河普降中到大雨、局部暴雨。延川、延安、甘谷驿、招安日降水量分别为 155、52、95、94 mm,见表 8-7 和图 8-36。

表 8-7　2005 年 7 月 2 日晋陕区间中到暴雨情况统计

河名	雨量站	雨量(mm)	河名	雨量站	雨量(mm)
清涧河	寺湾	35	延河	杏河	50
	子长	32		招安	94
	贾家坪	44		延安	52
	延川	155		甘谷驿	95
汾川河	临镇	43	屈产河	裴沟	50
无定河	白家川	27			

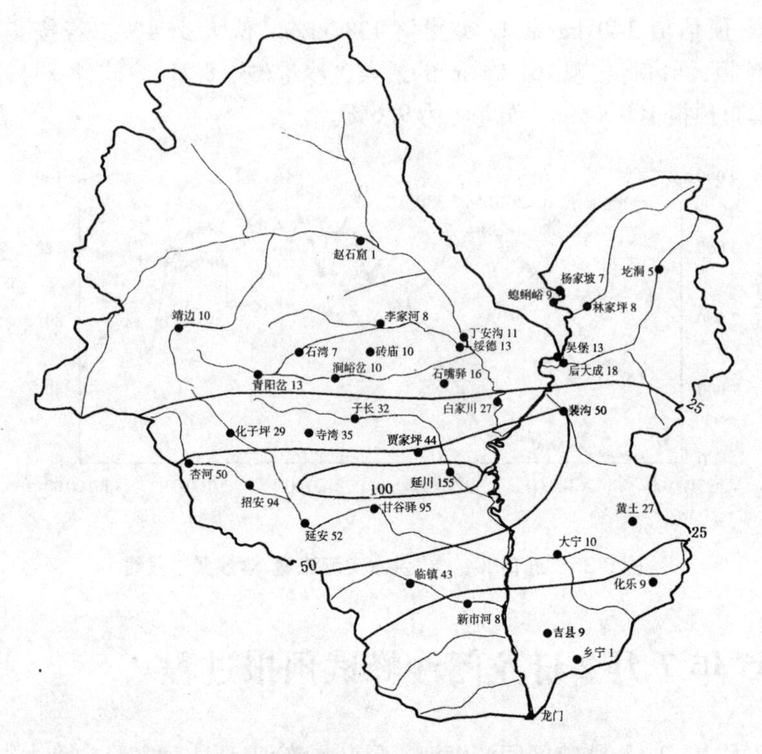

图 8-36　2005 年 7 月 2 日晋陕区间降雨量分布

8.7.2　洪水来源与组成

"20050702"洪水主要来源于清涧河、昕水河、延河，清涧河 7 月 2 日 06:42 时洪峰流量为 135 m^3/s，沙峰为 375 kg/m^3，见图 8-37；昕水河大宁站 2 日 13:42 时洪峰流量 130 m^3/s，相应含沙量 307 kg/m^3，见图 8-38；延河甘谷驿站 2 日 10:24 时洪峰流量 600 m^3/s，沙峰 480 kg/m^3，见图 8-39。

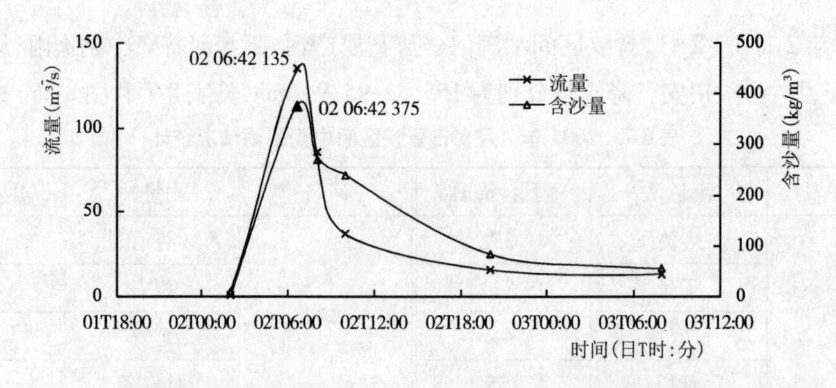

图 8-37　延川"20050702"洪水实测流量、含沙量过程线

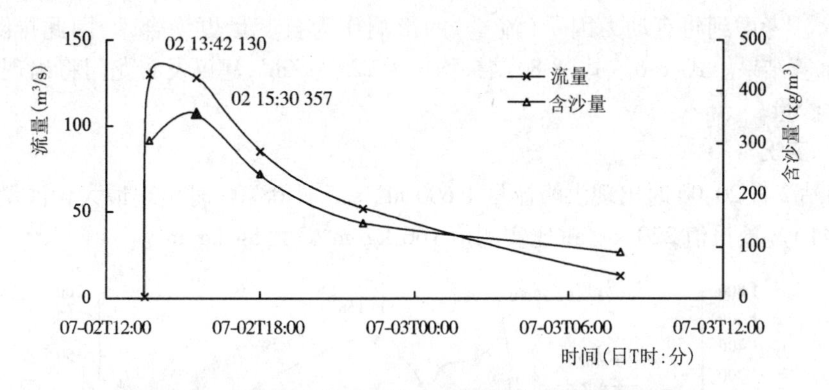

图 8-38 大宁"20050702"洪水实测流量、含沙量过程线

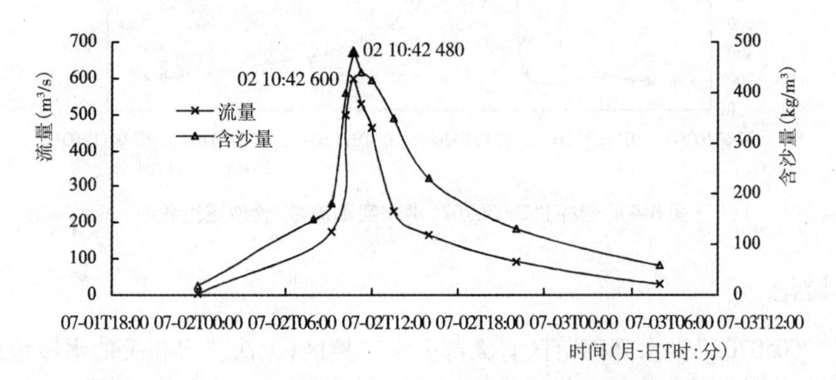

图 8-39 甘谷驿"20050702"洪水实测流量、含沙量过程线

8.7.3 预报过程及实况

此次洪水来源于吴龙区间,吴堡站实测流量过程见图 8-40,由于预报时间为 7 月 2 日 15 时,2 日 8 时吴堡流量为 106 m³/s,这里采用吴堡流量为 110 m³/s,龙门洪峰流量预报值为 650 m³/s,得吴龙洪峰比 $k = 110/650 = 0.17 < 0.6$。

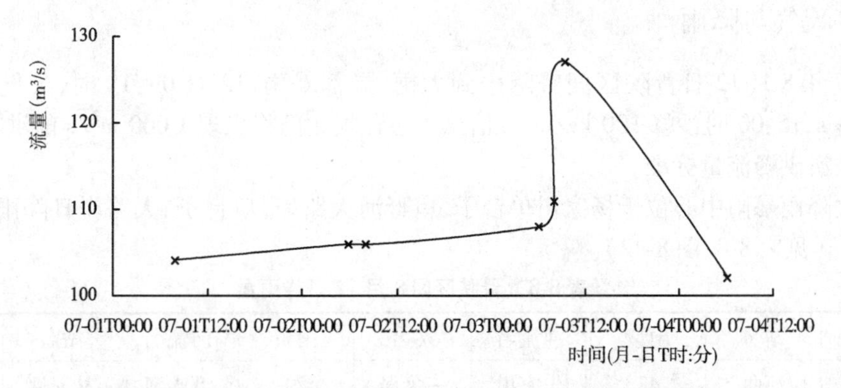

图 8-40 吴堡"20050702"洪水实测流量(无含沙量)过程线

8.7.3.1 预报过程

经计算,合成含沙量为 388 kg/m³ {(135 × 375 + 130 × 307 + 600 × 480)/(110 + 135 + 130 + 600)},利用式(8-5)~式(8-8)计算的龙门最大含沙量分别为 435、236、370、

215 kg/m^3。考虑到将有动力因子(流量)的影响作为自变量更为合理,因此排除式(8-5)、式(8-7)计算结果。式(8-6)、式(8-8)结果均值为225 kg/m^3,建议发布龙门将出现220 kg/m^{3}的最大含沙量。

8.7.3.2 实况

龙门站2日20:00时出现洪峰流量1 600 m^3/s,3日08:00时出现最大含沙量166 kg/m^3(见图8-41)。预报值220 kg/m^{3}比实测值166 kg/m^{3}偏大54 kg/m^3。

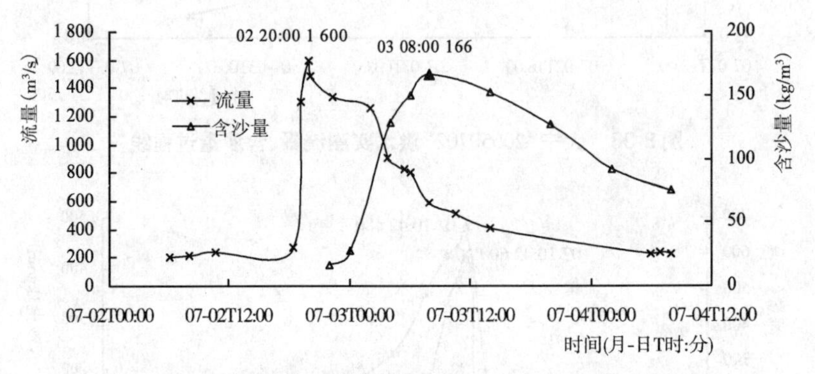

图8-41 龙门“20050702”洪水实测流量、含沙量过程线

8.7.4 讨论

由于“20050702”洪水降雨落区有大部分在未控区,无法获得相关的水沙信息,未控区洪水含沙量低,预报采用模型仅考虑支流把口站以上,因此导致本次预报结果偏大。

预报龙门出现流量500 m^3/s以上持续的时间约为10 h,达不到小北干流放淤持续24 h的要求,因此本次洪峰及沙峰预报结果均未发布。

8.8 2005年8月12日龙门沙峰试预报过程

8.8.1 天气与降雨

2005年8月12日晋陕区间普降中到大雨,局部暴雨,12日09:18时,吴堡出现洪峰1 290 m^3/s,15:00时沙峰100 kg/m^3。信息中心预报龙门将出现1 000 m^3/s的洪峰,符合小北干流放淤洪峰流量标准。

本次降雨暴雨中心位于杨家川单台子、窟野河大路峁,单台子、大路峁日降雨量分别为75、70 mm(见表8-8、图8-42)。

表8-8 晋陕区间8月12日降雨量 (单位:mm)

河流名	站名	雨量	河流名	站名	雨量	河流名	站名	雨量
黄河	河曲	48	朱家川	三岔堡	29	湫水河	林家坪	32
纳林川	沙圪堵	31	胡乔沟	武家庄	25	北川河	圪洞	39
红河	太平窑	35	窟野河	王道垣塔	40	无定河	丁家沟	36
清水河	清水河	42	犊牛川	新庙	42	大理河	绥德	45

续表 8-8

河流名	站名	雨量	河流名	站名	雨量	河流名	站名	雨量
红河	挡阳桥	34	佳芦河	金明寺	29	砖庙沟	砖庙	28
杨家川	单台子	75	秃尾河	公草湾	34	芦河	靖边	47
偏关河	偏关	56		高家川	26		横山	30
皇甫川	皇甫	45	佳芦河	申家湾	36	黑木头川	殿市	26
	古城	52	清凉寺沟	杨家坡	46	榆溪河	孟家湾	54
窟野河	哈镇	59	黄河	螅蜊峪	50	大理河	石湾	25
	大路峁	70	湫水河	阳坡	45			

图 8-42　2005 年 8 月 12 日晋陕区间降雨量分布

8.8.2　预报过程及实况

此次洪水来源于吴堡以上，吴堡站实测流量、含沙量过程见图 8-43，吴堡洪峰流量 1 290 m^3/s，龙门预报洪峰流量为 1 000 m^3/s，得 $Q_{m吴堡}/Q_{m龙} = 1\ 290/1\ 000 = 1.29 > 0.9$。

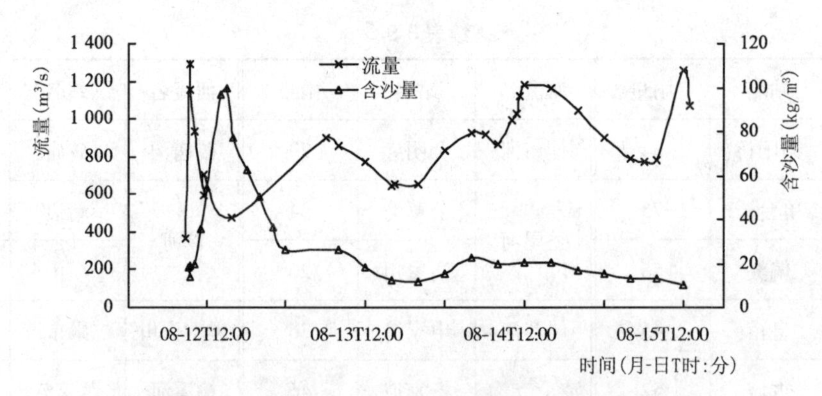

图 8-43　吴堡"20050812"洪水实测流量、含沙量过程线

8.8.2.1　预报过程

经计算,合成含沙量为 134 kg/m³,利用式(8-1)、式(8-2)、式(8-7)、式(8-8)计算的龙门最大含沙量分别为 108、69.0、102、89.2 kg/m³。考虑到将有动力因子(流量)的影响作为自变量更为合理,因此排除式(8-1)、式(8-7)计算结果。式(8-2)、式(8-8)结果均值为 79.1 kg/m³,项目组建议发布龙门将出现 70 kg/m³的最大含沙量。

8.8.2.2　实况

龙门站 13 日 07:00 时出现洪峰流量 1 280 m³/s,13 日 24:00 时出现最大含沙量 78 kg/m³(见图 8-44)。预报值 70 kg/m³比实测值 78 kg/m³偏小 8 kg/m³。

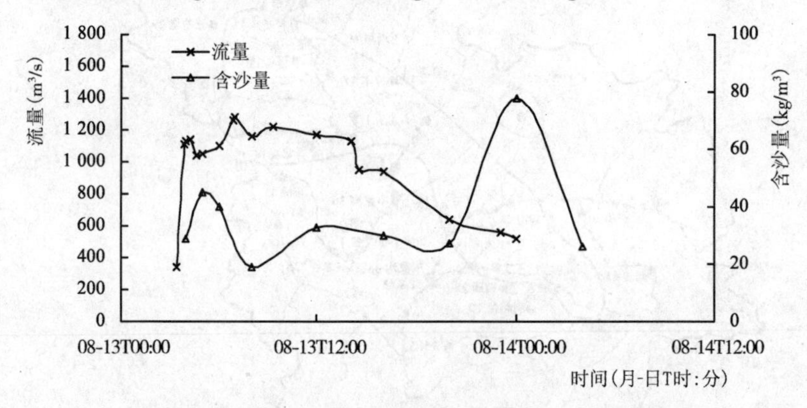

图 8-44　龙门"20050812"洪水实测流量、含沙量过程线

8.9　2006 年 7 月 31 日龙门沙峰试预报过程

8.9.1　天气与降雨

2006 年 7 月 30 日至 31 日凌晨,黄河晋陕区间普降小到中雨,局部大雨,个别站暴雨。受降雨影响,部分支流相继涨水,三川河后大成站、无定河白家川站、清涧河延川站出现了 100～350 m³/s 流量。水文局信息中心分析,龙门站洪峰流量将达 1 300 m³/s,次洪量 3 亿 m³,符合小北干流放淤洪峰流量、水量标准,因此含沙量项目组对龙门沙峰也进行了分析。

本次降雨暴雨中心位于无定河丁家沟、绥德,2 站日降雨量分别为 70.8、55.2 mm(见

表 8-9、图 8-45）。

表 8-9 晋陕区间 7 月 30 日降雨量　（单位：mm）

河流名	站名	雨量	河流名	站名	雨量	河流名	站名	雨量
黄河	吴堡	40	佳芦河	金明寺	38.4	无定河	绥德	55.2
皇甫川	皇甫	39.8	秃尾河	高家堡	33.4		白家川	24
皇甫川	古城	32.6		高家川	24.8	砖庙沟	砖庙	36.2
哈拉寨河	哈镇	38	佳芦河	申家湾	33.4	洞峪岔河	洞峪岔	33
	大路峁	32.4	清凉寺沟	杨家坡	31.6	小理河	李家河	35.6
县川河	旧县	31	黄河	螅蜊峪	22.6	槐理河	石嘴驿	33
岚漪河	岢岚	26.9	湫水河	阳坡	25	清涧河	子长	30.4
蔚汾河	兴县	35.6		林家坪	27		延川	32.8
窟野河	王道垣塔	30.2	三川河	后大成	42.2	昕水河	大宁	21.4
	神木	37.2		圪洞	35	仕望川	大村	22.4
	温家川	26.6	无定河	丁家沟	70.8	鄂河	乡宁	21.9

图 8-45　2006 年 7 月 30 日晋陕区间降雨量分布

8.9.2 预报过程及实况

此次洪水主要来源于吴堡以上，吴堡站实测流量、含沙量过程见图8-46。31日9时做含沙量预报时，项目组能得到的吴堡流量资料仅7月30日08:54时1 190 m^3/s。接近24 h都没测流，表明流量在衰减，因此取对龙门起作用的吴堡流量约为1 000 m^3/s，得吴龙洪峰比 $k=1\ 000/1\ 250=0.8$。支流三川河后大成、无定河白家川、清涧河延川3站实测流量、含沙量过程见图8-47～图8-49。

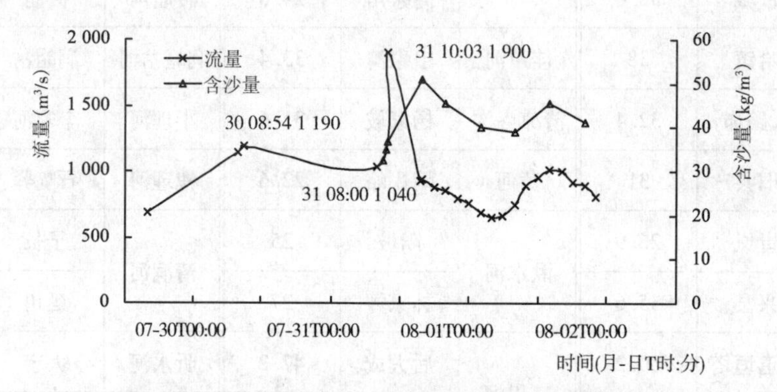

图8-46 吴堡“20060731”洪水实测流量、含沙量过程线

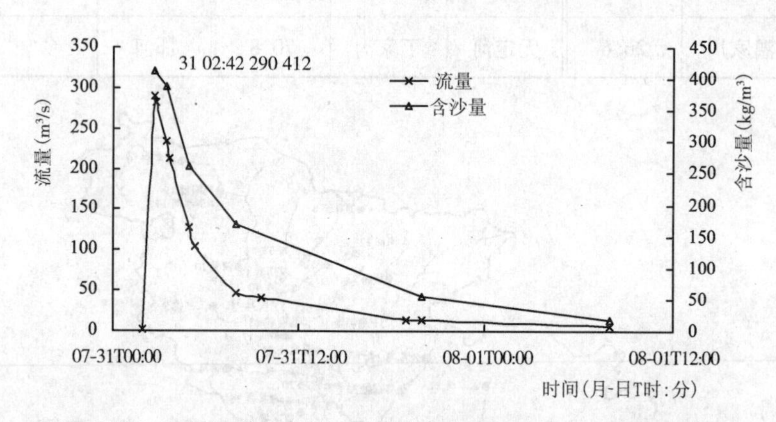

图8-47 三川河后大成“20060731”洪水实测流量、含沙量过程线

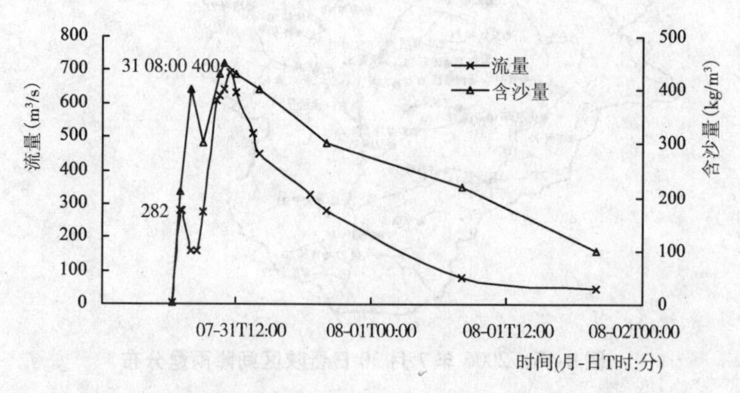

图8-48 无定河白家川“20060731”洪水实测流量、含沙量过程线

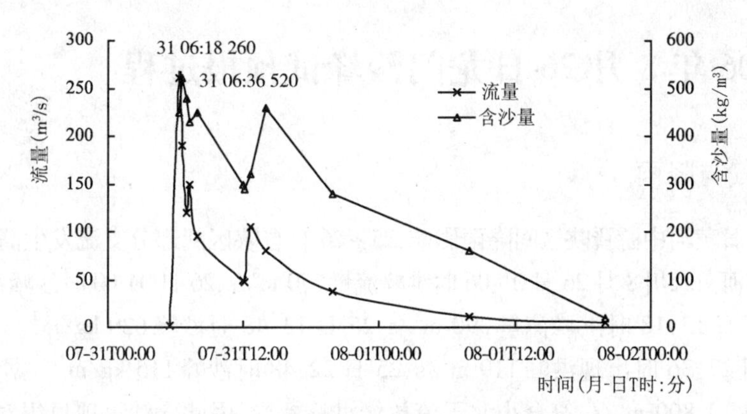

图 8-49　清涧河延川“20060731”洪水实测流量、含沙量过程线

8.9.2.1　预报过程

31 日 9 时做预报时,能得到的吴堡含沙量仅 28 日 20 时 29.5 kg/m³,接近 37 h 未报含沙量,表明含沙量小于 25 kg/m³,因此取对龙门沙峰起作用的吴堡含沙量约为 20 kg/m³。

经计算,合成含沙量为 211.7 kg/m³,利用第 6 章中(龙门洪峰流量 500 ~ 5 000 m³/s) $0.6 < k < 0.9$ 的模型 4、模型 2 的公式计算龙门最大含沙量分别为 141.1、156.6 kg/m³,平均为 148.9 kg/m³,龙门最大含沙量可能为 140 kg/m³。有关水情专家认为尽管本次吴龙区间 3 条支流沙峰都比较大,但洪峰流量比较小(均不到 300 m³/s),泥沙沿程淤积,进入干流泥沙不多。考虑到这些因素,认为计算的龙门沙峰偏大,决定采用龙门可能出现 100 kg/m³ 的沙峰,31 日 10 时水文局向防办发布了该通报。

8.9.2.2　实况

龙门站 8 月 1 日 03:54 时出现洪峰流量 2 480 m³/s,1 日 16:00 时出现最大含沙量 82 kg/m³(见图 8-50)。发布值 100 kg/m³ 比实测值 82 kg/m³ 偏大 18 kg/m³,小于允许误差 34 kg/m³。

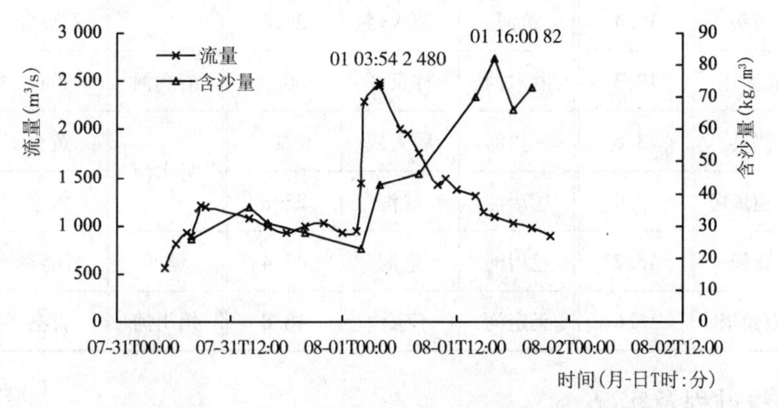

图 8-50　龙门“20060731”洪水实测流量、含沙量过程线

8.9.2.3　分析

本次龙门计算沙峰为 140 kg/m³,预报时如果采用了该值,那么误差将达 58 kg/m³,大于允许误差 34 kg/m³。造成计算误差如此偏大的原因主要是:吴龙区间支流来水为“小流量高含沙”洪水,致使支流的洪水输沙动力小,泥沙在进入干流前沿程落淤。而该预报模型中未考虑“小流量高含沙”情况,因而难以准确预报。

8.10　2006 年 8 月 26 日龙门沙峰试预报过程

8.10.1　天气与降雨

受 8 月 25 日黄河中游晋陕区间降雨影响,25 ~ 26 日晋陕区间部分支流发生高含沙、小洪水过程,其中无定河白家川 8 月 26 日 01:06 时洪峰流量 570 m^3/s,26 日 04:00 时沙峰 450 kg/m^3,清涧河延川站 25 日 13:18 时洪峰流量 390 m^3/s,25 日 13:48 时沙峰 620 kg/m^3。另外,三川河后大成站 25 日 22:36 时出现洪峰 119 m^3/s,25 日 22:48 时沙峰 115 kg/m^3。据预估,黄河龙门站将出现洪峰 1 800 m^3/s,符合小北干流放淤洪峰标准,因此含沙量项目组对沙峰也做了预报。

本次降雨暴雨中心位于三川河后大成、无定河石嘴驿,2 站日降雨量分别为 71、50.2 mm(见表 8-10、图 8-51)。

表 8-10　晋陕区间 8 月 25 日降雨量　　（单位: mm）

河流名	站名	雨量	河流名	站名	雨量	河流名	站名	雨量
黄河	府谷	19	窟野河	神木	17.9	无定河	绥德	28.8
黄河	吴堡	51.8		温家川	16.2		白家川	17.6
皇甫川	大路峁	25.4	秃尾河	高家川	13.8		砖庙	15.6
县川河	八角堡	13.7	清凉寺沟	清凉寺	22.9		涧峪岔	30.8
孤山川	高石崖	22		杨家坡	15.6		李家河	29.4
朱家川	桥头	19.4	黄河	螅蜊峪	20.8		石嘴驿	55.5
胡乔沟	武家庄	19.3	湫水河	林家坪	50.2	清涧河	子长	27.2
蔚汾河	兴县	13.6	三川河	后大成	71	昕水河	黄土	36
窟野河	王道恒塔	13.6	屈产河	裴沟	22.8		大宁	23.4
	新庙	15.2	三川河	圪洞	47.4	延河	甘谷驿	18.8
	石角塔	16.6	无定河	丁家沟	18.8	州川河	吉县	19

8.10.2　预报过程及实况

吴堡站实测流量、含沙量过程见图 8-52,支流三川河后大成、无定河白家川、清涧河延川 3 站实测流量、含沙量过程见图 8-53 ~ 图 8-55。

8.10.2.1　**预报过程**

经计算,合成含沙量为 233.6 kg/m^3,吴龙洪峰比 $k = 1\ 570/1\ 800 = 0.87$,接近 0.9,利用第 6 章中吴龙洪峰比 $k \geqslant 0.9$ 的模型 4、模型 2 的公式计算龙门沙峰分别为 151.7、145.8 kg/m^3,平

均为 148.7 kg/m³。有关水情专家认为尽管本次吴龙区间有 2 条支流沙峰比较大，但洪峰流量比较小，而且本次洪水主要来自吴堡以上，吴堡沙峰仅 68.1 kg/m³。考虑到这些因素，认为计算的龙门沙峰偏大，最后决定采用龙门可能出现 100 kg/m³ 的沙峰，26 日 10 时向防办发布了该通报。

图 8-51　2006 年 8 月 25 日晋陕区间降雨量分布

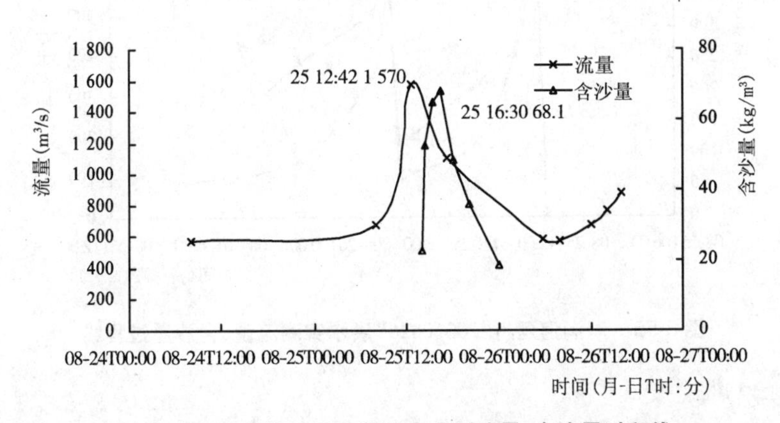

图 8-52　吴堡"20060826"洪水实测流量、含沙量过程线

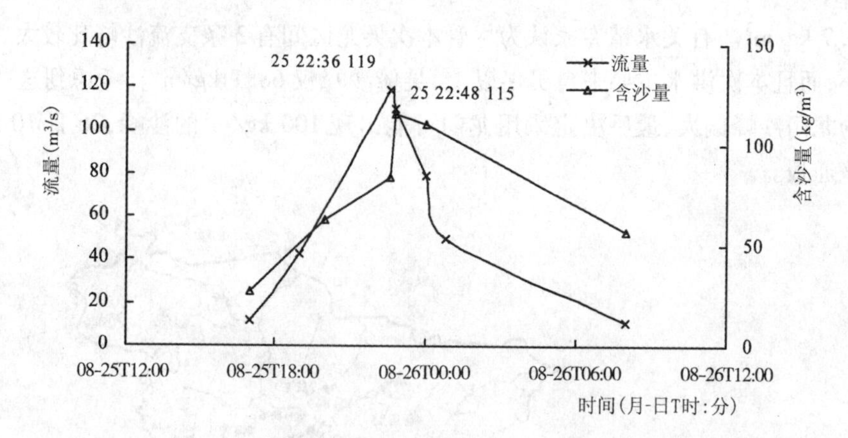

图 8-53　三川河后大成“20060826”洪水实测流量、含沙量过程线

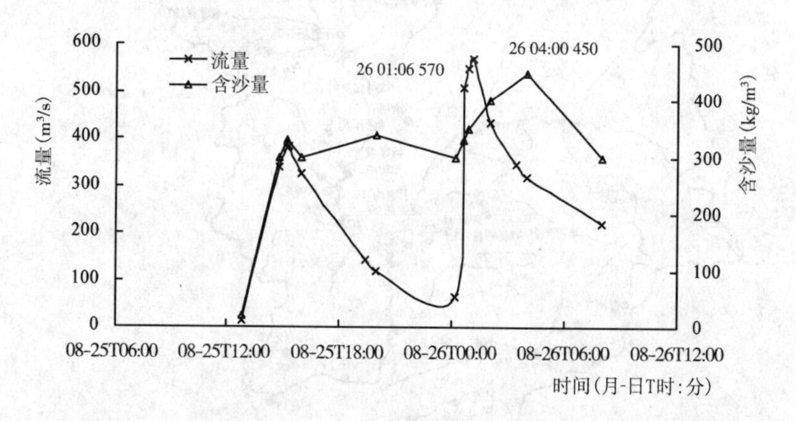

图 8-54　无定河白家川“20060826”洪水实测流量、含沙量过程线

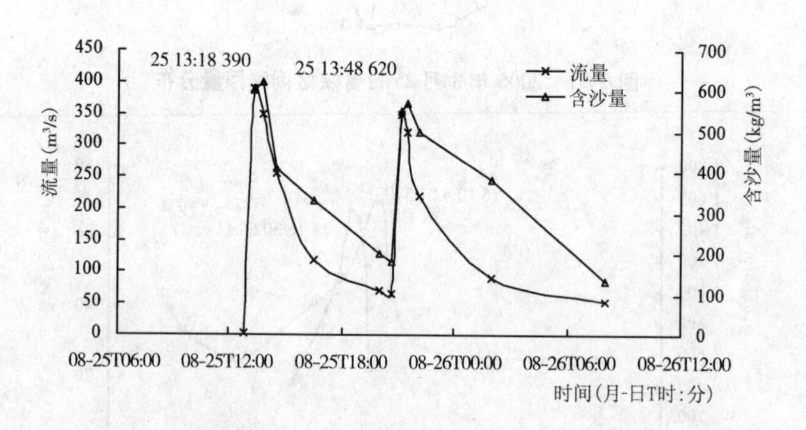

图 8-55　清涧河延川“20060826”洪水实测流量、含沙量过程线

8.10.2.2　实况

龙门站 8 月 26 日 21:24 时出现洪峰流量 1 510 m^3/s,27 日 16:00 时出现最大含沙量 104 kg/m^3(见图 8-56)。发布值 100 kg/m^3 比实测值 104 kg/m^3 偏小 4 kg/m^3。

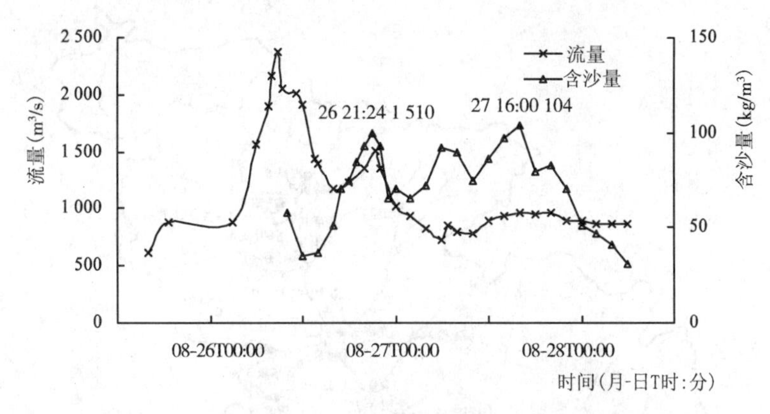

图 8-56　龙门站“20060826”洪水实测流量、含沙量过程线

8.11　2006 年 8 月 31 日龙门沙峰试预报过程

8.11.1　天气与降雨

2006 年 8 月 29 日至 30 日,黄河晋陕区间普降中雨,局部大雨,个别站暴雨。受降雨影响,部分支流相继涨水,三川河后大成站、无定河白家川站出现了 250、790 m^3/s 的洪峰流量。据分析,龙门站洪峰流量将达 2 400 m^3/s,符合小北干流放淤洪峰流量标准,因此对龙门沙峰进行了预报。

本次降雨暴雨中心位于湫水河林家坪、清凉寺沟杨家坡、无定河丁家沟和李家河,4 站日降雨量分别为 100.4、87.8、84、87.2 mm(见表 8-11、图 8-57)。

表 8-11　晋陕区间 8 月 30 日 8 时实测降雨量　　(单位:mm)

河流名	站名	雨量	河流名	站名	雨量	河流名	站名	雨量
黄河	吴堡	49.4	秃尾河	高家堡	30.8	无定河	绥德	52.7
胡乔沟	武家庄	21.4		高家川	63.2		青阳岔	23.8
岚漪河	岢岚	21.9	佳芦河	申家湾	68.2		艾好峁	38.6
蔚汾河	兴县	21.8	清凉寺沟	杨家坡	87.8		砖庙	55.4
	曹家坡	34.5	黄河	螅蜊峪	61.9		横山	49.4
窟野河	王道垣塔	18.6	湫水河	阳坡	29		殿市	51.2
	石角塔	29.6		林家坪	100.4		洞峪岔	32
	神木	19.6	三川河	后大成	67.4		孟家湾	42.8
	温家川	39.2		圪洞	68.6		石湾	17.9
佳芦河	金明寺	75	无定河	赵石窑	48.2		李家河	87.2
秃尾河	公草湾	21.5		丁家沟	84		石嘴驿	21

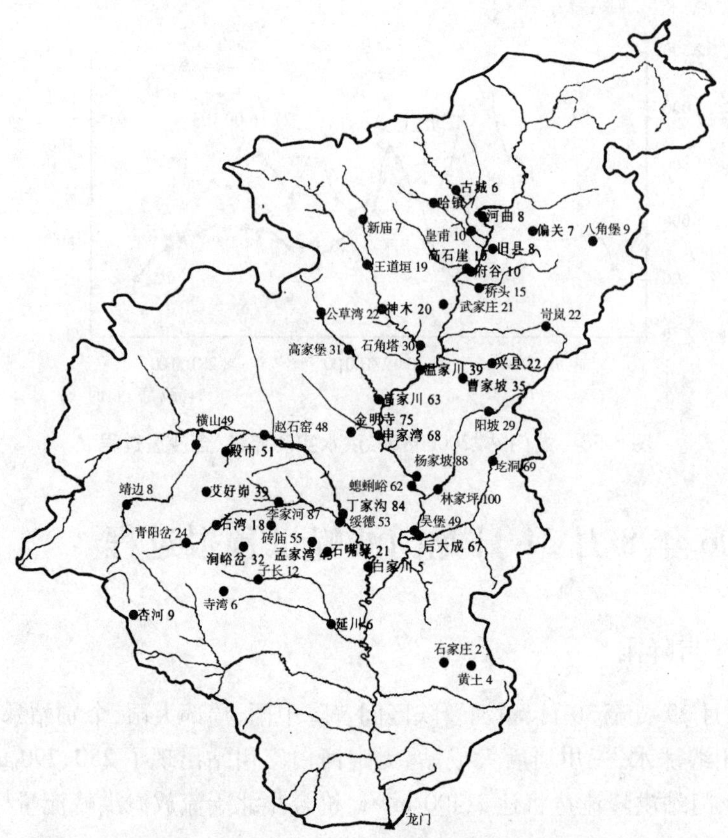

图 8-57　2006 年 8 月 30 日 8 时晋陕区间降雨量分布

8.11.2　预报过程及实况

吴堡站实测流量、含沙量过程见图 8-58，支流三川河后大成、无定河白家川 2 站实测流量、含沙量过程见图 8-59、图 8-60。

8.11.2.1　预报过程

经计算，合成含沙量为 194.1 kg/m^3，吴龙洪峰比 $k=1\,680/2\,400=0.70$，利用第 6 章中 $0.6<k<0.9$ 的模型 4、模型 2 的公式计算龙门沙峰分别为 163、147 kg/m^3，平均为 155 kg/m^3。采用预报值为 150 kg/m^3，有关水情专家根据水量沙量计算预估龙门沙峰为 110 kg/m^3，最后决定采用龙门可能出现 100 kg/m^3 的沙峰，30 日 14:30 时水文局向防办发布了该通报。

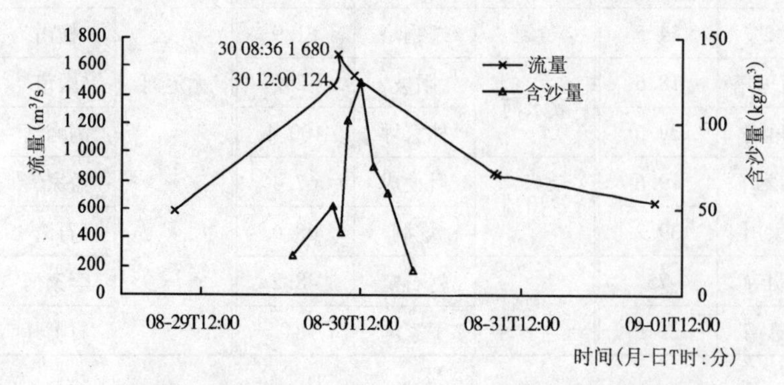

图 8-58　吴堡站“20060830”洪水实测流量、含沙量过程线

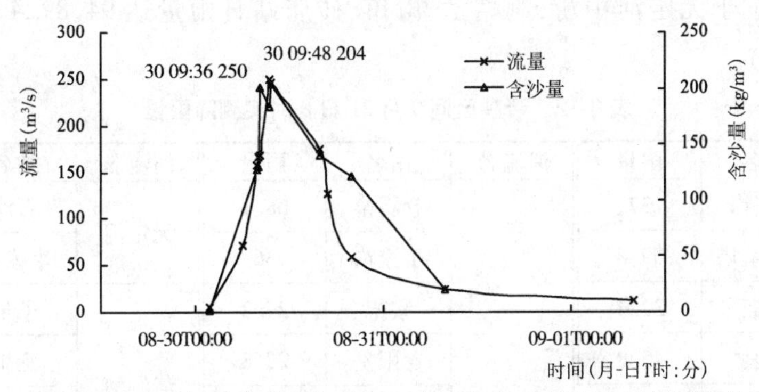

图 8-59　三川河后大成站"20060830"洪水实测流量、含沙量过程线

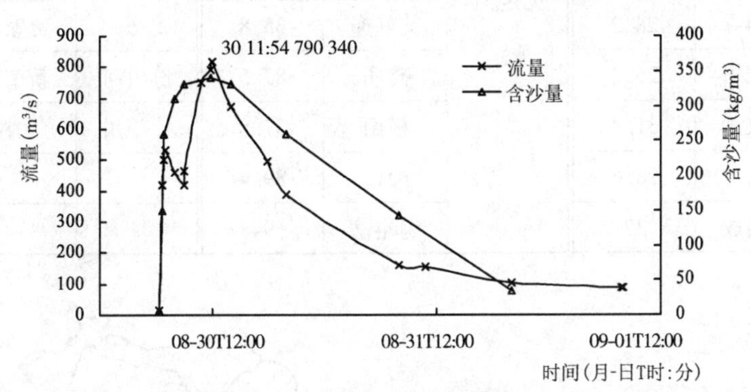

图 8-60　无定河白家川"20060830"洪水实测流量、含沙量过程线

8.11.2.2　实况

龙门站 8 月 31 日 03:30 时出现洪峰流量 3 250 m^3/s,31 日 18:00 时出现最大含沙量 148 kg/m^3(见图 8-61)。发布值 100 kg/m^3 比实测值 148 kg/m^3 偏小 48 kg/m^3,如果采用项目组的预报结果 150 kg/m^3,那么比实测值仅偏大 2 kg/m^3。

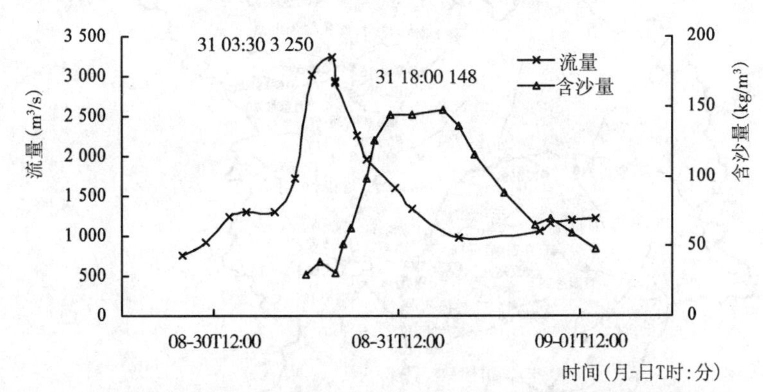

图 8-61　龙门站"20060831"洪水实测流量、含沙量过程线

8.12　2006 年 9 月 22 日龙门沙峰试预报过程

8.12.1　天气与降雨

9 月 20 日至 21 日,受冷暖空气共同影响,晋陕区间部分地区降中到大雨,局部降暴雨。

暴雨中心主要位于无定河中游，涧峪岔、殿市、砖庙站日雨量达 94、89. 4、87. 5 mm（见表 8-12、图 8-62）。

表 8-12　晋陕区间 9 月 21 日 8 时实测降雨量　（单位：mm）

河流名	站名	雨量	河流名	站名	雨量	河流名	站名	雨量
窟野河	大路峁	37	无定河	赵石窑	68. 1	无定河	石湾	73
	王道垣塔	39. 8		丁家沟	36		李家河	70. 8
	新庙	32. 4		绥德	27. 2	清涧河	子长	47
	石角塔	45. 8		青阳岔	27. 8		延川	56
	温家川	42. 4		白家川	26		寺湾	36. 4
佳芦河	金明寺	28. 2		艾好峁	35. 8		贾家坪	31. 6
秃尾河	高家川	26. 2		砖庙	87. 5	汾川河	新市河	39. 2
佳芦河	申家湾	31. 4		横山	37. 8	什望川	大村	32. 8
清凉寺沟	杨家坡	28. 6		殿市	89. 4			
三川河	后大成	37		涧峪岔	94			

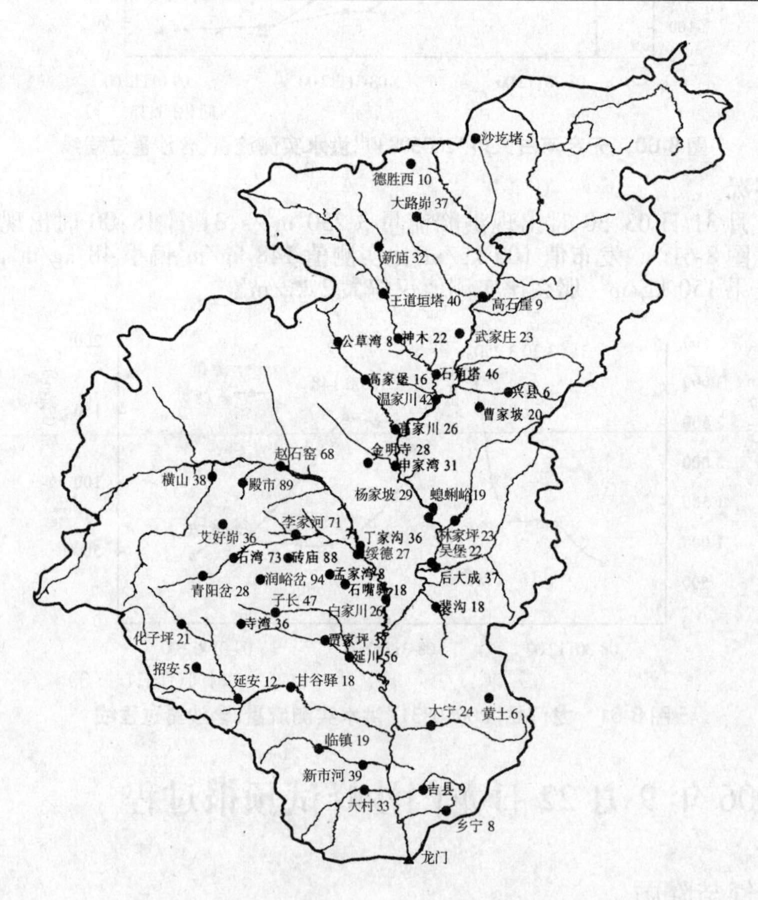

图 8-62　2006 年 9 月 21 日 8 时晋陕区间降雨量分布

受降雨影响,黄河晋陕区间部分支流相继涨水。清涧河延川站9月21日11:18时出现335 m^3/s 的洪峰,最大含沙量580 kg/m^3;无定河白家川站9月21日16:24时出现2 100 m^3/s的洪峰,最大含沙量550 kg/m^3。水文局信息中心预报龙门将出现3 200 m^3/s的洪峰流量,符合小北干流放淤洪峰标准,因此含沙量预报项目组对龙门沙峰也进行了分析。

8.12.2 预报过程及实况

吴堡站实测流量、含沙量过程见图8-63,支流无定河白家川、清涧河延川2站实测流量、含沙量过程见图8-64、图8-65。

8.12.2.1 预报过程

经计算,合成含沙量为322.7 kg/m^3,吴龙洪峰比 k=1 620/3 200=0.51,利用第6章中 $k<0.6$ 的模型4、龙门洪峰大于2 500 m^3/s、晋西无水3个公式计算龙门沙峰分别为245.4、244.6、382.1 kg/m^3,由于382.1 kg/m^3比另外两个数值偏大太多,故舍弃,平均为245.5 kg/m^3。会商后,发布龙门可能出现240 kg/m^3的沙峰,21日18时水文局向防办发布了试预报。

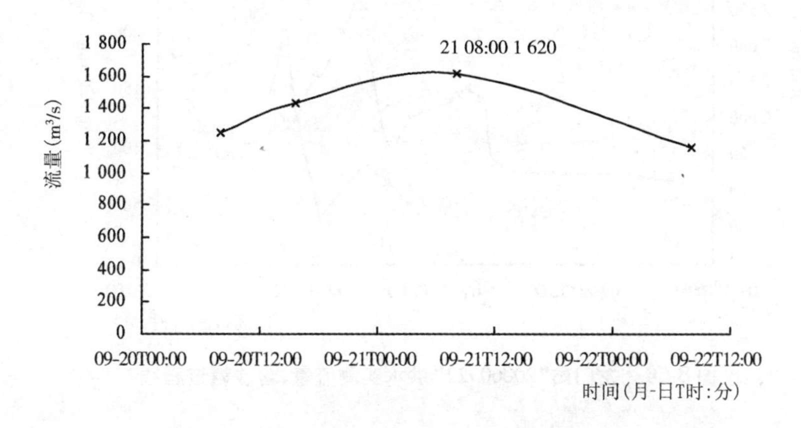

图8-63 吴堡站"20060921"洪水实测流量、含沙量过程线

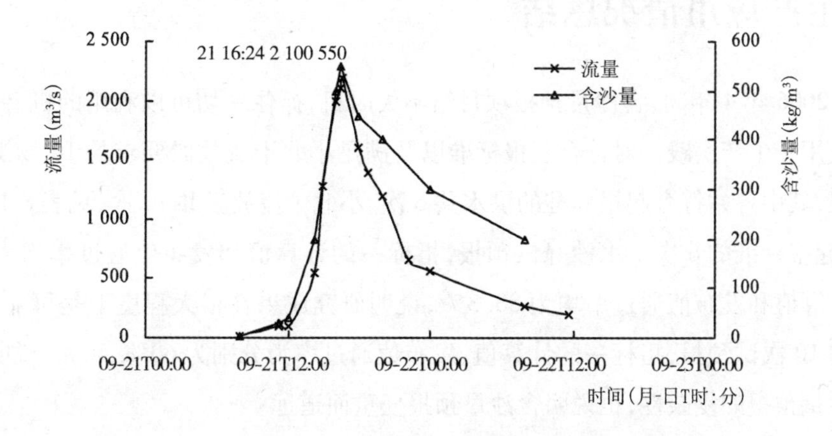

图8-64 白家川站"20060921"洪水实测流量、含沙量过程线

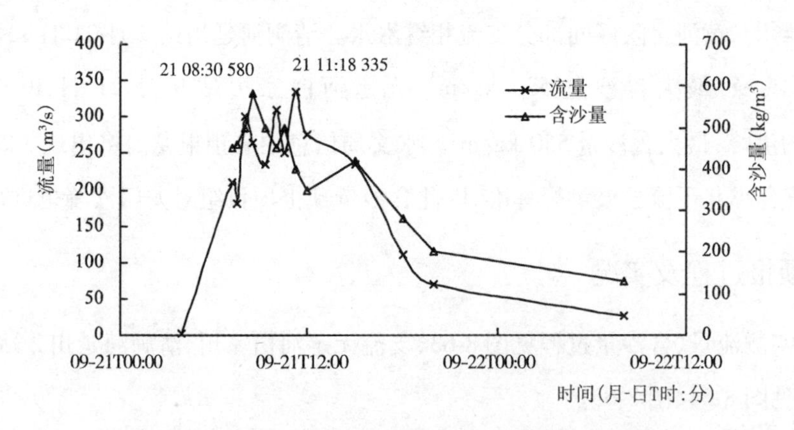

图 8-65　延川站"20060921"洪水实测流量、含沙量过程线

8.12.2.2　实况

龙门站 9 月 22 日 7 时出现洪峰流量 3 710 m^3/s,22 日 13 时出现最大含沙量 210 kg/m^3(见图 8-66)。发布值 240 kg/m^3 比实测值 210 kg/m^3 偏大 14.3%。

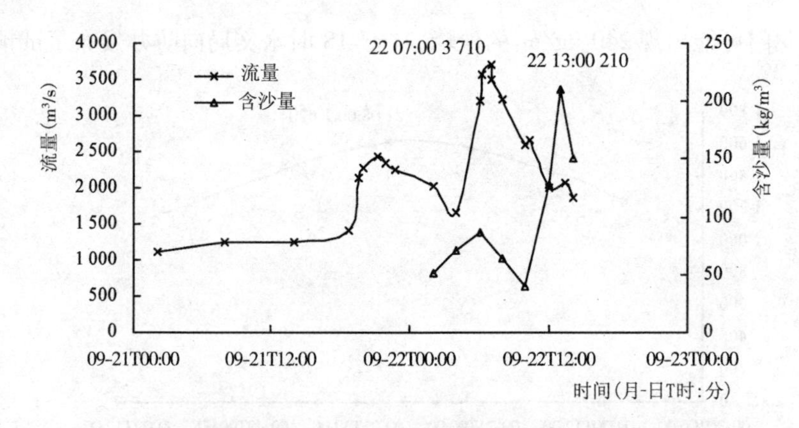

图 8-66　龙门站"20060922"洪水实测流量、含沙量过程线

8.13　生产应用情况总结

2003 ~ 2006 年 4 年间,含沙量预报项目组不失时机,抓住一切可以利用的机会,将研究成果积极应用于生产实践。对符合起报标准以及满足小北干流放淤要求的 16 场洪水均进行了试预报,其中各站符合起报标准的洪水共 6 次,小北干流放淤共 10 次,见表 8-13。可以看出,符合起报标准的 6 次洪水沙峰试预报,指标一的计算值和发布值通过率均为 100%,指标二的计算值和发布值通过率均为 83.3%,说明研究成果在很大程度上是可靠的;小北干流放淤的 10 次试预报,指标一的计算值、发布值通过率为分别为 60%、50%,说明了龙门小流量含沙量预报的复杂性,也说明含沙量预报任重而道远。

表 8-13　16 次最大含沙量试预报结果分析

（单位：计算值、实测值、绝对误差、允许误差均为 kg/m^3，相对误差为%）

分类	次数	预报水文站	洪峰日期（年-月-日）	实测值	计算结果							发布情况						
					计算值	指标一			指标二			发布值	指标一			指标二		
						绝对误差	相对误差	通过与否	绝对误差	允许误差	通过与否		绝对误差	相对误差	通过与否	绝对误差	允许误差	通过与否
洪水最大含沙量试预报	1	龙门	2003-07-31	127	146	19		√	19	54.6	√	140	13		√	19	54.6	√
	2	夹河滩	2004-08-24	270	250		-7.4	√	20	48.2	√	300		11.1	√	20	48.2	√
	3	高村	2004-08-25	227	235		3.5	√	8	33.3	√	240		5.7	√	8	33.3	√
	4	孙口	2004-08-25	167	180		7.8	√	13	19.1	√	180		7.8	√	13	19.1	√
	5	艾山	2004-08-26	178	152		-14.6	√	26	20.3		150		-15.7	√	26	20.3	
	6	泺口	2004-08-26	138	137		-0.7	√	1	10.9	√	140		1.4	√	1	10.9	√
通过次数								6			5				6			5
通过率								100%			83.3%				100%			83.3%
小北干流放淤龙门最大含沙量试预报	1	龙门	2004-07-26	390	317		-18.7	√	73	82.8	√	300		23.1		73	82.8	√
	2	龙门	2004-08-11	572	480		-16.1	√	92	101.8	√	400		-30.1		92	101.8	√
	3	龙门	2004-08-12	160	57	103			103	58.7		50	110			103	58.7	
	4	龙门	2004-08-13	150	141	9		√	9	57.7	√	150	0		√	9	57.7	√
	5	龙门	2005-07-02	166	225	59			59	59.3	√	220	54			59	59.3	√
	6	龙门	2005-08-12	78	79.1	1.1		√	1.1	50.1	√	70	8		√	1.1	50.1	√
	7	龙门	2006-07-31	82	140	58			58	50.6		100	18		√	58	50.6	
	8	龙门	2006-08-26	104	140	36			36	52.9	√	100	4		√	36	52.9	√
	9	龙门	2006-08-31	148	150	2		√	2	57.5	√	100	48			2	57.5	√
	10	龙门	2006-09-22	210	245		16.7	√	35	63.9	√	240		14.3	√	35	63.9	√
通过次数								6			8				5			8
通过率								60%			80%				50%			80%

参考文献与资料

[1]中国水利学会、泥沙专业委员会.泥沙手册[M].北京:中国环境科学出版社,1992.

[2]汪岗,范昭.黄河水沙变化研究(第一卷)[M].郑州:黄河水利出版社,2002.

[3]汪岗,范昭.黄河水沙变化研究(第二卷)[M].郑州:黄河水利出版社,2002.

[4]黄河水利委员会水文局.黄河水文志[M].郑州:河南人民出版社,1996.

[5]赵文林.黄河水利科学技术丛书—黄河泥沙[M].郑州:黄河水利出版社,1996.

[6]庄一鸰,林三益.水文预报[M].北京:水利电力出版社,1992.

[7]麦乔威,赵业安,潘贤娣.黄河下游河道的泥沙问题[M]//中国水利学会河流泥沙国际学术讨论会论文集.北京:光华出版社,1980.

[8]中华人民共和国水利部.中华人民共和国行业标准—水文情报预报规范[S].2000.

[9]焦恩泽,张翠萍.黄河北干流河道泥沙的输移与沉积[J].人民黄河,1995,7(11):1-5.

[10]薛选世,杨忠理,武芸芸.黄河小北干流“揭河底”冲刷对策探讨[J].人民黄河,2003(2):8-9.

[11]程龙渊,刘栓明,肖俊法,等.三门峡库区水文泥沙实验研究[M].郑州:黄河水利出版社,1999.

[12]8月2日窟野河、黄河特大洪水的调查分析.1976年黄河水文年鉴[M].$P_{综12-14}$

[13]黄委中游水文水资源局.黄河中游水文(河口镇至龙门区间)[M].郑州:黄河水利出版社,2005.

[14]张红武,张清,张俊华.高含沙洪水“揭河底”的判别指标及其条件[J].人民黄河,1996(9):52-54.

[15]杜殿勖.三门峡水库龙门至潼关段河道冲淤演变规律及滞洪滞沙分析[M]//三门峡水库运用经验总结项目组.黄河三门峡水利枢纽运用研究文集.郑州:河南人民出版社,1994.

[16]李春荣.黄河小北干流泥沙运动若干特殊现象[J].泥沙研究,1994(3):68-70.

[17]武汉水利电力学院河流泥沙工程学教研室.河流泥沙工程学(上册)[M].北京:水利电力出版社,1980.

[18]杨庆安,龙毓骞,缪凤举.黄河三门峡水利枢纽运用与研究[M].郑州:河南人民出版社,1995.

[19]胡一三.中国江河防洪丛书:黄河卷[M].北京:中国水利水电出版社,1996.

[20]叶青超.黄河流域环境演变与水沙运行规律研究[M].济南:山东科学技术出版社,

1994.
[21]陈先德.黄河水利科学技术丛书—黄河水文[M].郑州:黄河水利出版社,1996.
[22]樊尔兰.悬移质瞬时输沙单位线的探讨[J].泥沙研究,1988(2):56-61.
[23]秦毅,曹如轩,樊尔兰.用线性系统模型预报小流域悬沙输沙率过程初探[J].人民黄河,1990(5):54-58.
[24]李鸿雁,刘晓伟,李世明.小浪底至花园口区间含沙量人工神经网络预报方法研究[J].泥沙研究,2004(4):20-24.
[25]张仁,程秀文,熊贵枢,等.拦阻粗泥沙对黄河河道冲淤变化的影响[M].郑州:黄河水利出版社,1998.
[26]王兴奎,邵学军,王光谦,等.河流动力学[M].北京:科学出版社,2004.
[27]邓贤艺,曹如轩,钱善琪.水流挟沙力双值关系研究[J].水利水电技术,2000(9):6-8.
[28]中华人民共和国水利部.中华人民共和国行业标准 SL49—92[S].河流泥沙颗粒分析规程.北京:水利电力出版社,1993.
[29]费祥俊.黄河中下游含沙水流黏度的计算模型[J].泥沙研究,1991(3):1-13.
[30]王光谦,张红武,夏军强.游荡型河流演变及模拟[M].北京:中国水利水电出版社,2004.
[31]王士强.沙波运动与床沙交换调整[J].泥沙研究,1992(4):14-23.

附录一 批复

关于黄河中下游干流主要水文站洪水最大含沙量预报方法研究任务书的批复

水文局：

你局《关于黄河中下游干流主要水文站洪水最大含沙量预报方法研究项目任务书的请示》（黄水计〔2004〕44号）收悉。我委组织有关专家对该任务书进行了审查（审查意见见附件）。你局根据审查意见对任务书进行了修改。经研究，对修改后的任务书批复如下：

一、黄河水文预报是黄河调水调沙方案设计、水库运用方案决策以及来水来沙、水沙调控体系联合调度的重要基础工作。目前，黄河水文预报只有洪水预报，泥沙预报尚属空白。鉴于黄河泥沙预报的复杂性和特殊性，同意开展黄河中下游干流主要水文站洪水最大含沙量预报方法研究。

二、基本同意《任务书》提出的研究工作指导思想、原则和工作目标。

三、基本同意《任务书》提出的主要研究内容。即开展龙门、潼关、花园口、夹河滩及其以下各站洪水最大含沙量预报，并根据各站洪峰预报结果，进行最大含沙量预报。

四、基本同意《任务书》提出的利用水文学法进行各站最大含沙量预报，利用水力学法对典型断面的含沙量过程进行探索性预报的研究方法。

五、同意《任务书》提出的工作进度安排和提交成果。

六、按照水利前期工作及科研经费核定办法和标准，核定此项目工作经费为50.0万元。

黄河水利委员会

二〇〇五年八月十日

附录二　任务书审查意见

黄河中下游干流主要水文站洪水最大含沙量预报方法研究
任务书审查意见

2005 年 2 月 6 日，黄河水利委员会在郑州召开会议，对黄委水文局报送的《黄河中下游干流主要水文站洪水最大含沙量预报方法研究任务书》（以下简称《任务书》）进行了审查。参加会议的有黄委会科学技术委员会、规划计划局、总工办、国科局，黄河勘测设计有限公司、黄河水利科学研究院、黄委水文局等单位的专家和代表。会议听取了编制单位的汇报，并进行了认真讨论。会后，编制单位根据会议意见，对《任务书》进行了补充。经审查，基本同意补充完善后的任务书，主要审查意见如下：

一、黄河是多泥沙河流，黄河下游是举世闻名的地上悬河。对黄河洪水最大含沙量进行预报，既是黄河防洪的需要，也是黄河调水调沙、小北干流放淤等治黄措施的需要。为了维持黄河健康生命，更好地为治黄服务，开展中下游干流主要水文站洪水最大含沙量预报研究工作是十分必要的，同意立项研究。

二、基本同意《任务书》提出的指导思想及编制原则。以黄河中下游水沙运动基本规律为指导，依据水文学和水力学原理，建立适用于预报含沙量和输沙率的预报模型，为水库运行和防洪调度提供依据。

三、基本同意《任务书》拟定的技术路线和研究方法。在现场查勘、调研的基础上，采用理论分析与实测资料分析相结合，通过对水文统计模型和动力学理论推导公式的验证、比较，再结合水文分析方法，建立最大含沙量和典型断面含沙量过程预报模型，提出具有一定理论基础和物理成因的、可满足作业预报要求的含沙量预报方案。

四、基本同意《任务书》提出的主要工作内容。即开展龙门、潼关、花园口、夹河滩及其以下各站洪水最大含沙量预报；根据各站洪峰预报结果，进行最大含沙量预报。

五、同意《任务书》提出的进度安排。在 2003 年、2004 年试预报的基础上，2005 年汛期投入作业预报，然后进行两年预报方法的检验。2006 年 12 月底前，提出具有一定理论基础和物理成因的含沙量作业预报方案，并提交成果报告。

六、经核定，黄河中下游干流主要水文站洪水最大含沙量预报方法研究工作经费为 50 万元。

专家审查组组长：朱庆平

二〇〇五年二月六日

附录三 初步验收意见

“黄河中下游干流主要水文站洪水最大含沙量预报方法研究”初步验收意见

2007 年 8 月 29 日,黄委水文局在郑州组织专家召开了“黄河中下游干流主要水文站洪水最大含沙量预报方法研究”项目初步验收会。会议听取了项目组的汇报,形成如下初步验收意见:

一、根据黄规计〔2005〕105 号文批复,项目组开展了黄河中下游干流主要水文站洪水最大含沙量预报方法研究,提出了具有一定理论基础、可基本满足作业预报要求的黄河中下游干流主要水文站洪水最大含沙量初步预报方案;利用水力学方法对夹河滩断面含沙量过程预报进行了探索性研究;完成了任务书批复的内容,同意通过初步验收。

二、项目取得的主要成果如下:

(1)挑选了龙门 85 场、潼关 88 场、花园口 96 场、夹河滩 89 场、高村 97 场、孙口 77 场、艾山 77 场、泺口 91 场、利津 87 场达到起报标准的洪水,采用水文学方法建立了中下游干流主要水文站洪水最大含沙量初步预报方案。

(2)在有支流加入时,引入合成含沙量概念,反映来水来沙空间分布和干支流水沙的耦合性;同时在方案中引入了预报站洪峰流量作为输沙动力因子,使预报精度进一步提高。

(3)根据洪水涨冲落淤的普遍性,利用简化水力学模型、系统响应函数模型、沙库概念模型等探索性研究了含沙量过程预报。

(4)项目组将研究成果积极应用于生产实践,对符合起报标准的 6 场洪水进行了试预报。增加建立了小北干流放淤龙门站最大含沙量预报,并对 10 场符合小北干流放淤的洪水进行了试预报,预报结果已应用于生产。

三、本项目提出的黄河中下游干流主要水文站洪水最大含沙量初步预报方案,可作为黄河中下游干流主要水文站洪水最大含沙量预报的基本依据。

四、建议:

(1)项目组要按照会议专家提出的意见进行修改和完善,做好报委审查验收的准备工作。

(2)龙门站沙峰预报中,希望增加以龙门站合成洪峰流量为主要因子的预报方法研究。

验收组组长:赵卫民

二〇〇七年八月二十九日

附录四　验收意见

“黄河中下游干流主要水文站洪水最大含沙量预报方法研究”验收意见

按照黄河水利委员会水利前期项目管理等有关规定，2008 年 9 月 19 日，黄河水利委员会在郑州组织召开了“黄河中下游干流主要水文站洪水最大含沙量预报方法研究”项目验收会，参加会议的有黄委科学技术委员会、规划计划局、防汛办公室、财务局、审计局、黄河设计公司、水文局、西安理工大学等单位、部门的专家和代表。验收委员会听取了项目组研究成果的汇报，经过讨论，形成如下验收意见：

一、黄河中下游干流主要水文站洪水最大含沙量预报是一项难度很大、生产亟须的研究工作。项目组基于历史洪水泥沙资料的分析，采用经验统计方法和水动力学方法等，初步建立了黄河中下游干流主要水文站洪水最大含沙量预报模型，并进行了 16 站次的试预报，技术路线正确，资料翔实，成果基本合理。

二、项目取得的主要成果如下：

(1)挑选了龙门 85 场、潼关 88 场、花园口 96 场、夹河滩 89 场、高村 97 场、孙口 77 场、艾山 77 场、泺口 91 场、利津 87 场达到起报标准的洪水，采用水文学方法建立了中下游干流主要水文站洪水最大含沙量初步预报方案。

(2)在有支流加入时，引入合成含沙量概念，反映来水来沙空间分布和干支流水沙的耦合性，使预报精度进一步提高。

(3)研究建立了简化水力学模型、系统响应函数模型、沙库概念模型等，探索性研究了花园口至夹河滩河段含沙量过程预报。

(4)该项目由科研、高校、生产等单位共同协作完成，研究成果已在生产实践中初步应用，对符合起报标准的 6 场洪水和 10 场符合小北干流放淤的洪水进行了最大含沙量试预报。

三、项目经费使用和档案资料整理等符合有关规定。

验收委员会认为：该项目全面完成了任务书下达的研究任务，同意通过验收。

验收委员会主任委员：薛松贵

副主任委员：陈效国

二〇〇八年九月十九日

附录五　试预报

黄河含沙量试预报

第 1 期

龙门站含沙量试预报

根据黄河吴堡站 7 月 31 日 04 时 168 公斤每立方米的最大含沙量，考虑区间来水来沙和目前河道现状，预报龙门站将出现 140 公斤每立方米的最大含沙量。

实况：龙门站 8月[illegible]12时最大含沙量 127kg/m³.

黄河水利委员会水文局

2003 年 7 月 31 日　08 时　分

预报：　审核：　签发：

黄河含沙量试预报

第 1 期

黄河水利委员会水文局　　2004年7月26日21时00分

龙门站含沙量试预报

根据黄河中游支流无定河白家川站7月26日7时36分900公斤每立方米的最大含沙量，考虑干流和区间来水来沙以及河道现状，预报龙门站将出现300公斤每立方米的最大含沙量。

实况：龙门站7月27日3时最大含沙量390kg/m³.

陶新　2004.7.27.

预报：　审核：　签发：

发送：黄委防办

黄河含沙量试预报

第 2 期

黄河水利委员会水文局　　　　2004年8月10日9时30分

龙门站含沙量试预报

根据黄河中游支流延河甘谷驿站8月10日5时30分875公斤每立方米的最大含沙量，考虑干流和区间来水来沙以及河道现状，预报龙门站将出现400公斤每立方米的最大含沙量。

实况：8月11日8时最大含沙量572kg/m³

2004.8.18

预报：　　审核：　　签发：

发送：黄委防办

黄河含沙量试预报

第 3 期

黄河水利委员会水文局　　　　2004年8月11日15时40分

龙门站含沙量试预报

根据黄河吴堡站8月11日7时24分最大含沙量51.8公斤每立方米，考虑干流和区间来水来沙及河道现状，预报龙门站将出现50公斤每立方米的最大含沙量。

实况：8月12日8时最大含沙量160kg/m³

2004.8.18

预报：　　审核：　　签发：

发送：黄委防办

黄河含沙量试预报

第 4 期

黄河水利委员会水文局　　2004 年 8 月 12 日 21 时 00 分

龙门站含沙量试预报

根据黄河中游干流吴堡站 8 月 12 日 14 时 00 分 130 公斤每立方米的最大含沙量，考虑干流和区间来水来沙以及河道现状，预报龙门站将出现 150 公斤每立方米的最大含沙量。

实况：8月13日8时最大含沙量 150 kg/m³

预报：徐建华　审核：　签发：张红月

发送：黄委防办

黄河含沙量试预报

第 5 期

黄河水利委员会水文局　　2004年8月25日12时00分

夹河滩站含沙量试预报

根据黄河花园口站8月24日22时00分最大含沙量394公斤每立方米，考虑干流和区间来水来沙及河道现状，预报夹河滩站将出现300公斤每立方米的最大含沙量。

实况　25日11时 $\rho_m = 270$ kg/m³

预报：徐建华　审核：王庆斋　签发：张红月

发送：黄委防办

12:05

黄河含沙量试预报

第 6 期

黄河水利委员会水文局　　　　2004年8月25日17时50分

高村站含沙量试预报

根据黄河夹河滩站8月25日11时最大含沙量270公斤每立方米，考虑来水来沙及河道现状，预报高村站将出现240公斤每立方米的最大含沙量。

实况　26日4时　$\rho_m = 227$ kg/m³

预报：徐建华　　审核：王庆斋　　签发：张红月

发送：黄委防办

黄河含沙量试预报

第 7 期

黄河水利委员会水文局　　　　2004年8月26日08时20分

孙口站含沙量试预报

根据黄河高村站8月26日4时最大含沙量227公斤每立方米，考虑来水来沙及河道现状，预报孙口站将出现180公斤每立方米的最大含沙量。

实况　27日4时　$\rho_m = 167$ kg/m³

预报：徐建华　　审核：王庆斋　　签发：张红月

发送：黄委防办

黄河含沙量试预报

第 8 期

黄河水利委员会水文局　　2004年8月26日21时30分

艾山、泺口站含沙量试预报

根据黄河孙口站8月26日18时最大含沙量155公斤每立方米，考虑来水来沙及河道现状，预报艾山站将出现150公斤每立方米的最大含沙量，预估泺口站将出现140公斤每立方米的最大含沙量。

实况　艾山　27日8时　$\rho_m = 178kg/m^3$
　　　泺口　28日16时　$\rho_m = 186kg/m^3$

预报：徐建华　　审核：王庆斋　　签发：张红月

发送：黄委防办

黄河含沙量试预报

第 8 期

黄河水利委员会水文局　　2004年8月26日21时30分

艾山、泺口站含沙量试预报

根据黄河孙口站8月26日18时最大含沙量155公斤每立方米，考虑来水来沙及河道现状，预报艾山站将出现150公斤每立方米的最大含沙量，预估泺口站将出现140公斤每立方米的最大含沙量。

实况　艾山　27日8时　$\rho_m = 178kg/m^3$
　　　泺口　28日16时　$\rho_m = 186kg/m^3$

预报：徐建华　　审核：王庆斋　　签发：张红月

发送：黄委防办

黄河含沙量试预报

第 1 期

黄河水利委员会水文局　　　　2005年7月2日15时00分

龙门站含沙量试预报

根据黄河中游支流延河甘谷驿站7月2日10时42分480公斤每立方米的最大含沙量，考虑干流和区间来水来沙以及河道现状，预报龙门站将出现220公斤每立方米的最大含沙量。

7月3日8时，龙门站实测最大含沙量166kg/m3

预报：　　　审核：　　　签发：

发送：黄委防办

黄河含沙量试预报

第 2 期

黄河水利委员会水文局　　　　2005年8月12日22时15分

龙门站含沙量试预报

根据黄河中游干流吴堡站8月12日15时00分100公斤每立方米的最大含沙量，考虑区间来水来沙以及河道现状，预报龙门站将出现70公斤每立方米的最大含沙量。

8月13日24时，龙门站实测最大含沙量78kg/m3

2005.8.15

预报：　　　签发：张红月

发送：黄委防办

黄河洪水预报

第 1 期

黄河水利委员会水文局　　2006年7月31日16时15分

龙门站洪水预估

根据吴堡站7月31日10时03分最大流量1900m³/s，考虑区间来水来沙，预估龙门站将于8月1日5时出现2300m³/s的洪峰流量，次洪总量3.8亿m³，最大含沙量140kg/m³，大于50kg/m³含沙量历时将超过16h。

8月1日16时，龙门站实测最大含沙量82kg/m3

陶新 2006.8.2

预报：陶新　　审核：赵卫民　　签发：张红月

发送：黄委防办

16时20分发防办

黄河洪水预报

第 2 期

黄河水利委员会水文局　　2006年8月26日10时00分

龙门站洪水预估

根据黄河吴堡站以上来水来沙、无定河白家川站8月26日0时54分洪峰流量550m³/s和清涧河延川站8月25日21时12分洪峰流量350m³/s，并考虑未控区间来水来沙，预估龙门站将于8月26日17时左右出现1800m³/s的洪峰流量，次洪总量1.2亿m³左右，最大含沙量100kg/m³左右，大于50kg/m³含沙量历时将超过16个小时。

8月26日21:24时，龙门站实测最大含沙量100kg/m3

陶新 2006.8.27

预报：刘龙庆等　　审核：赵卫民　　签发：张红月

发送：黄委防办

已发防办、局办 10:20

黄河洪水预报

第 3 期

黄河水利委员会水文局　　　　2006年8月30日14时30分

龙门站洪水预估

黄河吴堡站30日8时36分流量1680m³/s，14时流量1100m³/s；三川河后大成站30日9时36分洪峰流量250m³/s；无定河白家川站8月30日11时54分洪峰流量790m³/s。根据来水来沙条件，预估龙门站将于8月31日4时左右出现2400m³/s的洪峰流量，次洪总量1.5亿m³左右，最大含沙量100kg/m³左右，大于50kg/m³含沙量历时将超过16个小时。

预报：刘龙庆等　　审核：赵卫民　　签发：张红月

发送：黄委防办

黄河洪水预报

第 4 期

黄河水利委员会水文局　　　　2006年9月21日18时

龙门站洪水预估

根据吴堡站9月21日8时最大流量1620m³/s，无定河白家川9月21日16时24分洪峰流量2100m³/s，最大含沙量550kg/m³，清涧河延川站9月21日11时18分洪峰流量335m³/s，9月21日8时30分最大含沙量580kg/m³，考虑区间来水来沙及后续降雨，预估龙门站将于9月22日8时前后出现3200m³/s的洪峰流量，次洪总量约3.5亿m³，最大含沙量240kg/m³左右，大于50kg/m³含沙量历时将超过16h。

预报：颜亦琪　金双彦　　审核：赵卫民　　签发：张红月

发送：黄委防办

中华人民共和国行业标准

河流泥沙颗粒分析规程

SL 42-92

主编单位:水利部黄河水利委员会水文局
批准部门:中华人民共和国水利部

水利电力出版社

1993 北京

SL

中华人民共和国行业标准

P　　SL 42-92

河流泥沙颗粒分析规程

Technical standard for determination of sediment particle size in open channels

1993-05-31 发布　　1994-01-01 实施

中华人民共和国水利部　发布